Internationale Umweltregime

Thomas Gehring
Sebastian Oberthür (Hrsg.)

Internationale Umweltregime

Umweltschutz durch
Verhandlungen und Verträge

Springer Fachmedien Wiesbaden GmbH 1997

Gedruckt auf säurefreiem und altersbeständigem Papier.

Die Deutsche Bibliothek – CIP-Einheitsaufnahme
Internationale Umweltregime : Umweltschutz durch Verhandlungen und Verträge /
Hrsg. Thomas Gehring ; Sebastian Oberthür – 1. Aufl.

ISBN 978-3-8100-1702-4   ISBN 978-3-663-10392-9 (eBook)
DOI 10.1007/978-3-663-10392-9

© 1997 Springer Fachmedien Wiesbaden
Ursprünglich erschienen bei Leske + Budrich, Opladen 2003

NE: Gehring, Thomas (Hrsg.)

Das Werk einschließlich aller seiner Teile ist urheberrechtlich geschützt. Jede Verwertung außerhalb der engen Grenzen des Urheberrechtsgesetzes ist ohne Zustimmung des Verlages unzulässig und strafbar. Das gilt insbesondere für Vervielfältigungen, Übersetzungen, Mikroverfilmungen und die Einspeicherung und Verarbeitung in elektronischen Systemen.

Inhalt

Vorwort.. 7

1. Internationale Regime als Steuerungsinstrumente
   der Umweltpolitik.. 9
   Thomas Gehring/Sebastian Oberthür

2. Entstehung und Wandel des globalen Regimes
   zum Schutz der Ozonschicht.. 27
   Helmut Breitmeier

3. Das internationale Regime über weiträumige
   grenzüberschreitende Luftverschmutzung.................................. 45
   Thomas Gehring

4. Die internationale Kontrolle des grenzüberschreitenden
   Handels mit gefährlichen Abfällen
   (Baseler Konvention von 1989).. 63
   Britta Meinke

5. Routinemäßige Ölverschmutzung durch Tanker
   (OILPOL/MARPOL).. 81
   Sebastian Oberthür

6. Das internationale Regime zur zivilrechtlichen Haftung
   für Ölverschmutzungsschäden 99
   Jens Kellerhoff

7. Abfallentsorgung auf See: Die Londoner Konvention
   von 1972 117
   Doris König

8. Das Regime zum Schutz der Ostsee 133
    Martin List

9. Internationale Bemühungen zum Schutz des Rheins 147
    Thomas Bernauer/Peter Moser

10. Das Washingtoner Artenschutzabkommen (CITES)
    von 1973 165
    Peter H. Sand

11. Das Regime über die biologische Vielfalt von 1992 185
    Gudrun Henne

12. Das internationale Regime zum Schutz des Klimas 201
    Hermann E. Ott

13. Fazit: Internationale Umweltpolitik durch
    Verhandlungen und Verträge 219
    Sebastian Oberthür/Thomas Gehring

Abkürzungsverzeichnis 237

Autorinnen und Autoren 239

Vorwort

Internationale Umweltpolitik hat in den vergangenen Jahren einen erheblichen Bedeutungszuwachs erfahren. Von Tag zu Tag tritt deutlicher hervor, daß für eine wirksame Bearbeitung vieler Umweltprobleme international koordiniert vorgegangen werden muß, um langfristig tragfähige Lösungen zu erreichen und innergesellschaftliche Widerstände gegen mitunter kostenträchtige Umweltschutzmaßnahmen abzubauen. Aus diesem Grund haben Staaten in den vergangenen Jahrzehnten eine wachsende Anzahl internationaler Abkommen zum Schutz der Umwelt abgeschlossen, in deren institutionellem Rahmen sie jeweils spezifische Umweltprobleme dauerhaft bearbeiten. Ein großer, wenn nicht der größte Teil der internationalen Umweltpolitik steht im Zusammenhang mit solchen zwischenstaatlichen Umweltabkommen und den mit ihnen verbundenen politischen Entscheidungsstrukturen und -prozessen. Diese Institutionen werden wissenschaftlich gemeinhin als „internationale Umweltregime" bezeichnet.

Trotz ihrer erheblichen und wachsenden Bedeutung gibt es bislang im deutschsprachigen Raum keine allgemein zugängliche Einführung in die Thematik internationaler Umweltregime. Bei der Planung und Durchführung mehrerer politikwissenschaftlicher Seminare durch die Herausgeber wurde zudem deutlich, daß für viele Umweltregime noch nicht einmal zugängliche Einzeldarstellungen existieren. Weiterhin zeigte sich, daß politikwissenschaftliche und völkerrechtliche Beiträge zum Thema bislang kaum voneinander Kenntnis nehmen, obwohl sie denselben Untersuchungsgegenstand betrachten. Der vorliegende Sammelband hat das Ziel, die so umschriebene Lücke zu schließen.

In der Vorbereitung dieses im Sommer 1995 begonnenen Projektes verständigten sich die zwölf Autoren, fünf Völkerrechtler und sieben Politikwissenschaftler, die sich bereits seit längerem mit den von ihnen behandelten internationalen Umweltregimen befassen, auf ein einheitliches Konzept für die Analyse und Darstellung. Dieses Konzept sowie die Einzelbeiträge wurden auf einem Autoren-Workshop im April 1996 in den Räumen der Gesellschaft für Politikanalyse e.V. in Berlin diskutiert. Die intensive Diskussion kam der Vergleichbarkeit der Einzeldarstellungen und der Kohärenz des Bandes zugute. Die Beiträge stützen sich im wesentlichen auf bestehende Projekte der Autoren und sind nicht Ergebnisse eines gemeinsamen Forschungsprojektes. Auf der Grundlage der gemeinsamen Konzeption wurde es dennoch möglich, im abschließenden Kapitel vergleichende Schlußfolgerungen aus den Einzelfällen zu ziehen. Wir hoffen, daß der Band damit eine fruchtbare Einführung in die Thematik internationaler Umweltregime bietet, die in der universitären Lehre, aber auch für eine breitere Fachöffentlichkeit von Nutzen ist.

Wir möchten an dieser Stelle den Autoren des Sammelbandes für den erheblichen persönlichen Einsatz danken, mit dem sie zum Gelingen des gemeinsamen Projektes beigetragen haben und den immer neuen, zum Teil sehr spezifischen Änderungswünschen der Herausgeber nachgekommen sind. Das Buch ist ohne finanzielle Förderung entstanden und deshalb allein ein Ergebnis ihrer Eigeninitiative und ihres Engagements. Außerdem danken wir der Gesellschaft für Politikanalyse e.V. in Berlin für die Bereitstellung ihrer Räume für unseren Autoren-Workshop. Unser Dank gilt zudem Ecologic, der Gesellschaft für Internationale und Europäische Umweltforschung in Berlin, die die Infrastruktur für die Produktionsarbeiten zur Verfügung stellte.

Berlin, im Januar 1997

Thomas Gehring und Sebastian Oberthür

1. Internationale Regime als Steuerungsinstrumente der Umweltpolitik

Thomas Gehring/Sebastian Oberthür

1. Einleitung

Die Bedeutung der internationalen Umweltpolitik wächst seit langer Zeit unaufhaltsam. Die Stockholmer Konferenz der Vereinten Nationen über die menschliche Umwelt von 1972 hatte einer breiteren Öffentlichkeit erstmals deutlich gemacht, daß Umweltprobleme nicht an den Grenzen der Nationalstaaten enden. Spätestens mit der öffentlichen Diskussion um die Zerstörung der stratosphärischen Ozonschicht durch Industriechemikalien und um den durch menschliches Handeln verursachten „Treibhauseffekt" ist die internationale Dimension von Umweltpolitik fest auf der politischen Tagesordnung verankert. Ausdruck dieser gewachsenen Aufmerksamkeit war die Konferenz der Vereinten Nationen über Umwelt und Entwicklung im Juni 1992 in Rio de Janeiro, auf der neben einem Umweltaktionsprogramm für das 21. Jahrhundert („Agenda 21") unter anderem zwei Rahmenübereinkommen über Klimaänderungen und über die biologische Vielfalt verabschiedet wurden.

Diese Entwicklungen lenken den Blick darauf, daß bestehende Umweltprobleme häufig nicht durch einzelstaatliche Umweltpolitik allein bearbeitet werden können, obwohl sie in der Regel durch das Handeln von Menschen und Firmen innerhalb nationalstaatlicher Grenzen verursacht werden. Sicher spielen die Maßnahmen einzelner Vorreiterstaaten oft eine wichtige Rolle bei der Einleitung oder Beschleunigung einer wirksamen Umweltpolitik. Letztlich wird es jedoch darauf ankommen, möglichst viele beteiligte Staaten, darunter die besonders wichtigen Verursacher eines Problems, zu ähnlichen Maßnahmen zu bewegen. In vielen Fällen besteht zur Lösung der zugrundeliegenden Umweltprobleme deshalb ein Bedarf für aktive internationale Umweltpolitik, die das Verhalten widerstrebender Akteure zu beeinflussen vermag. Dazu muß auf internationaler Ebene zielgerichtet gesteuert werden.

In ihrer Aufgabe unterscheidet sich die internationale Politik zum Schutz der Umwelt nicht grundsätzlich von innerstaatlicher Umweltpolitik. Anders als staatlich organisierte Gesellschaften besitzt das internationale System jedoch keine zentrale Herrschaftsautorität, die in der Lage wäre, verbindlich Normen zu setzen und sie gegenüber widerstrebenden Akteuren durchzusetzen. Daran ändert auch das Bestehen einer Anzahl internationaler Organisationen nichts. Erfolgreiche internationale Umweltpolitik muß deshalb weitgehend ohne Zwang auskommen und ist nur in Form horizontaler Selbstkoordination der Akteure möglich. Die für ein Umweltproblem verantwortlichen Staaten müssen sich dazu gemeinsam der Steuerungsaufgabe stellen und die Vorgaben ihrer gemeinsamen Politik weitgehend freiwillig umsetzen. Zielgerichtetes öffentliches Handeln und aktive Steuerung im internationalen System kommen gegenwärtig – und auf absehbare Zeit – also stets einem „Regieren ohne Weltregierung" (Kohler-Koch 1993) gleich. Dies wirft die Frage auf, wie internationale Umweltpolitik im Rahmen horizontaler Selbstkoordination aktiv gefördert werden kann.

Internationale Umweltregime haben sich als eine Form zwischenstaatlicher Institutionen erwiesen, die für die Gestaltung internationaler Umweltpolitik besonders gut geeignet ist. Durch sie wird heute eine Vielzahl unterschiedlicher Probleme aus allen Bereichen des Umweltschutzes international geregelt und bearbeitet. Internationale Umweltregime erlauben den beteiligten Staaten die kooperative Bearbeitung jeweils eines – enger oder weiter gefaßten – Umweltproblems. Sie beruhen zumeist auf einem internationalen Übereinkommen, das häufig durch weitere Abkommen (z.B. Protokolle), Entscheidungen und Empfehlungen mit unterschiedlichem völkerrechtlichen Status ergänzt wird. Internationale Regime stellen also zunächst einmal problemfeldspezifische Normensysteme dar, die auf formellen oder informellen zwischenstaatlichen Vereinbarungen beruhen (vgl. Rittberger 1993; Keohane 1993; Levy et al. 1995).[1] Allerdings bestehen sie nicht nur aus Normen unterschiedlicher Qualität, die inhaltliche und prozedurale Bestimmungen festlegen. In ihrem Rahmen wird auch andauernd oder regelmäßig über bindende Entscheidungen verhandelt. Die Gestaltung internationaler Umweltpolitik im Rahmen internationaler Regime vollzieht sich insofern weitgehend in Form eines regimespezifischen Verhandlungs- und Entscheidungsprozesses zur Bildung und Weiterentwicklung verhaltenslenkender Normen und zur Lösung problemfeldspezifischer Konflikte.

Mit ihrer steigenden Bedeutung ist das wissenschaftliche Interesse an internationalen Umweltregimen gewachsen. Verschiedene neuere Studien befassen sich anhand unterschiedlicher Fragestellungen und Analyseraster mit jeweils einem oder einigen wenigen Umweltregimen. Dabei ist eine Konzentration auf wenige wichtige Problemfelder, insbesondere die Klima- und Ozonschichtproblematik, festzustellen. Material zu anderen Feldern ist dagegen vielfach nur schwer zugänglich oder im deutschen Sprachraum gar nicht vorhanden. Im vorliegenden Band wird der Versuch unternommen, elf der wichtigsten internationalen Umweltregime aus einer einheitlichen Perspektive

---

1 Politikwissenschaftler betrachten internationale Regime häufig als *Zusammenhänge von impliziten oder expliziten Prinzipien, Normen, Regeln und Entscheidungsverfahren, an denen sich die Erwartungen von Akteuren in einem gegebenen Problemfeld der internationalen Beziehungen ausrichten* (vgl. Krasner 1982a: 186; Kohler-Koch 1989: 35). Die dabei unterschiedenen Bestandteile werden hier unter dem Begriff „Normen" zusammengefaßt.

zu betrachten. Dadurch sollen das Verständnis von internationalen Umweltregimen gefördert und die politik- und rechtswissenschaftliche Lehre in diesem Bereich unterstützt werden. Zugleich sollen auf diesem Wege Praktiker und die interessierte Fachöffentlichkeit über die Bedingungen und Mechanismen internationaler Umweltpolitik informiert werden. In den Falldarstellungen ist deshalb keine umfassende Detailanalyse beabsichtigt, sondern ein informierter Überblick über die grundsätzlichen Aspekte der jeweiligen Regime. Literaturhinweise berücksichtigen insbesondere wichtige und leicht zugängliche Werke und erlauben dadurch eine eigenständige Weiterbeschäftigung mit den Fragen des jeweils behandelten Problemfeldes.

Um eine möglichst weitgehende Vergleichbarkeit der Beiträge zu gewährleisten, orientieren sich die Autoren in ihrer Darstellung an einem einheitlichen Analyseraster. Den Ausgangspunkt bildet aus dem Blickwinkel der aktiven Gestaltung internationaler Umweltpolitik stets die Frage, wie eine Gruppe betroffener Staaten ein gemeinsames Problem mit Hilfe eines Umweltregimes zu bearbeiten und zu lösen sucht. Alle anderen wichtigen Aspekte, etwa die naturwissenschaftlichen und technischen Grundlagen des zu bearbeitenden Problems, die institutionelle und rechtliche Struktur des Regimes, die Beteiligung nichtstaatlicher Akteure oder die Regelungserfolge, sollen von dieser Fragestellung ausgehend behandelt werden. Im folgenden wird das Konzept internationaler Umweltregime eingeführt, das den nachfolgenden Fallstudien zugrunde liegt.

2. Das Konzept internationaler Umweltregime

2.1 Die Ausgangslage: Akteure, Interessen und gemeinsame Probleme

Sowohl die Hauptströmung der Lehre von den internationalen Beziehungen – und mit ihr der Regimeansatz – als auch die Völkerrechtslehre gehen davon aus, daß Staaten die entscheidenden Akteure im internationalen System darstellen. Staaten sind die Hauptbeteiligten an internationalen Verhandlungen zum Schutz der Umwelt, sie treffen die völkerrechtlichen Vereinbarungen, auf denen Umweltregime beruhen, und stellen die Adressaten der meisten Verhaltensnormen dar. Das schließt nicht aus, daß Nichtregierungsorganisationen (NGOs), etwa Industrie- und Umweltverbände oder wissenschaftliche Einrichtungen, in der internationalen Umweltpolitik eine wichtige Rolle spielen. Meistens werden solche nichtstaatlichen Akteure ihren Einfluß jedoch geltend machen, indem sie *staatliches* Handeln beeinflussen. Gelegentlich gelingt es ihnen aber auch, direkten Zugang zu einem regimespezifischen Entscheidungsprozeß zu gewinnen.

Die (staatlichen) Akteure verfolgen eigene Interessen. In der Kooperationstheorie (Keohane 1984; Zürn 1992) werden sie in der Regel als rational handelnde Nutzenmaximierer betrachtet. Damit ist zunächst nur gemeint, daß Staaten, vertreten durch ihre Regierungen, nichts verschenken, sondern ihren in einer Handlungssituation bestehenden Interessen entsprechend handeln. Im Falle eines internationalen Flusses könnte der Oberlieger etwa Vorteile aus der für ihn unkomplizierten Beseitigung giftiger Abwässer durch Einleitung ziehen. Der Unterlieger wird dagegen eher an der Beendigung der Verschmutzung interessiert sein. Allerdings treten andere Faktoren, etwa der Stand des Umweltbewußtseins oder die zur Verfügung stehenden technisch-ökonomischen oder administrativen Handlungskapazitäten, hinzu. Die Interessenlage eines Landes wird deshalb im Einzelfall empirisch ermittelt werden müssen (vgl. zu umweltpolitischen Interessen Prittwitz 1990: 115-129).

Die Kooperationstheorie weist nun darauf hin, daß die Konstellation der – wie auch immer zustande gekommenen – Interessen der für ein Problemfeld wichtigen Akteure von entscheidender Bedeutung für die Gestaltung internationaler Politik durch Regime ist. So gibt es Situationen, in denen jeder Staat seine Interessen verwirklichen kann, ohne daß andere Staaten dem im Wege stünden. Dann verspricht internationale Koordination keinen besonderen Nutzen. In anderen Situationen kann ein Akteur gerade soviel gewinnen, wie der andere verliert. Dann befinden sich die Akteure in einem „Nullsummenspiel", in dem freiwillige Maßnahmen zum Schutz der Umwelt wenig wahrscheinlich sind. Die schon erwähnte Oberlieger/Unterliegerproblematik trägt Züge eines solchen Nullsummenspiels.

Zwischen diesen Extremen, in denen Kooperation entweder nicht nötig oder nicht möglich ist, liegen die „problematischen sozialen Situationen" (Zürn 1992: 153-154), in denen die Akteure sowohl gemeinsame als auch gegenläufige Interessen besitzen. Ein typisches Beispiel dafür sind solche Umweltprobleme, die auf der Zerstörung eines Gemeinschaftsgutes beruhen. Über Güter dieser Art besitzt kein Akteur das ausschließliche Verfügungsrecht, und zugleich konkurrieren die Akteure um ihre Nutzung (Ostrom 1990). Das Beispiel gemeinsam genutzter Fischbestände in den Meeren mag dies verdeutlichen. Solange die Regenerationsfähigkeit der Bestände nicht gefährdet ist, besteht kein Koordinationsbedarf, denn jede Flotte kann beliebig viel Fisch fangen. Jenseits dieser Grenze aber droht Überfischung und die Fänge werden bei unkontrollierter Ausbeutung nicht nur stagnieren, sondern insgesamt zurückgehen. Dann haben die beteiligten Staaten ein gemeinsames Interesse an der Begrenzung des Fischfanges. Gleichzeitig steht jeder einzelne von ihnen aber in Konkurrenz zu den anderen Nutzern und profitiert von der Intensivierung der eigenen Nutzung. Ein einzelner Akteur könnte seine Ausbeute zwar einseitig reduzieren, aber dieser Schritt würde das gemeinsame Problem nicht lösen, solange seine Konkurrenten ihre Fänge nicht ebenfalls begrenzten. Solche Situationen können zur „Tragödie der Gemeinschaftsgüter" führen (Hardin 1968). Die beteiligten Akteure befinden sich dann in einem Dilemma, dem sie nur entrinnen können, wenn sie ihr Verhalten koordinieren und an gemeinsame Erfordernisse anpassen. Es sind derartige problematische Situationen, in denen interessengeleitete Akteure auch unter den schwierigen Bedingungen des horizontal strukturierten internationalen Systems kooperationsfördernde Regime gründen und deren verhaltenslenkende Normen *im wohlverstandenen eigenen Interesse* befolgen können.

Damit werden sowohl die Funktion internationaler Umweltregime als auch die Grenzen ihres Beitrages zur aktiven Gestaltung der internationalen Umweltpolitik deutlich. Ein Umweltregime soll es einer Gruppe von Staaten ermöglichen, durch Kooperation gemeinsame umweltpolitische Ziele zu verwirklichen. Sein Einfluß wird dort enden, wo ein Staat die angestrebte Kooperation ablehnt und es vorzieht, dem Regime fernzubleiben oder sich regelwidrig zu verhalten. Damit bleibt die Frage offen, wie umweltpolitische Ziele durch internationale Regime verwirklicht werden können.

2.2 Umweltregime als Steuerungsmechanismen

Um eine unbefriedigende Ausgangslage im gemeinsamen Interesse durch Kooperation zu verbessern, müssen die Staaten ihr Verhalten koordinieren. Grundsätzlich geschieht dies, indem sie gemeinsame Regeln vereinbaren und deren Beachtung sicherstellen. Während die Kooperationstheorie jedoch in den vergangenen Jahren eine Fülle von Erkenntnissen über die Voraussetzungen internationaler Kooperation hervorgebracht hat, liegen sehr viel weniger systematische Untersuchungen über die konkreten institutionellen Bedingungen vor, unter denen ein Umweltregime seine Aufgaben erfolgreich zu erfüllen vermag.

Regimeunterstützte internationale Umweltpolitik geht weit über die einmalige Überführung eines problematischen in einen kooperativen Zustand hinaus. Zumeist handelt es sich um einen andauernden *Prozeß der kollektiven Bearbeitung eines gemeinsamen Problems*, in dessen Rahmen eine Vielzahl gemeinsamer Entscheidungen getroffen wird. Ein solcher Prozeß bedarf der Unterstützung durch eine geeignete institutionelle Struktur. Die Phase der Regimeentstehung ist daher eng mit der Errichtung eines regimespezifischen institutionellen Rahmens verbunden, in den der weitere Entscheidungsprozeß eingebettet wird. Ohne Zweifel kommt dem institutionellen Design – neben den Interessen der beteiligten Staaten – eine große Bedeutung für die Steuerungsfähigkeit eines internationalen Umweltregimes zu (Kratochwil/Ruggie 1986).

Initiativen der internationalen Umweltpolitik beruhen in der Regel auf einem wissenschaftlich-technischen Problem. Ohne die Erkenntnisse über die schädlichen Wirkungen von Fluorchlorkohlenwasserstoffen (FCKW) auf die Ozonschicht wäre beispielsweise niemand auf die Idee gekommen, die Emission dieser Chemikalien international zu kontrollieren. Im Umweltbereich spielt die Wissenschaft deshalb für die Regimeentstehung und -entwicklung eine wichtige Rolle (E. Haas 1990; P. Haas 1992). Damit ein wissenschaftlich-technischer Kausalzusammenhang zu einem Thema der internationalen Umwelt*politik* wird, bedarf es jedoch eines weiteren Schrittes. Ein Akteur muß das Problem in Form einer Regelungsinitiative erfolgreich auf die internationale Agenda setzen (E. Haas 1980) und mit der Forderung nach aktiver Politikgestaltung und gezielter Veränderung des bestehenden (problemverursachenden) Verhaltens verbinden. Dazu kann es sinnvoll sein, die Kommunikationskanäle bestehender internationaler Organisationen zu nutzen (Young 1994). Eine solche Initiative ist mitnichten immer von Erfolg gekrönt. *Wenn sie jedoch zur Regimebildung führt, kann angenommen werden, daß sie dem entstehenden Regime ihre Politikorientierung aufprägt.* Ihr Ziel ist ja die Beeinflussung von Verhalten in eine bestimmte Richtung.

Eine in diesem Sinne erfolgreiche Initiative wird in internationale Verhandlungen über verhaltensbeeinflussende Normen münden. Diese Verhandlungen stellen jetzt die Bühne dar, auf der die beteiligten (staatlichen) Akteure ihre eigenen, einander teilweise widersprechenden Interessen verfolgen *und gleichzeitig* ihre gemeinsamen Interessen in dem betreffenden Problemfeld zu ermitteln suchen. Konflikte sind deshalb für internationale Verhandlungen typisch. Sie entstehen nicht nur durch die in dem jeweiligen Problemfeld ohnehin bestehenden Interessendivergenzen, sondern auch durch das im Verhandlungsprozeß selbst angelegte Verhalten des „Pokerns" um einseitige Vorteile (Scharpf 1992; Gehring 1996). Allerdings darf nicht übersehen werden, daß weder die sachlichen Grenzen des Problemfeldes noch die Gruppe der beteiligten Akteure von vornherein festliegen. Während der Verhandlungen kann das Problemfeld vielmehr gezielt verändert werden, etwa indem Themen ausgeklammert oder hinzugefügt werden oder indem bislang desinteressierte Akteure angeworben oder kooperationsunwillige Akteure (stillschweigend) ausgegrenzt werden (Sebenius 1983; 1992). Manchmal gelingt es sogar, Nullsummensituationen, in denen freiwillige Kooperation schwierig oder gar unmöglich ist, durch Ausgleichszahlungen, geschickte Koppelgeschäfte oder durch die gezielte Veränderung des Kreises der beteiligten Akteure so umzuformen, daß sie kooperationsfähig werden (Scharpf 1992). Kurz, die beteiligten Akteure stellen die Voraussetzungen für einen erfolgreichen Abschluß oft erst während der Verhandlungen her.

Das Verhandlungsergebnis vermag nur zur Lösung des bestehenden internationalen Umweltproblems beizutragen, wenn es die erforderliche Veränderung der bestehenden Situation einleitet. Es muß jedoch auch für alle in dem betreffenden Problemfeld wichtigen Akteure akzeptabel sein, sonst ist seine Umsetzung wenig wahrscheinlich. Die materiellen (inhaltlichen) Verhaltensvorschriften eines internationalen Umweltregimes sind deshalb stets von der Interessenkonstellation der beteiligten Akteure zum Zeitpunkt der Verhandlungen sowie von der Entwicklung des Verhandlungsprozesses selbst geprägt. Regime sind insofern untrennbar mit dem Verhandlungsprozeß verbunden, aus dem ihre materiellen Normen hervorgehen.

Der Verhandlungsprozeß könnte beendet werden, wenn die beteiligten Akteure sich auf ein Abkommen mit kooperationsfördernden Normen geeinigt haben. Dann entstünde ein „statisches Regime", das auf die einmalige Überführung einer bislang nicht-kooperativen Situation in einen kooperativen Zustand angelegt wäre. Die aktive Gestaltung internationaler Umweltpolitik verlangt jedoch in der Regel ein fortdauerndes Reagieren auf Veränderungen der Interessenlagen der Akteure in dem geregelten Problemfeld. Solche Veränderungen können sich etwa aufgrund neuer wissenschaftlich-technischer Erkenntnisse, infolge gewandelter technisch-ökonomischer Handlungskapazitäten (z.B. durch Entwicklung neuer umweltfreundlicher Technologien/Substitute) oder aufgrund vielfältiger Änderungen der Handlungssituation (z.B. Regierungswechsel in einem wichtigen Staat, unvorhergesehene Naturkatastrophen) ergeben, durch die neue Spielräume für eine erweiterte Kooperation entstehen oder aber die bestehende Zusammenarbeit gefährdet wird. Internationale Umweltregime umfassen deshalb zumeist nicht nur einen Katalog ausgehandelter Verhaltensvorschriften, sondern auch einen institutionellen Apparat zur Fortentwicklung und Anpassung dieser Vorschriften an geänderte Rahmenbedingungen (Müller 1993).

Im Zentrum derartiger „dynamischer Regime" steht ein dauerhaft angelegter kollektiver Entscheidungsprozeß über Normen zur Regelung des bearbeiteten Problemfeldes (Gehring 1994). Dagegen ist der Katalog materieller Verhaltensvorschriften nicht dauerhaft festgeschrieben, sondern selbst auf Veränderung angelegt. Diese Form der Institutionalisierung erhöht das Steuerungspotential vieler internationaler Umweltregime erheblich. Durch sie wird die schrittweise Bearbeitung selbst solcher Umweltprobleme möglich, für die umfassende Lösungen wegen stark divergierender Interessen zunächst unerreichbar scheinen. Dies gilt heute für den Bereich des Klimaschutzes, so wie es zu Beginn der 80er Jahre für den Schutz der Ozonschicht und die Bekämpfung des Sauren Regens gegolten hat. Regime in derartigen Problemfeldern sind auf Ausweitung angelegt. Sie entwickeln sich typischerweise in aufeinander folgenden Phasen, in denen aus jeweils unabhängigen Verhandlungsrunden neue oder stark modifizierte kooperative Abkommen hervorgehen.

Eine regelmäßig tagende Konferenz der Vertragsstaaten bildet in der Regel den Kern des kollektiven Entscheidungsprozesses eines internationalen Regimes. Um diesen Kern herum entsteht ein von Fall zu Fall unterschiedlich weit ausdifferenzierter Entscheidungsapparat, der eine ganze Reihe kooperationsfördernder Funktionen erfüllen kann. So können politische, d.h. an Interessen orientierte Verhandlungen über Verhaltensnormen manchmal beschleunigt werden, wenn sie von vorwiegend kognitiven, d.h. an Wissen orientierten Problemkomplexen getrennt geführt werden. Im Umweltbereich gilt dies besonders für wissenschaftliche und technologische Fragen. Einige internationale Regime verfügen deshalb über Mechanismen der wissenschaftlichtechnologischen Konsensbildung, in deren Rahmen Experten (auch unter Beteiligung von nichtstaatlichen Organisationen) die Beantwortung begrenzter Sachfragen übertragen wird. Solche Expertenrunden können die nachgelagerten politischen Verhandlungen über einen Interessenausgleich nicht ersetzen. Sie können aber eine gemeinsame Wissensbasis schaffen, auf der diese Verhandlungen unter klareren Voraussetzungen, nämlich ohne Verknüpfung interessengeleiteter und wissensbasierter Konflikte, geführt werden können (Gehring 1990).

Erzielen die beteiligten Staaten innerhalb eines bestehenden Regimes ein Verhandlungsergebnis, so muß es in eine verbindliche Form überführt werden. Dabei erweist sich das für den Abschluß und die Änderung internationaler Verträge übliche Ratifikationsverfahren als überaus langwierig und inflexibel. Eine auf diesem Wege durchgeführte Vertragsänderung erlangt stets erst nach mehreren Jahren volle Bindungskraft – und auch dann in der Regel nur für diejenigen Mitgliedstaaten des Regimes, die ihre Ratifikationsurkunden hinterlegt haben. In internationalen Umweltregimen, in deren Rahmen beständig kollektive Entscheidungen getroffen und in Kraft gesetzt werden, sind aus diesem Grund von Fall zu Fall unterschiedliche institutionelle Mechanismen entstanden, die die Flexibilität des Steuerungsapparates erhöhen (Sand 1990). So werden vielfach unmittelbar bindende „Entscheidungen" mit zum Teil großer Reichweite getroffen. Manchmal treten Vertragsänderungen nach einem vereinfachten Verfahren für alle Mitgliedstaaten in Kraft, die nicht innerhalb einer vergleichsweise kurzen Frist ihre Ablehnung formell kundgetan haben (sogenanntes „opting out"). In anderen Fällen werden getroffene Vereinbarungen übergangsweise in Kraft gesetzt, um die mehrjährige Ratifikationsperiode zu überbrücken. In solchen Fällen entstehen neben einem oder mehreren völkerrechtlich verbindlichen Abkommen andere, zum Teil völkerrechtlich nur schwer zuzuordnende Komponenten eines Regimes, denen gemein ist, daß sie aus dem regimespezifischen Entscheidungsprozeß hervorgehen (vgl. auch Ott 1997).

Der innerhalb eines Regimes errichtete Entscheidungsapparat kann sich schließlich auf die Implementationskontrolle erstrecken. Die gemeinsame Bildung problemfeldspezifischer Verhaltensvorschriften vermag den Erfolg aktiver internationaler Umweltpolitik nicht sicherzustellen, ohne daß diese Normen auch umgesetzt werden. Bereits das abweichende Verhalten einzelner Akteure kann zu weitreichenden Folgen führen, wenn andere dem schlechten Vorbild folgen und ihrerseits normwidrig zu handeln beginnen. Internationale Umweltregime verfügen deshalb vielfach über Mechanismen zur Herstellung von Transparenz, die normabweichendes Verhalten aufdecken und dessen Kosten erhöhen sollen. Am weitesten verbreitet ist die Pflicht der Mitgliedstaaten eines Regimes zur Berichterstattung, die anderen – auch nichtstaatlichen Akteuren – Plausibilitätskontrollen erlaubt. Manchmal ist ein Sachverhalt jedoch klar, während seine Interpretation umstritten ist. Der Entscheidungsapparat eines internationalen Umweltregimes erlaubt es in solchen

Fällen, einseitige Auslegungen regimespezifischer Pflichten durch gemeinsame Interpretationen zu ersetzen (Schachter 1983). Normabweichendes Verhalten wird als solches deutlich gemacht und der Grauzone unklarer Regelungen entzogen. Schließlich können Bedingungen für begrenzte Ausnahmeregelungen klar definiert werden. Durch all dies kann ein Staat nicht *gezwungen* werden, die Normen des Regimes einzuhalten. Normabweichendes Verhalten wird jedoch unvorteilhafter und deshalb – in gewissen Grenzen – weniger wahrscheinlich.

Internationale Umweltregime können also als Institutionen betrachtet werden, mit deren Hilfe eine Gruppe von Staaten ein gemeinsames Umweltproblem zu bearbeiten sucht, indem sie die gemeinsamen Interessen durch eine geeignete Organisation des kollektiven Entscheidungsprozesses gezielt fördert. Obwohl sie in der Regel über kleine Sekretariate verfügen, sind Umweltregime deshalb – im Gegensatz zu klassischen internationalen Organisationen – keine selbständig handelnden Akteure. Sie erlauben keine gegen die Einzelinteressen der Mitgliedstaaten gerichtete internationale Umweltpolitik, sondern stellen zur Förderung der gemeinsamen Interessen der beteiligten Akteure einen regimespezifischen Entscheidungsapparat zur Verfügung, der zum Kern einer problemfeldspezifischen „Regelungsmaschinerie" wird.

3. Wirkungen und Rückwirkungen internationaler Regime

Die Errichtung einer solchen Regelungsmaschinerie und die Verabschiedung materieller Verhaltensvorschriften gewährleisten nicht automatisch, daß ein Umweltregime tatsächlich steuerungswirksam wird. Einerseits wird nicht jede Regimenorm von den betroffenen Akteuren befolgt. Andererseits können nicht jede normgemäße Verhaltensweise und jede Verbesserung der Umweltsituation in einem regimegeregelten Problemfeld ursächlich auf das Bestehen des Regimes zurückgeführt werden. Die Untersuchung von Regimewirkungen muß es deshalb vermeiden, „alle Veränderungen im Problemfeld, die nach der Errichtung einer normativen Institution stattgefunden haben, der Institution zuzuschreiben" (Zürn 1992: 313). Wirklich steuerungswirksam wird ein internationales Umweltregime erst, wenn es umweltschädigende Verhaltensweisen staatlicher und nichtstaatlicher Akteure selbst beeinflußt und in die angestrebte Richtung lenkt.

Die Wirksamkeit internationaler Umweltregime ist erst spät, etwa seit Beginn der 90er Jahre, zum hervorgehobenen Untersuchungsgegenstand geworden (Sand 1992; Haas et al. 1993). Ihre Erfassung bereitet erhebliche Schwierigkeiten. Regimewirkungen werden grundsätzlich danach beurteilt werden müssen, inwieweit ein Regime zu einem anderen Verhalten geführt hat, als ohne seine Existenz zu erwarten gewesen wäre. Da in realen sozialen Beziehungen nicht auf Laborexperimente zurückgegriffen werden kann, muß die Veränderung abgeschätzt werden, die durch das Regime im Vergleich zu einer hypothetischen Situation ohne Regime bewirkt wurde. Dabei helfen Gedankenexperimente, vor allem die kontrafaktische Analyse („Was wäre ohne Regime passiert?") und der damit zusammenhängende Ausschluß alternativer Erklärungsmöglichkeiten (Bernauer 1995).

Regimewirkungen können sehr unterschiedliche Formen annehmen (Mayer et al. 1993). Adressaten der Regimenormen sind in der Regel zunächst einmal die Vertragsstaaten. Rechte, die von ihnen nicht wahrgenommen werden und Pflichten, die weithin unbeachtet bleiben, verlieren ihre Orientierungsfunktion und können schon deshalb nicht verhaltenswirksam werden. Ein Mindestmaß an Normeinhaltung durch die beteiligten Staaten ist deshalb eine notwendige, wenngleich noch keine hinreichende Bedingung für die Verhaltenswirksamkeit eines Umweltregimes (Nollkaemper 1992; Müller 1993: 44-45). Die Erfüllung „unangenehmer" Pflichten durch Akteure, die „eigentlich" andere Interessen haben, deutet dabei auf die Wirksamkeit eines Regimes hin (Keohane 1993: 33).

Internationale Umweltprobleme entstehen jedoch vielfach gar nicht unmittelbar durch das Verhalten von *Staaten*, sondern durch die in ihrem Hoheitsbereich tätigen Personen und Firmen. Ein Umweltregime wird also vor allem dann zur Bearbeitung und Lösung eines Problems beitragen, wenn die beteiligten Staaten ihr Verhalten ändern, etwa indem sie die Regimenormen in ihre nationalen Rechtsordnungen übernehmen, *und* wenn dadurch die in ihrem Hoheitsbereich tätigen privaten Akteure ihrerseits zu Verhaltensänderungen veranlaßt werden. Es beeinträchtigt die Steuerungswirksamkeit eines Umweltregimes unmittelbar, wenn es einem Mitgliedstaat nicht gelingt, die eigentlichen Verursacher zu Verhaltensänderungen zu bewegen, obwohl er die Regimenormen pflichtgemäß implementiert hat (Young 1979: 105-106; Chayes/Chayes 1993: 187-198).

Verpflichtungen werden allerdings gelegentlich bereits wirksam, bevor bzw. ohne daß die Mitgliedstaaten eines Regimes sie (vollständig) umgesetzt haben, wenn Firmen und andere sub-staatliche Akteure ihr Verhalten in der *Erwartung* der späteren nationalen Umsetzung an internationale Standards anpassen (Breitmeier et al. 1993: 187; Wettestad 1995: 45). Insbesondere nichtstaatliche Akteure können ohne nationale Umsetzung bereits auf das „Signal" der internationalen Regelung reagieren (Oberthür 1997: Kap. 6). Bei der Analyse der Regimewirkungen darf auch deshalb die Rolle sub-nationaler Akteure nicht übersehen werden (Müller 1993: 45).

Im Zeitverlauf können internationale Regime noch erheblich weiterreichende Wirkungen entfalten. Obwohl sie stets auf Grundlage einer bestehenden Interessenkonstellation errichtet worden sind, beeinflussen sie gelegentlich nicht nur das Verhalten der Mitgliedstaaten und der betroffenen substaatlichen Akteure, sondern auch ihre Interessen. So mag die Einrichtung eines Ressourcenregimes durch die Festsetzung von Fangquoten zur Erhaltung eines Fischbestandes dazu führen, daß die betroffenen Industrien einiger Mitgliedsländer die Fischerei in diesem Bereich ganz aufgeben und die dadurch überflüssig gewordenen Fischereiflotten abwracken. Dann wird auch das „nationale Interesse" ihrer Heimatländer an einer erneuten Erhöhung der Fangquoten schwinden. Auf diese Weise vermag ein internationales Regime auf seine eigenen Ausgangs- und Entwicklungsbedingungen zurückzuwirken (Krasner 1982b; Oberthür 1997).

In internationalen Umweltregimen, die in der Regel einen auf Dauer angelegten Verhandlungsprozeß einschließen und auf die beständige Fortentwicklung der Regimenormen hin angelegt sind, kann dadurch ein Rückkoppelungsmechanismus entstehen, der sich über mehrere „Schleifen" fortsetzt. Ein solcher Mechanismus kann unterschiedliche Formen annehmen (Oberthür 1996; 1997). Wenn er das Interesse der beteiligten Akteure an Änderungen des Status quo untergräbt, entfaltet er stabilisierende Wirkung und trägt zur Aufrechterhaltung des erreichten Regelungs- und Umweltschutzniveaus bei. Wenn er die Kosten weiterer Umweltschutzmaßnahmen soweit senkt, daß die Akteure im Rahmen der Fortschreibung der internationalen Vereinbarungen in späteren Phasen weiterreichende Regelungen akzeptieren als zuvor, entfaltet er dynamisierende Wirkungen. In diesem Fall entsteht ein auch als „Engelskreis" (Breitmeier et al. 1993: 168) bezeichneter, sich selbst verstärkender Aufschaukelungsprozeß. Es darf deshalb nicht übersehen werden, daß das Ausmaß der Wirkungen und damit auch die Steuerungswirksamkeit eines internationalen Umweltregimes aufgrund von Rückkoppelungsprozessen im Zeitverlauf erheblich zunehmen können.

4. Zum Aufbau des Buches

In den folgenden elf Kapiteln stellen kompetente Politik- und Völkerrechtswissenschaftler jeweils ein internationales Umweltregime vor, an dem die Bundesrepublik beteiligt ist. Angesichts der Vielzahl bestehender Regime mußte die Auswahl zwangsläufig selektiv erfolgen. Sie enthält zunächst die wichtigen, einer breiteren Öffentlichkeit bekannten Regime, etwa das Regime zum Schutz der Ozonschicht und das gegenwärtig im Aufbau befindliche Klimaschutzregime. Darüber hinaus werden internationale Umweltregime aus den wichtigen Bereichen des internationalen Umweltschutzes, dem Schutz von Luft und Atmosphäre, dem Meeres- und dem Naturschutz, dem Schutz biologischer Vielfalt, dem Schutz einzelner Flüsse sowie dem Abfalltourismus, beispielhaft untersucht. Darunter finden sich globale und regionale ebenso wie ältere und neuere Regime. Auf diese Weise gibt das Buch einen breiten Überblick über die aktive Gestaltung internationaler Umweltpolitik durch die Errichtung und Entwicklung internationaler Regime, über die dabei von den jeweils beteiligten Akteuren verfolgten Regelungs- und Lösungsansätze sowie über die aufgetretenen Probleme und die erzielten Erfolge. Es entsteht das Bild eines in verschiedenen Bereichen unterschiedlich organisierten internationalen Systems, in dem Staaten ihre Interessen keineswegs regellos verfolgen, sondern zum Schutz der Umwelt in zunehmendem Maße gemeinsam – und oft unter Beteiligung sub-staatlicher Akteure – lenkend eingreifen.

Die in den Kapiteln 2 bis 4 behandelten Institutionen gehören ohne Zweifel zu den wichtigsten und derzeit „modernsten" voll entwickelten Umweltregimen. Das im Laufe der 80er Jahre entstandene internationale Regime zum Schutz der Ozonschicht, das Helmut Breitmeier in Kapitel 2 untersucht, stellt den Modellfall eines globalen Umweltregimes dar. Nach einer schleppenden Anfangsphase hat es sich so rasch entwickelt, daß das zu bearbeitende Problem, die Emission ozonzerstörender Chemikalien, einer Lösung sehr nahe gebracht werden konnte. Auch wenn die Erholung der Ozonschicht kaum vor der zweiten Hälfte des 21. Jahrhunderts erreicht sein wird, unterstreicht dieses Regime eindrucksvoll die im internationalen System bestehenden Möglichkeiten der Steuerung durch Umweltregime. Das Ozonschutzregime umfaßt darüber hinaus institutionelle Innovationen, etwa in Gestalt eines umfassenden finanziellen Lastenausgleichs zwischen Nord und Süd, und ist damit richtungweisend für gegenwärtig im Aufbau befindliche Regime.

Auch das in Kapitel 3 behandelte Regime über weiträumige grenzüberschreitende Luftverschmutzung hat sich nach einer zähen, mehr als ein Jahrzehnt dauernden Initiativphase unerwartet rasch entwickelt und reicht heute weit über das Problem des Sauren Regens hinaus, zu dessen Bearbeitung es ursprünglich eingerichtet worden war. Der Beitrag von Thomas Gehring unterstreicht, daß an der Lösung eines Problems besonders interessierte kleine Staaten, in diesem Fall Norwegen und Schweden, selbst bei hinhaltendem Widerstand großer Verursacherländer erheblichen Einfluß auf die Entwicklung der internationalen Umweltpolitik nehmen können, wenn es ihnen gelingt, einen Kooperationsprozeß einzuleiten, der eine eigene Dynamik entfaltet und zum Abschluß immer weiterreichender Abkommen führt.

Das in Kapitel 4 untersuchte Müllexportregime entstammt dagegen dem Nord-Süd-Zusammenhang. Der Beitrag von Britta Meinke zeigt, wie es den auf internationaler Ebene in der Regel einflußarmen afrikanischen Ländern mit fachlicher Unterstützung einer transnational organisierten Nichtregierungsorganisation (Greenpeace) gelang, die mächtigen OECD-Länder schrittweise zum Verzicht auf Abfallexporte in Nicht-OECD-Länder zu bewegen. Deutlich wird dabei, daß sich internationale Umweltregime gegenseitig beeinflussen können, indem die Gründung regionaler Regime zu einem für die Entwicklung des globalen Regimes entscheidenden Faktor wurde.

Die sich anschließenden vier Beiträge (Kapitel 5 bis 8) befassen sich mit dem vielfach, aber auf ganz unterschiedliche Weise bearbeiteten Problem der Meeresverschmutzung. Der Regelungsansatz des internationalen Regimes zur

Verhütung der routinemäßigen Ölverschmutzung durch Tanker (Kapitel 5) hat sich seit seiner Gründung in den 50er Jahren mehrfach erheblich geändert. Der Beitrag von Sebastian Oberthür geht der Frage nach den Wirkungen und Rückwirkungen des Regimes besonders eingehend nach. Er legt dar, daß die der internationalen Regelung zugrundeliegende Konzeption, also das „Regimedesign", in diesem Fall kaum zu unterschätzende Auswirkungen auf die Steuerungswirksamkeit des Regimes hatte.

Auch der folgende Beitrag (Kapitel 6) befaßt sich mit der Bearbeitung der umweltschädigenden Folgen der Tankerschiffahrt. Um die betroffenen Küstenstaaten und privaten Geschädigten jedenfalls finanziell von den Folgen der niemals vollständig auszuschließenden Tankerunfälle zu entlasten, entstand gegen Ende der 60er Jahre das Regime zur Entschädigung für Ölverschmutzungsschäden durch Tankerunfälle. Dieses weltweit einzigartige Regime ist zum Modellfall für andere Regelungen zur Entschädigung für grenzüberschreitende Umweltschäden geworden. Es beruht nicht nur auf zwischenstaatlichen Verträgen, sondern auch auf privaten Abmachungen der beteiligten Industrien. Der Beitrag von Jens Kellerhoff unterstreicht überdies die Auswirkungen vermeintlich unbedeutenderer, dem Vertragsabschluß nachgeordneter Entscheidungen für die Entwicklung des Regimes.

Das Meer wird jedoch nicht nur durch die Schiffahrt und andere meeresgebundene Aktivitäten in Mitleidenschaft gezogen, es wird seit jeher auch gezielt für die Entsorgung von Abfällen, die an Land anfallen, genutzt. Das im Gefolge der Stockholmer Umweltkonferenz entstandene, auf Basis der Londoner Konvention von 1972 errichtete Regime (Kapitel 7) stellt einen frühen Versuch dar, die Abfallentsorgung auf See zwar nicht ganz zu verbieten, aber einzudämmen und auf weniger schädliche Abfallarten zu begrenzen. Der Beitrag von Doris König unterstreicht, daß wiederum ein – in diesem Fall auf den Nordseebereich zugeschnittenes – regionales Regime Schrittmacherfunktion für die Entstehung und Entwicklung des globalen Regimes übernahm.

Während sich der Anwendungsbereich dieser drei Regime auf alle Weltmeere gleichermaßen, aber nur auf jeweils einen Gefährdungsbereich erstreckt, beinhaltet das in Kapitel 8 behandelte, zu Beginn der 70er Jahre entstandene Ostseeregime den entgegengesetzten Ansatz. Es stellt den Versuch der Anrainer eines Regionalmeeres dar, alle dieses eine Meer betreffenden Verschmutzungsursachen gemeinsam zu bearbeiten, und bildet den Prototyp für eine ganze Reihe in der Zwischenzeit unter der Regie von UNEP entstandener weiterer Regionalmeerregime. Martin List weist in seinem Beitrag darauf hin, daß das Ostseeregime und seine Entwicklung untrennbar mit dem Ost-West-Konflikt und seinem Ende sowie mit dem fortbestehenden Gefälle der Handlungskapazität zwischen den östlichen und den westlichen Ostseestaaten verknüpft sind. Institutionell stellt das Ostseeregime insofern eine Besonderheit dar, als in ihm weniger mit verbindlichen Auflagen als mit Empfehlungen und – in jüngerer Zeit – mit Aktionsprogrammen operiert wird.

So wie die Regionalmeere sind auch einzelne internationale Flüsse oder Binnenseen Gegenstand spezieller Bemühungen der jeweiligen Anrainerstaaten. Das bereits in den 50er Jahren entstandene internationale Regime zum Schutz des Rheins (Kapitel 9) stellt das Modell für diese Art sub-regionaler Binnengewässerregime dar. In der Folge ist der Rhein in den vergangenen 30 Jahren erheblich sauberer geworden, wenngleich Thomas Bernauer und Peter Moser in ihrem Beitrag Zweifel anmelden, ob dieser Erfolg wesentlich auf die Existenz des Regimes zurückzuführen ist. Im Zuge ihrer Bemühungen zur Bekämpfung der Salzverschmutzung des Rheins haben die Mitgliedstaaten des Regimes jedenfalls eine bemerkenswerte, allerdings nicht ganz unproblematische Lastenausgleichslösung zwischen Ober- und Unterliegern vereinbart. Nach den insgesamt enttäuschenden Erfahrungen mit rechtlich verbindlichen Abmachungen greifen sie in jüngerer Zeit jedoch verstärkt auf Aktionsprogramme zurück.

Die beiden folgenden Beiträge befassen sich mit internationalen Naturschutzregimen. Das in Kapitel 10 untersuchte, gleichfalls im Zusammenhang mit der Stockholmer Umweltkonferenz von 1972 entstandene Washingtoner Artenschutzabkommen (CITES) kann als das wichtigste voll ausgebaute und weltweit gültige Naturschutzregime angesehen werden. Mit seiner Unterstützung wird der internationale Handel mit Tieren, Pflanzen und Produkten vom Aussterben bedrohter Arten international kontrolliert und beschränkt. Der Regelungsansatz richtet sich damit auf die Bearbeitung *einer* Ursache für das Artensterben. Peter Sand macht in seinem Beitrag deutlich, wie sich auf Grundlage dieses Abkommens eine sehr weitgehende internationale Entscheidungspraxis entwickelt hat. So wird die Umsetzung der Vertragspflichten unter aktiver Beteiligung von Nichtregierungsorganisationen überwacht, und es werden gegebenenfalls Sanktionen (Handelsbeschränkungen) gegen vertragswidrig handelnde Mitgliedstaaten und sogar gegen Nichtmitgliedstaaten verhängt.

Im Gegensatz zum Washingtoner Artenschutzabkommen ist das Regime über die biologische Vielfalt (Kapitel 11) auf die Bearbeitung aller Ursachen des Verlustes von biologischer Vielfalt gerichtet und folgt insofern einem sehr viel breiteren Ansatz. Die Gründungskonvention für dieses Regime lag erst 1992 auf dem Erdgipfel von Rio zur Zeichnung auf. Sie verbindet ein rein naturschützendes mit einem ressourcenorientierten Konzept und legt neben zahlreichen erhaltenden Maßnahmen für biologische Vielfalt und ihre nachhaltige Nutzung die Grundzüge einer neuen Ordnung für genetische Ressourcen nieder, die vor allem das Verhältnis zwischen dem artenreichen Süden und dem an der Nutzung dieser Ressourcen interessierten Norden betrifft. In ihrem Beitrag weist Gudrun Henne darauf hin, daß sich das Regime über die biologische Vielfalt aufgrund seines breiten Regelungsansatzes gegenwärtig in Konkurrenz zu anderswo stattfindenden Regelungsbemühungen befindet, die seine Bedeutung zu beschneiden drohen. Die zukünftige Entwicklung des Regimes ist jedoch noch kaum abzusehen.

In Kapitel 12 schließlich untersucht Hermann Ott das internationale Regime zum Schutz des Weltklimas, dessen Gründungskonvention ebenfalls in Rio zur Zeichnung auflag. Auch dieses Regime besitzt eine starke Nord-Süd-Dimension, die sich auf zukünftige Entwicklungschancen und die Verteilung der Kosten von Anpassungsmaßnahmen bezieht. Aspekte der Lastenteilung zwischen den beteiligten Ländern sowie innovative Umsetzungskonzepte erlangen vor diesem Hintergrund eine erhebliche Bedeutung in den fortlaufenden Verhandlungen. Diese sollen Ende 1997 zum Abschluß eines ersten Protokolls über die Reduktion klimarelevanter Gase führen. Der Klimawandel und die zu seiner Bekämpfung zu treffenden Maßnahmen werden aber auch danach auf lange Zeit an der Spitze der Tagesordnung der internationalen Umweltpolitik bleiben.

Für die Beurteilung der Erfolge und Mißerfolge der beiden neuesten Regime ist es noch viel zu früh, denn sie befinden sich erst in ihrer Aufbauphase. Sie machen jedoch deutlich, daß sich die aktive Gestaltung internationaler Umweltpolitik durch Errichtung und Entwicklung internationaler Umweltregime immer weiter ausgreifenden Problemfeldern zuwendet. Dies geschieht nicht nur vor dem Hintergrund eines wachsenden Steuerungsbedarfs, sondern auch im Licht der im Ganzen ermutigenden Erfahrungen mit der Bearbeitung kleinerer, enger begrenzter Problemfelder.

Der Schlußbeitrag (Kapitel 13) zieht aus der Zusammenschau der elf in den vorangegangenen Kapiteln untersuchten Fälle einige Schlußfolgerungen hinsichtlich der Gestaltung internationaler Umweltpolitik durch Regime. Trotz aller Unterschiede im Detail zeigen sich dabei vor allem zwei Gemeinsamkeiten der untersuchten Regime. In allen Fällen, in denen ein Regime über einen längeren Zeitraum bestanden hat, ist eine dynamische Weiterentwicklung zu beobachten, die im Laufe der Zeit zu teilweise weit über die ursprünglichen Kompromisse hinausgehenden Regelungen führte. Und in allen Fällen kam es zu einer jedenfalls partiellen Verbesserung der Umweltsituation. Errichtung und Entwicklung eines internationalen Umweltregimes führen demnach mit hoher Wahrscheinlichkeit zu Fortschritten in Richtung auf eine Lösung des zugrundeliegenden Problems.

Literaturverzeichnis

Bernauer, Thomas 1995: The Effect of International Environmental Institutions: How We Might Learn More, in: International Organization 49, 351-377.

Breitmeier, Helmut/Gehring, Thomas/List, Martin/Zürn, Michael 1993: Internationale Umweltregime, in: Prittwitz, Volker von (Hrsg.): Umweltpolitik als Modernisierungsprozeß. Politikwissenschaftliche Umweltforschung und -lehre in der Bundesrepublik Deutschland, Opladen, 163-191.

Chayes, Abram/Chayes, Antonia Chandler 1993: On Compliance, in: International Organization 47, 175-205.

Gehring, Thomas 1990: International Environmental Regimes. Dynamic Sectoral Legal Systems, in: Yearbook of International Environmental Law 1, 35-56.
Gehring, Thomas 1994: Dynamic International Regimes: Institutions for International Environmental Governance, Frankfurt a.M.
Gehring, Thomas 1996: Arguing und Bargaining in internationalen Verhandlungen. Überlegungen am Beispiel des Ozonschutzregimes, in: Prittwitz, Volker von (Hrsg.): Verhandeln und Argumentieren. Dialog, Interessen und Macht in der Umweltpolitik, Opladen, 207-238.
Haas, Ernst B. 1980: Why Collaborate? Issue Linkage and International Regimes, in: World Politics 32, 357-405.
Haas, Ernst B. 1990: When Knowledge is Power. Three Models of Change in International Organizations, Berkeley.
Haas, Peter M. 1992: Introduction: Epistemic Communities and International Policy Coordination, in: International Organization 46, 1-35.
Haas, Peter M./Keohane, Robert O./Levy, Marc A. 1993: Institutions for the Earth. Sources of Effective International Environmental Protection, Cambridge, Mass.
Hardin, Garrett 1968: The Tragedy of the Commons, in: Science 162, 1243-1248.
Keohane, Robert O. 1984: After Hegemony. Cooperation and Discord in the World Political Economy, Princeton.
Keohane, Robert O. 1993: The Analysis of International Regimes: Towards a European-American Research Programme, in: Rittberger, Volker (Hrsg.): Regime Theory and International Relations, Oxford, 23-45.
Kohler-Koch, Beate 1989: Zur Empirie und Theorie internationaler Regime, in: dies. Beate (Hrsg.): Regime in den internationalen Beziehungen, Baden-Baden, 17-85.
Kohler-Koch, Beate 1993: Die Welt regieren ohne Weltregierung, in: Böhret, Carl/ Wewer, Göttrik (Hrsg.): Regieren im 21. Jahrhundert. Zwischen Globalisierung und Regionalisierung, Opladen, 109-141.
Krasner, Stephen D. 1982a: Structural Causes and Regime Consequences: Regimes as Intervening Variables, in: International Organization 36, 185-205.
Krasner, Stephen D. 1982b: Regimes and the Limits of Realism: Regimes as Autonomous Variables, in: International Organization 36, 497-510.
Kratochwil, Friedrich/Ruggie, John Gerard 1986: International Organization: A State of the Art on an Art of the State, in: International Organization 40, 753-775.
Levy, Marc A./Young, Oran R./Zürn, Michael 1995: The Study of International Regimes, in: European Journal of International Relations 1, 267-330.
Mayer, Peter/Rittberger, Volker/Zürn, Michael 1993: Regime Theory: State of the Art and Perspectives, in: Rittberger, Volker (Hrsg.): Regime Theory and International Relations, Oxford, 391-430.
Müller, Harald 1993: Die Chance der Kooperation. Regime in den internationalen Beziehungen, Darmstadt.
Nollkaemper, André 1992: On the Effectiveness of International Rules, in: Acta Politica 27, 49-70.
Oberthür, Sebastian 1996: Die Reflexivität internationaler Regime. Erkenntnisse aus der Untersuchung von drei umweltpolitischen Problemfeldern, in: Zeitschrift für internationale Beziehungen 3, 7-44.
Oberthür, Sebastian 1997: Umweltschutz durch internationale Regime. Interessen, Verhandlungsprozesse, Wirkungen, Opladen.

Ostrom, Elinor 1990: Governing the Commons: The Evolution of Institutions for Collective Action, Cambridge.
Ott, Hermann 1997: Umweltregime im Völkerrecht. Eine Untersuchung zu neuen Formen internationaler institutionalisierter Kooperation am Beispiel der Verträge zum Schutz der Ozonschicht und zur Kontrolle grenzüberschreitender Abfallverbringungen (Dissertation: Freie Universität Berlin), Berlin.
Prittwitz, Volker von 1990: Das Katastrophenparadox. Elemente einer Theorie der Umweltpolitik, Opladen.
Rittberger, Volker 1993: Research on International Regimes in Germany: The Adaptive Internalization of an American Social Science Concept, in: ders. (Hrsg.): Regime Theory and International Relations, Oxford, 3-22.
Sand, Peter H. 1990: Lessons Learned in Global Environmental Governance, Washington, D.C.
Sand, Peter H. (Hrsg.) 1992: The Effectiveness of International Environmental Agreements. A Survey of Existing Legal Instruments, Cambridge.
Schachter, Oscar 1983: The Nature and Process of Legal Development in International Society, in: MacDonald, R.St.J./Johnson, Douglas (Hrsg.): The Structure and Process of International Law: Essays in Legal Philosophy, Doctrine and Theory, The Hague, 745-806.
Scharpf, Fritz W. 1992: Koordination durch Verhandlungssysteme: Analytische Konzepte und institutionelle Lösungen, in: Benz, Arthur/Scharpf, Fritz W./Zintl, Reinhard: Horizontale Politikverflechtung. Zur Theorie von Verhandlungssystemen, Frankfurt a.M., 51-96.
Sebenius, James K. 1983: Adding and Subtracting Issues and Parties, in: International Organization 37, 281-316.
Sebenius, James K. 1992: Challenging Conventional Explanations of International Cooperation: Negotiation Analysis and the Case of Epistemic Communities, in: International Organization 46, 323-365.
Wettestad, Jørgen 1995: „Nuts and Bolts for Environmental Negotiators?" Designing Effective International Regimes. A Conceptual Framework (Fridtjof Nansen Institute), Lysaker.
Young, Oran R. 1979: Compliance and Public Authority. A Theory with International Applications, Baltimore.
Young, Oran R. 1994: International Governance. Protecting the Environment in a Stateless Society, Ithaca.
Zürn, Michael 1992: Interessen und Institutionen in der internationalen Politik. Grundlegung und Anwendungen des situationsstrukturellen Ansatzes, Opladen.

2. Entstehung und Wandel des globalen Regimes zum Schutz der Ozonschicht

Helmut Breitmeier

1. Einleitung

Vor mehr als zwei Jahrzehnten machten Mario Molina und Sherwood Rowland in der Fachzeitschrift „Nature" im Jahr 1974 erstmals auf den möglichen Abbau des Ozons in der Stratosphäre durch Fluorchlorkohlenwasserstoffe aufmerksam (Molina/Rowland 1974). Dieser Aufsatz löste weltweit eine scharfe wissenschaftliche und politische, bis in die zweite Hälfte der 80er Jahre andauernde Kontroverse darüber aus, ob das vorhandene Wissen über den möglichen Abbau des stratosphärischen Ozons international vereinbarte Maßnahmen zur Verminderung bzw. zum völligen Ausstieg aus dem Verbrauch und der Produktion dieser Stoffe erforderte (Roan 1989). Die stratosphärische Ozonschicht befindet sich oberhalb der Tropopause in einer Höhe zwischen 17 und ca. 50 km und enthält rund 90% des gesamten Ozons, das sich in der Erdatmosphäre befindet. Sie stellt einen Schutzschild für das Überleben von Menschen, Tieren und Pflanzen auf der Erde dar, da sie die gesamte kurzwellige UV-B-Strahlung im Bereich von 280-320 nm absorbiert. Eine Abnahme des stratosphärischen Ozons führt bei Menschen und Tieren zu einer Trübung der Augenlinse, zu einem vermehrten Auftreten verschiedener Hautkrebsarten und zu einer Beeinträchtigung der Immunabwehr. Bei Pflanzen wird zudem die Photosyntheseleistung beeinträchtigt.

Der Ozonabbau in der Stratosphäre wird durch verschiedene Chemikalien verursacht, die ein unterschiedlich hohes Ozonzerstörungspotential und eine unterschiedlich lange Verweildauer in der Atmosphäre aufweisen. Vollhalogenierte Fluorchlorkohlenwasserstoffe (FCKW), die eine Lebensdauer zwischen 60 und 400 Jahren und ein sehr hohes Ozonzerstörungspotential besitzen, werden seit den 30er Jahren industriell produziert. Teilhalogenierte Fluorchlorkohlenwasserstoffe (H-FCKW) haben mit 2 bis 40 Jahren eine geringere atmosphärische Lebensdauer und weisen deshalb im Vergleich zu den FCKW ein geringeres Ozonzerstörungspotential auf. Verschiedene H-FCKW wurden daher Anfang der 90er Jahre als Ersatzstoffe für FCKW eingesetzt. Der Ausstieg aus dem Verbrauch und der Produktion von FCKW und H-FCKW stellt auch eine begleitende Maßnahme zum Klimaschutz dar, da beide Stoffgruppen einen Beitrag zum anthropogenen Treibhauseffekt leisten.

Diese ozonzerstörenden Stoffe wurden in der Vergangenheit als Treibmittel in Spraydosen (sogenannte Aerosole), in der Kühl- und Klimatechnik sowie als Löse- und Reinigungsmittel verwendet. Die sogenannten Halone, die vor allem in Feuerlöschanlagen eingesetzt wurden, besitzen im Vergleich zu den FCKW ein mehrfach höheres Ozonzerstörungspotential und haben ebenfalls eine hohe Verweildauer in der Atmosphäre (Deutscher Bundestag 1992). Das ozonschädigende Methylchloroform mit etwa einem Zehntel des Zerstörungspotentials der FCKW wird hauptsächlich zur Metalloberflächenreinigung eingesetzt. Tetrachlorkohlenstoff, das ein den FCKW vergleichbares Schädigungspotential besitzt, dient in erster Linie als Vorprodukt zur FCKW-Herstellung. Seit Anfang der 90er Jahre wurde auch eine zunehmende Debatte darüber geführt, welchen Beitrag der im Bereich des Pflanzenschutzes verwendete Stoff Methylbromid zur Zerstörung der Ozonschicht leistet.

Bis Ende der 80er Jahre wurde ein Großteil der ozonzerstörenden Stoffe in den Industrieländern produziert und verbraucht. Neben der US-Firma Du Pont und der ebenfalls in den USA angesiedelten Firma Allied Signals gehörten auch die französische Atochem, die britische ICI, die deutsche Hoechst AG und die italienische Firma Montefluos zu jenen sechs multinationalen Chemiefirmen, die für rund 80% der globalen Jahresproduktion verantwortlich zeichneten. Die Stoffe wurden von einer großen Anzahl von Branchen weiterverarbeitet (z.B. Einsatz als Kühlmittel in Kühlgeräten, in Autoklimaanlagen, als Treibmittel bei der Polsterung von Möbeln, in Isolierstoffen für Gebäude usw.). Eine wichtige Voraussetzung für das Verbot dieser Stoffe bestand somit in der Verfügbarkeit weniger umweltschädlicher Ersatzstoffe.

Bis Mitte der 80er Jahre waren die Industrieländer nicht nur die Hauptproduzenten, sondern auch Hauptverbraucher der ozonzerstörenden Stoffe. Zu diesem Zeitpunkt betrug der Anteil der USA an der globalen FCKW-Produktion rund 30%, der Anteil der EG-Staaten rund 40%, und jener Japans rund 14%. Die osteuropäischen Staaten – einschließlich der damaligen Sowjetunion – hatten einen Anteil an der globalen Produktion von rund 12%. Bis Mitte der 80er Jahre kam somit nur eine geringe Menge der globalen FCKW-Produktion aus den Entwicklungsländern. Durch den in diesen Ländern wachsenden Bedarf an Kühlgeräten und anderen Verbrauchsgütern zeichnete sich indessen bereits zum Zeitpunkt des Abschlusses des Montrealer Ozonprotokolls im Jahr 1987 ab, daß die Entwicklungsländer sich nicht nur auf den Import der ozonzerstörenden Stoffe verlassen würden, sondern vermehrt auch den Aufbau eigener Produktionsanlagen planten.

2. Die Entstehung des Ozonregimes

Die Diskussion um die von Molina und Rowland formulierte Hypothese über die Zerstörung des stratosphärischen Ozons durch chlorhaltige Stoffe wurde im März 1977 in Washington auf einer vom UN-Umweltprogramm organi-

Schutz der Ozonschicht 29

sierten internationalen Expertenkonferenz diskutiert.[1] UNEP suchte nach seiner im Gefolge der Stockholmer UN-Umweltkonferenz von 1972 erfolgten Gründung nach neuen Arbeitsfeldern, die von anderen internationalen Organisationen noch nicht besetzt worden waren und die gleichzeitig auch Möglichkeiten zur Profilierung der noch jungen Organisation boten. Die Washingtoner Expertenkonferenz verabschiedete den „Weltaktionsplan für die Ozonschicht", der insgesamt 21 Punkte für die weitere Erforschung der Ozonschicht auflistete. Der Verwaltungsrat von UNEP beschloß darüber hinaus im Mai 1977, ein „Co-ordinating Committee on the Ozone Layer" (CCOL) einzurichten. In den folgenden Jahren kamen in diesem Expertengremium jährlich UN-Organisationen, nichtstaatliche Akteure und solche Länder zusammen, die sich in besonderem Maße der Erforschung der Ozonschicht widmeten, um ihre jeweilige wissenschaftliche Einschätzung des Ozonproblems zu diskutieren und die Produktionszahlen für die beiden wichtigsten FCKW 11 und 12 auszutauschen (Rummel-Bulska 1986: 282).

Auf ersten Regierungskonferenzen wurde in den Jahren 1977 und 1978 zunächst versucht, ein gemeinsames Verbot des Einsatzes von FCKW als Aerosole zu erreichen. Die US-Regierung konnte sich in dieser sehr frühen Phase nicht mit ihrer Forderung nach einem international vereinbarten Verbot des FCKW-Einsatzes in Spraydosen durchsetzen und kündigte 1977 diesbezüglich ein nationales Verbot an, das im Dezember 1978 in Kraft trat. Neben Kanada, das nur über eine geringe FCKW-Produktion verfügte, trafen bis 1981 auch die Nichtproduktionsstaaten Schweden und Norwegen ähnliche Verbotsmaßnahmen. In der Bundesrepublik traf der damals zuständige Bundesinnenminister mit den betroffenen Industrieverbänden im Jahr 1977 eine Übereinkunft, den FCKW-Einsatz als Aerosole bis 1979 um 30% gegenüber dem Stand von 1975 zu vermindern (Breitmeier 1992).

2.1 Der Weg zur Wiener Konvention von 1985

Nachdem der Verwaltungsrat von UNEP im Mai 1981 beschlossen hatte, einen Verhandlungsprozeß für eine globale Rahmenkonvention zum Schutz der Ozonschicht einzurichten, fanden bis 1985 mehrere Verhandlungsrunden statt, die zur Verabschiedung des „Wiener Übereinkommens zum Schutz der Ozonschicht" führten. Während der Verhandlungen existierten zwei Staatenkoalitionen mit unterschiedlichen Interessen. Die in der „Toronto-Gruppe" zusammengefaßten Staaten, neben den skandinavischen Ländern die USA und Kanada, forderten ein Ende des Einsatzes von FCKW 11 und 12 als Aerosole und weitere Reduzierungsmaßnahmen in den Bereichen Kunststoffverschäumung und Kühltechnik sowie bei Lösungs- und Reinigungsmitteln.

---

1   Zur Entstehung des Regimes vgl. Benedick (1991), Breitmeier (1996), Gehring (1994), Oberthür (1997), Rowlands (1995), Parson (1993).

Die USA traten indessen zu diesem Zeitpunkt nur für ein FCKW-Verbot in Spraydosen ein und lehnten zusätzliche Maßnahmen ab. Dem Problem einer möglichen Zerstörung der Ozonschicht durch FCKW war in den USA schon frühzeitig große Aufmerksamkeit beigemessen worden. Ein von der US-Regierung eingesetzter Ausschuß schloß in einem im Juni 1975 vorgelegten Bericht die Option einer Verminderung des FCKW-Einsatzes nicht aus und maß dem Problem einen hohen Stellenwert bei. Ein Unterausschuß des amerikanischen Senats führte 1975/76 zudem verschiedene Anhörungen durch, in denen Wissenschaftler und Vertreter der amerikanischen Chemieindustrie gehört wurden. Die amerikanische Akademie der Wissenschaften veröffentlichte zwischen 1976 und 1984 mehrere Berichte über das Problem. Ein 1976 veröffentlichter erster Bericht unterstützte die Hypothese der möglichen Zerstörung der stratosphärischen Ozonschicht durch FCKW. Weitere Berichte zwischen 1979 und 1984 legten allerdings zunächst eine geringere Dringlichkeit des Problems nahe, wodurch die ursprünglich starke Unterstützung in der amerikanischen Öffentlichkeit für weitreichende Verbotsmaßnahmen zwischenzeitlich wieder schwand. Faktisch wurde aufgrund der darauf basierenden amerikanischen Position zunächst nur über die Verminderung des FCKW-Einsatzes im Aerosolbereich verhandelt, nachdem schon frühzeitig ein von den nordischen Staaten unterbreiteter Vorschlag zur umfassenden Verminderung von FCKW gescheitert war.

Die nordischen Staaten und die USA sahen sich in den Verhandlungen einer Bremserkoalition der EG-Staaten gegenüber, gegen die sie sich nicht durchsetzen konnten. Die Europäische Gemeinschaft hatte zwar mit einer Ratsentscheidung von 1980 beschlossen, den FCKW-Einsatz in Spraydosen bis Ende 1981 um 30% gegenüber dem Stand von 1976 zu verringern und die aktuelle Produktionskapazität einzufrieren. Beides hatte jedoch nur symbolische Bedeutung, da im Herstellungsbereich erhebliche Überkapazitäten bestanden und der Absatz von in Spraydosen verwendeten FCKW in der EG seit 1976 bereits um 30% gesunken war. Darüber hinausgehende Maßnahmen lehnte die EG ab (Jachtenfuchs 1990). Bereits früh wurde deutlich, daß innerhalb der Europäischen Gemeinschaft insbesondere Großbritannien und Frankreich in erster Linie die Interessen ihrer nationalen Chemiefirmen vertraten und dadurch weiterreichende Maßnahmen auf EG-Ebene verhinderten.

Die Produktionskapazität für FCKW einzufrieren wäre für die EG-Staaten im globalen Wettbewerb vorteilhaft gewesen. Da die damaligen Produktionskapazitäten in der EG nur zu 65% ausgelastet waren, hätten die europäischen Chemiefirmen ihre Produktion weiter steigern können. Ihren amerikanischen Konkurrenten stand diese Option dagegen nicht zur Verfügung, so daß den traditionell stärker exportorientierten europäischen Chemiefirmen Vorteile auf dem Weltmarkt entstanden wären: Die zukünftigen Wachstumspotentiale im Export wären aufgrund der vorhanden Überkapazitäten einseitig den europäischen Herstellern zugute gekommen, während die US-amerikanischen Firmen, die FCKW weitgehend für den heimischen Binnenmarkt produzierten, daran kaum hätten teilhaben können. Die EG-Position trug zudem nicht dem Umstand Rechnung, daß die USA bereits ein FCKW-Verbot in Aerosolen erlassen hatten. Die amerikanischen Firmen hatten daher im Gegensatz zu den Firmen in der Europäischen Gemeinschaft nicht mehr die Möglichkeit, eine steigende FCKW-Nachfrage in anderen Anwendungsgebieten durch Nutzung der Einsparpotentiale im Treibmittelbereich zu befriedigen.

Der Abschluß des „Wiener Übereinkommens zum Schutz der Ozonschicht" von 1985 (BGBl. 1988 II: 902) bildet einen Zwischenschritt zur Bildung des Regimes, die bis Mitte der 80er Jahre durch die gegenläufigen Staateninteressen im Problemfeld verhindert wurde. Laut Artikel 2 (1) der Wiener Konvention treffen die Vertragsstaaten „geeignete Maßnahmen", um die menschliche Gesundheit und die Umwelt gegen die schädlichen Auswirkungen zu schützen, die sich aus einer möglichen Veränderung der Ozonschicht ergeben. In Artikel 2 (2) sind verschiedene Bereiche der zwischenstaatlichen Zusammenarbeit genannt, die in den anschließenden Artikeln der Konvention über die Kooperation bei der Erforschung des Problems (Art. 3) und beim Informationsaustausch über wissenschaftliche, technische, sozioökonomische, wirtschaftliche und rechtliche Fragen im Problemfeld (Art. 4) und in zwei Anhängen zur Konvention näher beschrieben wurden. Gemäß Artikel 2 (2b) kooperieren die Staaten zudem bei Maßnahmen zur Verminderung, Begrenzung oder Verhinderung solcher menschlichen Aktivitäten, die schädliche Auswirkungen auf die Ozonschicht haben.

In der Konvention wurde zudem die Einrichtung eines Sekretariats bestimmt, das bei UNEP in Nairobi angesiedelt wurde. Die Konferenz der Vertragsstaaten der Wiener Konvention hat die Aufgabe, die Umsetzung in den Mitgliedstaaten zu überprüfen. Die Konvention ist aufgrund der weit konkreteren Regeln des Montrealer Protokolls von 1987 innerhalb des politischen Prozesses mittlerweile in den Hintergrund getreten.

Die Wiener Konvention räumte die Möglichkeit ein, ergänzende Protokolle zu beschließen (Art. 8), z.B. über die in Artikel 2 (2b) genannten weiteren Maßnahmen gegen die Zerstörung der Ozonschicht. Nachdem sie keine konkreten Regelungsmaßnahmen zur Verminderung ozonzerstörender Stoffe enthielt, wurde auf Initiative der USA und anderer Staaten anläßlich der Zeichnung der Konvention in Wien im März 1985 eine Resolution verabschiedet, in der die anwesenden Staaten erklärten, ihre Arbeit an einem Schadstoffprotokoll fortzusetzen und dieses im Jahr 1987 auf einer diplomatischen Konferenz zu verabschieden (abgedruckt in: ILM 1985: 1523).

2.2 Der Weg zum Montrealer Protokoll von 1987

Nach dem gescheiterten Versuch, ein internationales Anwendungsverbot von FCKW in Spaydosen durchzusetzen, nahmen die USA eine Neubestimmung ihrer Verhandlungsposition vor. Mitte der 80er Jahre erhöhte sich der innenpolitische Druck in den USA auf die Entscheidungsträger. Auch als Folge dessen gingen die USA während der Verhandlungen, die schließlich zum Abschluß des Montrealer Protokolls führten, wesentlich über ihre ursprüngliche Position hinaus und sprachen sich nun für eine umfassende Verminderung des FCKW-Einsatzes in allen Anwendungsbereichen aus. Diese Verminderung sollte langfristig 95% betragen. Die USA übernahmen damit eine Führungsrolle, in der sie von den nordischen Staaten unterstützt wurden. Sie verstanden es, die EG-Staaten auf die politische Anklagebank zu setzen und mobilisierten zunehmend neben dem selbst ausgeübten politischen Druck die internationale Öffentlichkeit. Amerikanische und internationale Umweltverbände sowie internationale Organisationen wie die Weltorganisation für Meteorologie (WMO) und UNEP bildeten eine transnationale Interessengruppe, die die Europäische Gemeinschaft mehr und mehr unter Druck setzte.

Die internationale Diskussion über die Verminderung ozonzerstörender Substanzen wurde durch die Entdeckung des Ozonlochs über der Antarktis im Jahr 1985 erheblich intensiviert. Seit dem Geophysikalischen Jahr von 1957 wurden weltweit Bodenstationen zur Messung der atmosphärischen Ozonkonzentration eingerichtet. Seit Ende der 70er Jahre wurde zudem die Überwachung der stratosphärischen Ozonschicht durch satellitengestützte Meßgeräte intensiviert. Erst die Messungen, die ein Team des „British Arctic Survey" zwischen 1977 und 1984 von der britischen Forschungsstation „Halley Bay" in der Antarktis vornahm, ließen das Auftreten des „Ozonlochs" über der Antarktis erkennen (Farman/Gardiner 1985). Diese 1985 veröffentlichten Ergebnisse lösten weltweit große Betroffenheit aus.

Die von da an jährlich wiederkehrenden Meldungen über die sich verstärkende Abnahme des Ozongehalts erzeugten weltweit ein Problembewußtsein und erhöhten den Handlungsdruck auf die politischen Entscheidungsträger. In Zusammenarbeit mit UNEP, der WMO und einzelnen interessierten Staaten unternahmen amerikanische Forschungseinrichtungen große Anstrengungen, das Wissen über die Ursachen und Folgen der Zerstörung der Ozonschicht zu vergrößern. Der Ausbau dieses Wissens spielte eine bedeutende Rolle während der Verhandlungen, auch wenn der letztliche wissenschaftliche Beweis, daß FCKW und andere Stoffe die Zerstörung der Ozonschicht auslösen, erst nach dem Abschluß des Montrealer Protokolls erbracht wurde (Litfin 1994).

Zwischen Umweltgruppen und den FCKW-Produzenten gab es eine scharfe Kontroverse über die Notwendigkeit eines FCKW-Ausstiegs. Der amerikanische Kongreß und die US-Regierung bezogen nun allerdings bei der Entwicklung ihrer politischen Maßnahmen neben ökonomischen zunehmend ökologische Erwägungen ein (Benedick 1991; Haas 1992). Als Ergebnis einer vom Umweltverband „National Resources Defense Council" angestrengten Klage sah sich die amerikanische Umweltbehörde EPA zudem genötigt zuzusagen, bis November 1987 zu prüfen, ob weitere Regelungsmaßnahmen für FCKW erforderlich seien. Die im Jahr 1986 erfolgte Ankündigung der amerikanischen Firma Du Pont, die Entwicklung von Ersatzstoffen voranzutreiben, bewirkte auch bei anderen Firmen wie ICI, die bis dahin wesentlich die Haltung der britischen Regierung beeinflußt hatte, und Hoechst einen Positionswechsel. Aufgrund der weltweiten Diskussion über den Ausstieg aus diesen Stoffen mußten alle Produzenten damit rechnen, daß es mittelfristig zu Regelungsmaßnahmen für diese Stoffe kommen konnte, durch die neue Rahmenbedingungen für den FCKW-Markt geschaffen wurden. Daß nun selbst die FCKW-Produzenten die Produktion von Ersatzstoffen binnen weniger Jahre für möglich hielten, war eine wichtige Voraussetzung für die Verabschiedung des Montrealer Protokolls

Im Jahr 1987 war es den USA gelungen, die Europäische Gemeinschaft in die politische Defensive zu drängen. Im amerikanischen Kongreß eingebrachte Gesetzesvorschläge, die vorsahen, im Fall eines Scheiterns der Verhandlungen die Einfuhr FCKW-belasteter Produkte zu verbieten, wirkten als Drohung und erhöhten den politischen Druck auf die Bremserstaaten. Die EG-Mitgliedstaaten konnten im Vorfeld der Verhandlungen zum Montrealer Ozonprotokoll nur mühsam ihre wachsenden Interessenunterschiede überbrücken. Neben der Bundesrepublik befürworteten auch andere EG-Länder Regelungsmaßnahmen, und in einigen von ihnen wuchs der innenpolitische Druck. Die EG konnte sich daher nicht mit ihrer im Februar 1987 beschlossenen neuen Verhandlungsposition durchsetzen, FCKW um höchstens 20% zu vermindern. Im „Montrealer Protokoll über Stoffe, die zu einem Abbau der Ozonschicht führen" (BGBl. 1988 II: 1015), das im September 1987 unterzeichnet wurde, akzeptierte die EG schließlich das Ziel, den Verbrauch und die Produktion der vollhalogenierten FCKW 11, 12, 113, 114 und 115 bis zum Jahr 1998 schrittweise um 50% zu vermindern. Zudem wurde im Protokoll vereinbart, Produktion und Verbrauch der Halone 1301, 1211 und 2402 ab dem Jahr 1992 einzufrieren. Die Regelungen für beide Stoffgruppen bezogen sich auf die im Basisjahr 1986 produzierte bzw. verbrauchte Menge.

Auch das Montrealer Protokoll sieht die Einrichtung eines Sekretariats, das zusammen mit dem der Wiener Konvention ein gemeinsames Ozonsekretariat in Nairobi bildet, und eine regelmäßig stattfindende Konferenz der Vertragsstaaten vor. Während die Konferenz der Vertragsstaaten der Wiener Konvention bisher im Abstand von zwei bis drei Jahren stattfand, sind die Vertragsstaaten des Montrealer Protokolls seit 1989 jährlich zusammengetreten. Auf den Vertragsstaatenkonferenzen des Montrealer Protokolls können die Regelungen des Regimes auf zwei unterschiedliche Weisen weiterentwickelt werden. Nach dem „Änderungsverfahren" können neue Stoffe im Protokoll geregelt werden, wenn zumindest zwei Drittel der anwesenden Vertragsparteien dies beschließen (Art. 2.10 des Protokolls). Das Inkrafttreten einer solchen Vertragsänderung bedarf der Ratifikation durch die Vertragsstaaten. Darüber hinaus besteht nach Artikel 2.9 des Protokolls die Möglichkeit, die im Protokoll enthaltenen Bestimmungen über bereits geregelte Stoffe „anzupassen". Solche Anpassungen können mit einer Zweidrittelmehrheit, die zugleich über die Hälfte des Verbrauchs der geregelten Substanzen repräsentiert, angenommen werden und treten daraufhin nach sechs Monaten für alle Vertragsparteien ohne Einspruchsmöglichkeit und ohne gesonderte Ratifikation in Kraft. Diese institutionell verankerten Mechanismen der Vertragsänderung, insbesondere aber der Anpassung (Verschärfung der Reduktionsmaßnahmen für einzelne Stoffgruppen) des Protokolls sollen die schnelle Weiterentwicklung des Regimes ermöglichen. Im Protokoll selbst ist eine solche Weiterentwicklung zudem dadurch angelegt, daß nach Artikel 6 die getroffenen Kontrollmaßnahmen zunächst 1990 und danach regelmäßig zumindest alle vier Jahre überprüft werden sollen. Um dies vorzubereiten, sind jeweils Expertengremien („Assessment Panels") zu berufen, um über den Zustand der Ozonschicht und über die relevanten technologischen und wirtschaftlichen Bedingungen als Grundlage der Überprüfung Bericht zu erstatten (Art. 6).

Der besonderen Lage der Entwicklungsländer wurde im Montrealer Protokoll durch Ausnahme- und Übergangsregelungen mit dem Ziel Rechnung getragen, die „grundlegenden nationalen Bedürfnisse" dieser Länder zu berücksichtigen (Art. 5). Im Kern wurde eine um zehn Jahre verzögerte Erfüllung der Regelungen des Montrealer Protokolls für solche Entwicklungsländer vorgesehen, die bestimmte Verbrauchsobergrenzen pro Kopf nicht überschritten, um ihnen die notwendige Zeit zur Umstellung einzuräumen. Das Protokoll enthält zudem ein Handelsverbot mit Nichtvertragsstaaten (Art. 4), das auf den Konferenzen von London 1990 und Kopenhagen 1992 konkretisiert wurde, indem die dem Handelsboykott unterliegenden geregelten Stoffe und andere diese Stoffe beinhaltenden Erzeugnisse festgelegt wurden. In Artikel 7 des Protokolls sind schließlich die Pflichten der Vertragsparteien zur Bereitstellung von Daten über Produktion, Import und Export von geregelten Stoffen enthalten.

3. Die Entwicklung des Regimes

Die Entstehung des Regimes bis 1987 war in erster Linie ein Ergebnis der Verhandlungen zwischen den Industrieländern, die ihren Konflikt über die Verminderung ozonzerstörender Stoffe zunächst regelten, ohne die Bedürfnisse der Entwicklungsländer angemessen zu berücksichtigen. Durch die anfängliche Ausklammerung des Nord-Süd-Konflikts konnte die Anzahl der in den Verhandlungen zu bearbeitenden Konfliktgegenstände begrenzt werden. In den Jahren nach der Verabschiedung des Montrealer Protokolls wurde allerdings deutlich, daß die Lösung des Nord-Süd-Konflikts über die Finanzierung des Ausstiegs aus der Nutzung ozonzerstörender Stoffe erforderlich war, um die Beteiligung der Entwicklungsländer und damit eine globale Mitgliedschaft des Regimes zu erreichen. Die Entwicklung des Ozonregimes ist nach 1987 durch die Bearbeitung dieses Konflikts sowie durch eine bemerkenswerte Ausweitung und Verschärfung der stoffbezogenen Regelungen gekennzeichnet.

3.1 Die Bearbeitung des Nord-Süd-Konflikts

Die im Montrealer Protokoll vorgesehenen, auf FCKW und FCKW-belastete Produkte bezogenen Beschränkungen des Handels mit Nichtmitgliedstaaten zielten auch darauf ab, die Entwicklungsländer zum Regimebeitritt zu bewegen. Der weitere politische Prozeß zeigte, daß dieser negative Anreiz dafür nicht ausreichte. Der Versuch der Industrieländer, ein mögliches „Trittbrettfahren" durch die Entwicklungsländer zu verhindern, konnte langfristig nur durch die gleichzeitige Bereitstellung positiver Anreize in Form von zusätzlichen Finanzmitteln zum Erfolg führen.

Nach dem Abschluß des Montrealer Protokolls gewann der Konflikt zwischen den Industrie- und den Entwicklungsländern über die Einrichtung eines Fonds für die Dritte Welt stark an Bedeutung. Indien und China, die in der Zukunft in wachsendem Maße als Produzenten und Verbraucher ozonzerstörender Stoffe gelten konnten, machten ebenso wie andere Entwicklungsländer ihren Beitritt zum Regime davon abhängig, daß sie von den Industrieländern einen finanziellen Ausgleich für die Kosten erhielten, die aus den Regelungsmaßnahmen folgten. Auch in den Entwicklungsländern, in denen ein großer Nachholbedarf bei der Versorgung von Konsumgütern aus der Kühl- und Klimatechnik bestand, war der Umstieg auf ozonfreundlichere Stoffe mit einer kostenträchtigen Umrüstung bestehender Produktionsanlagen verbunden.

Während die meisten EG-Staaten dem geforderten Transfer zusätzlicher Ressourcen nicht grundsätzlich ablehnend gegenüberstanden, spitzte sich der Konflikt insbesondere zwischen den Entwicklungsländern und den USA zunächst zu. Die USA befürchteten, daß die Bewilligung neuer Finanzmittel für die Dritte Welt innerhalb des Ozonregimes ein Präjudiz für die Bearbeitung anderer Umweltkonflikte im Nord-Süd-Kontext darstellen könnte. Darüber hinaus traten die Entwicklungsländer für eine Ansiedlung des angestrebten Fonds bei UNEP ein, während die Industrieländer diese Aufgabe der ihnen näher stehenden Weltbank übertragen wollten.

Auf der ersten Konferenz der Vertragsstaaten des Protokolls in Helsinki 1989 konnte der Konflikt zwischen den Industrie- und den Entwicklungsländern nicht gelöst werden. Auf der zweiten Vertragsstaatenkonferenz in London 1990 wurde dann als Kompromiß die Errichtung eines Multilateralen Fonds beschlossen, der durch Beiträge aus den Industrieländern finanziert wird. Seine Aufgabe ist es unter anderem, die Mehrkosten der Entwicklungsländer zu decken, die diesen aus der Einhaltung der Protokollregelungen entstehen. Der im Montrealer Protokoll von 1987 enthaltene Artikel 10 über die Förderung der technischen Unterstützung durch die Entwicklungsländer wurde deshalb erweitert (vgl. Ott 1991).

Danach oblag die Verwaltung des Fonds einem Exekutivausschuß, dessen Tätigkeit ein in Montreal angesiedeltes Fondssekretariat unterstützten sollte. Der 14köpfige Exekutivausschuß wurde paritätisch mit Entwicklungs- und Industrieländern besetzt, wodurch die Entwicklungsländer das von ihnen geforderte Mitbestimmungsrecht bei der Vergabe der Projektmittel erhielten. Neben der Weltbank wurden zunächst UNEP und das Entwicklungsprogramm der Vereinten Nationen (UNDP) sowie, später, die UN-Organisation für industrielle Entwicklung (UNIDO) bestimmt, bei der Umsetzung der durch den Fonds finanzierten Projekte mitzuwirken. Zudem wurde der gewachsenen Bedeutung der Entwicklungsländer im Rahmen des Montrealer Protokolls durch eine Änderung der Entscheidungsverfahren Rechnung getragen: Für „Anpassungen" der Regelungen des Montrealer Protokolls sowie für Entscheidungen über den errichteten Mechanismus zum Ressourcentransfer war von nun an eine Zweidrittelmehrheit der Vertragsstaaten erforderlich, die zugleich einfache Mehrheiten der Industrie- und der Entwicklungsländer umfaßte.

Da die genannten Regelungen eine Änderung des Montrealer Protokolls voraussetzten, bedurften sie zum Inkrafttreten der Ratifikation durch die Vertragsstaaten. Um die Zeit bis dahin zu überbrücken, wurde der Fonds auf der Grundlage einer einfachen „Entscheidung" der Konferenz 1990 vorläufig errichtet und für die Jahre 1991 bis 1993 mit 240 Millionen US-$ ausgestattet. Die Höhe der Zahlungsverpflichtung jedes Industrielandes richtete sich nach dem Schlüssel des für die Vereinten Nationen zu zahlenden Mitgliedsbeitrags.

Auf der vierten Vertragsstaatenkonferenz in Kopenhagen 1992 wurde nach Inkrafttreten der Änderungen von 1990 der zunächst auf Interimsbasis betriebene Multilaterale Fonds als Dauerlösung im Ozonregime verankert. Schon zuvor waren nicht nur Indien und China, sondern auch eine Reihe weiterer Entwicklungsländer dem Regime in Erwartung des Ressourcentransfers beigetreten. Insofern war die Einrichtung des Multilateralen Fonds eine Grundvoraussetzung für die globale Gültigkeit der Regelungen des Montrealer Protokolls. Seit der Einrichtung des Fonds ist die von den Industrieländern für Projekte zum Ausstieg aus den ozonzerstörenden Stoffen in den Entwicklungsländern zur Verfügung gestellte Geldmenge gewachsen. Auf der fünften Vertragsstaatenkonferenz in Bangkok wurde 1993 beschlossen, zwischen 1994 und 1996 weitere 455 Millionen US-$ zur Verfügung zu stellen. Auf dem achten Treffen der Vertragsparteien in Costa Rica 1996 wurde der Fonds für den Zeitraum 1997 bis 1999 mit 466 Millionen US-$ aufgefüllt.

3.2 Die Ausweitung und Verschärfung der Regelungen

Zum Zeitpunkt des Abschlusses des Montrealer Ozonprotokolls war der wissenschaftliche Beweis dafür, daß die Zerstörung des stratosphärischen Ozons durch chlor- und bromhaltige Substanzen verursacht wurde, noch nicht erbracht. Die Entscheidungsträger verhandelten auf der Grundlage großer bestehender Unsicherheiten über die Ursachen des Ozonabbaus in der Stratosphäre. Nachdem im Jahr 1988 der bis dahin fehlende wissenschaftliche Nachweis erbracht worden war, daß FCKW, H-FCKW, Halone und andere Stoffe die Ursache für die Zerstörung der Ozonschicht darstellen, änderten nicht nur die britische Regierung und der EG-Ministerrat im Oktober 1988 ihre Position. Vielmehr befürworteten daraufhin praktisch alle Industriestaaten, die Nutzung der wichtigsten ozonschädigenden Substanzen zu beenden. In den folgenden Jahren führten wiederkehrende Meldungen über weitere Ozonverluste über der Antarktis und der globalen Ozonschicht weltweit zu der Überzeugung, daß die in Montreal getroffenen Vereinbarungen unzureichend waren. Wissenschaftler warnten, daß es auf der Grundlage der in Montreal getroffenen Regelungen zu einem weiteren dramatischen Anstieg der Chlorkonzentration in der Stratosphäre kommen werde.

Der Bewußtseinswandel in den Industrieländern führte dazu, daß sich die westlichen Regierungen, trotz gelegentlicher Differenzen bei der geplanten weiteren Verminderung einzelner ozonzerstörender Stoffe, auf den Folgekonferenzen in London 1990, Kopenhagen 1992 und Wien 1995 weitgehend einig waren, die Regelungen des Regimes auf weitere Schadstoffe auszuweiten und die Regeln für die bereits kontrollierten Stoffe zu verschärfen. Diese Ausweitungen und Verschärfungen der Regelungen wurden jeweils durch die erwähnten „Assessment Panels" vorbereitet, mit deren Hilfe gemäß Artikel 6 des Montrealer Protokolls die bestehenden Regelungen im Lichte des vorhandenen Wissens über den Zustand der Ozonschicht und über die wirtschaftlich-technologischen Kapazitäten zum Ausstieg aus den ozonzerstörenden Stoffen überprüft wurden. An der Arbeit dieser Panels waren nicht nur Wissenschaftler, sondern auch die betroffenen Industriefirmen aus der chemischen und der weiterverarbeitenden Industrie beteiligt, die somit in die Entscheidungsfindung innerhalb des Regimes frühzeitig eingebunden waren.

Ein erster weitreichender Schritt zur Einbeziehung weiterer Stoffe in das Montrealer Protokoll und zur Verschärfung der Regelungen für bereits kontrollierte Substanzen (Verkürzung der Reduktionsfristen, Verschärfung der Reduktionsquoten) wurde auf der Londoner Vertragsstaatenkonferenz 1990 getan (BGBl. 1991 II: 1332, 1349). Die beträchtliche Weiterentwicklung der Regelungen über ozonzerstörende Stoffe bezieht sich auf verschiedene Stoffgruppen (Breitmeier 1996: 92-102; Ott 1991). Durch das innovative „Anpassungsverfahren" wurde für die bereits geregelten FCKW und Halone nun ein stufenweiser Ausstieg bis zum Jahr 2000 vereinbart. Anders als diese Anpassungen, die nach sechs Monaten automatisch für alle Vertragsstaaten in Kraft traten, bedurfte der ebenfalls in London beschlossene Ausstieg aus der Nutzung von Tetrachlorkohlenstoff und zehn weiteren FCKW ebenfalls bis zum Jahr 2000 sowie von Methylchloroform bis zum Jahr 2005 der nationalen Ratifikation, um Rechtskraft zu erlangen.

Wie in Artikel 5 des Montrealer Protokolls angelegt, verschärften sich mit den Londoner Beschlüssen auch die für die Entwicklungsländer gültigen

Bestimmungen: Diese mußten die Nutzung der genannten Stoffe mit zehnjähriger Verzögerung, also bis zum Jahr 2010 bzw. 2015 beenden. Darüber hinaus richtete die Vertragsstaatenkonferenz 1990 durch einfachen Beschluß zunächst vorläufig ein Verfahren zur Behandlung von Fällen der Nichteinhaltung von Vertragsbestimmungen ein, dessen Herzstück ein zehnköpfiger Implementationsausschuß bildete, der paritätisch mit Vertretern aus Industrie- und Entwicklungsländern besetzt wurde. Dieser Implementationsausschuß, der 1992 einen regulären Status erhielt, hat dabei nicht nur die Einhaltung der Reduktions-, sondern auch der Berichtspflichten zu überwachen.

Ein wesentlicher Kritikpunkt am Montrealer Protokoll von 1987 war, daß teilhalogenierten FCKW darin nicht geregelt wurden. Auf der Konferenz von London änderte sich daran nichts Grundsätzliches, da H-FCKW ins Protokoll aufgenommen wurden, ohne Reduktionspflichten für diese Substanzen zu vereinbaren. Erst das vierte Treffen der Vertragsparteien in Kopenhagen 1992 erzielte Einigkeit darüber, den H-FCKW-Verbrauch in den Industrieländern bis zum Jahr 2020 um 99,5% zu vermindern und bis zum Jahr 2030 vollständig zu beenden. Von geringerer Bedeutung war der gleichzeitig gefaßte Beschluß, die Nutzung einer Reihe von teilhalogenierten bromierten Kohlenwasserstoffen ab 1996 zu verbieten, da diese Stoffe kaum genutzt wurden. Strittig war in Kopenhagen zudem die Aufnahme des erst kurz zuvor als relativ stark ozonschädigender Stoff identifizierten Methylbromids. Diesen hatten vor allem die USA auf die Tagesordnung gesetzt, da sie aufgrund nationaler Gesetzgebung dazu genötigt waren, Methylbromid bis zur Jahrtausendwende zu verbieten. Letztlich wurde für Methylbromid in Kopenhagen ein Einfrieren der Produktion und des Verbrauchs in Industrieländern ab dem Jahr 1995 auf dem Niveau von 1991 vereinbart.

Während diese Regelungen durch normale Vertragsänderungen in das Montrealer Protokoll eingeführt und daher erst nach nationaler Ratifikation rechtskräftig wurden, nahmen die Vertragsparteien die anderen stoffbezogenen Regelungen von Kopenhagen im Anpassungsverfahren an. Ohne größere Auseinandersetzungen wurde der Ausstieg aus der Nutzung von FCKW, Tetrachlorkohlenstoff und Methylbromid auf 1996, der Halon-Ausstieg gar auf 1994 vorgezogen. Letzteres wurde möglich, nachdem ein Expertengremium festgestellt hatte, daß genügend Halon-Vorräte existierten, um den vorhandenen Bedarf auf absehbare Zeit durch Wiederverwendung zu decken.

Allerdings wehrten sich die Entwicklungsländer in Kopenhagen erfolgreich dagegen, daß sich ihre Verpflichtungen im Gleichschritt mit denen der Industrieländer verschärften. Die getroffenen Vereinbarungen sowohl bezüglich der bereits geregelten Stoffe als auch über die neu aufgenommenen Substanzen fanden deshalb keine Anwendung auf die Entwicklungsländer, deren Pflichten damit von denen der Industrieländer entkoppelt wurden. Eine Überprüfung dieser Vereinbarung wurde für 1995 ins Auge gefaßt (zu den Entscheidungen von Kopenhagen BGBl. 1993 II: 2183, 2196).

Auf der in Wien abgehaltenen siebten Konferenz der Vertragsstaaten des Montrealer Protokolls wurde diese Entkoppelung von Industrie- und Entwicklungsländerpflichten festgeschrieben. Gegen den entschiedenen Widerstand der Entwicklungsländer gegen neue oder verschärfte Verpflichtungen konnte einzig vereinbart werden, Produktion und Verbrauch von Methylbromid in Entwicklungsländern ab dem Jahr 2002 auf dem durchschnittlichen Niveau der Jahre 1995 bis 1998 einzufrieren sowie den Verbrauch von H-FCKW bis 2040 einzustellen. Der zusätzlich gefaßte Beschluß, den Konsum von H-FCKW in der Dritten Welt ab dem Jahr 2016 auf dem Niveau von 2015 einzufrieren, muß als symbolische Maßnahme gelten, da die Ausgangsbasis zwei Jahrzehnte lang nach Belieben beeinflußt werden kann. Für die anderen Stoffe wurden die seit London 1990 gültigen Beschränkungen in Entwicklungsländern bestätigt. Etwas größere Fortschritte konnten bei den Regelungen für Industrieländer erzielt werden. Der Ausstieg aus der Nutzung von Methylbromid soll nun schrittweise bis 2010 erfolgen. In bezug auf H-FCKW wurde allerdings lediglich die Berechnungsbasis geringfügig reduziert, was keinen nennenswerten Beitrag zur Wiederherstellung der Ozonschicht leisten wird. Da alle diese Beschlüsse bereits im Protokoll geregelte Stoffe betrafen, wurden sie insgesamt im vereinfachten „Anpassungsverfahren" angenommen (Bundesanzeiger Nr. 110, 18.06.1996: 6650).[2]

Gerade die noch gültigen langen Übergangsfristen für die Entwicklungsländer stellen einen Bereich dar, dessen Bearbeitung durch die Regimemitglieder in Zukunft ansteht. Eine Überprüfung aller Regelungen für Methylbromid ist für 1997 vorgesehen. Die H-FCKW-Beschränkungen in Entwicklungsländern werden spätestens 1999 wieder zum Thema. Dann ergibt sich auch die Möglichkeit, die Verhandlungen über die stoffbezogenen Regelungen mit der zu diesem Zeitpunkt vorzunehmenden Ausstattung des Multilateralen Fonds für den Zeitraum 2000 bis 2002 zu verbinden. Eine Verkürzung der Ausstiegsfristen der Entwicklungsländer könnte dadurch gefördert werden, denn die Industrieländer werden die Dritte Welt wohl nur zu einer Annäherung an die für die Industrieländer geltenden Regelungen bewegen können, wenn sie hierfür weitere Finanzmittel bereitstellen.

4. Die Wirkungen des Regimes

Die Wiener Konvention wurde bis zum September 1996 von 159 Staaten ratifiziert. Dem Montrealer Protokoll waren bis dahin 157 Staaten beigetre-

---

[2] Zu den Regelungen der Wiener Konvention von 1985, des Montrealer Protokolls von 1987 und der in London 1990, Kopenhagen 1992 und Wien 1995 getroffenen Weiterentwicklung des Regimes vgl. UNEP (1996) und die Internetseite des Ozonsekretariats <http://www.unep.ch/ozone/>.

ten. Die Londoner Vertragsänderungen waren zu diesem Zeitpunkt für 110 Staaten in Kraft, die Kopenhagener Vertragsänderungen immerhin für 58 Staaten. Der FCKW-Verbrauch der westlichen Industrieländer ging bis zum Jahr 1993 (im Vergleich zum Basisjahr 1986) bereits um mehr als 50% zurück und lief Ende 1995 ebenso wie der Verbrauch von Tetrachlorkohlenstoff und Methylchloroform aus, nachdem die Nutzung von Halonen bereits Ende 1993 eingestellt worden war. Dagegen stieg der Verbrauch der Entwicklungsländer insgesamt an. Allerdings haben die Regelungen des Regimes dazu beigetragen, daß dieser Anstieg in einem weit geringeren Ausmaß erfolgte, als dies ohne das vorhandene Regime der Fall gewesen wäre. Insgesamt ist es innerhalb weniger Jahre zu einem rapiden Rückgang der globalen Produktion und des Verbrauchs ozonzerstörender Stoffe gekommen, woran das Ozonregime entscheidenden Anteil hatte (Parson/Greene 1995: 37; Oberthür 1997: Kap. 3).

Mit der Einhaltung der Regelungsmaßnahmen durch die westlichen Industriestaaten ergaben sich bisher keine grundlegenden Probleme. Vielmehr haben einzelne westliche Industrieländer sogar Maßnahmen getroffen, die in Schärfe und Reichweite über die innerhalb des Regimes vereinbarten Regeln hinausgehen. Einige osteuropäische Staaten wie zum Beispiel Rußland teilten dem Sekretariat des Ozonregimes in Nairobi allerdings 1995 mit, daß sie aufgrund fehlender finanzieller und technologischer Kapazität den FCKW-Ausstieg nicht wie geplant 1996 vollenden könnten. Zudem hatten in den vergangenen Jahren osteuropäische Länder ebenso wie viele Entwicklungsländer Probleme, Berichte über ihren nationalen Verbrauch und die Produktion ozonzerstörender Stoffe vorzulegen. Die Regimemitglieder haben dem Wunsch der osteuropäischen Staaten nach einer Ausnahmeregelung insofern entsprochen, als sie diesen Ländern 1995 beim siebten Treffen der Vertragsparteien eine neue Ausstiegsfrist bis zum Jahr 2000 einräumten (dazu Werksman 1996). Zudem wurde entsprechende finanzielle Hilfe im Rahmen der globalen Umweltfazilität GEF in Aussicht gestellt, um den FCKW-Ausstieg auch in diesen Ländern zu forcieren. In der Vergangenheit haben einige osteuropäische Länder zudem ihre Zahlungsverpflichtungen für den multilateralen Fonds mit Hinweis auf ihre schwierige finanzielle und wirtschaftliche Situation nicht erfüllt. Die Regimemitglieder haben diesen Ländern die Möglichkeit eingeräumt, ihren Verpflichtungen durch andere Leistungsformen (z.B. durch die Bereitstellung von Expertenwissen und Sachleistungen) wenigstens teilweise nachzukommen. Ländern, die Schwierigkeiten mit der Datenermittlung und Berichterstattung hatten, wurde im Rahmen des Regimes und seines Implementationsausschusses Unterstützung angeboten. Die innerhalb des Regimes bisher aufgetretenen Probleme bezüglich der Regeleinhaltung wurden damit weitgehend kooperativ bearbeitet, indem die Vertragsparteien den betroffenen Mitgliedstaaten pragmatisch Hilfe auf dem Weg zur Einhaltung der Regimeregeln anboten.

Besonders starke Auswirkungen hatte das Regime für jene Industriezweige, die mit der Produktion und der Weiterverarbeitung von ozonzerstörenden Stoffen beschäftigt waren. Innerhalb weniger Jahre mußten die großen multinationalen Hersteller ihre FCKW-Produktion einstellen und sich auf die Entwicklung neuer Ersatzstoffe konzentrieren. Das Regime war ein entscheidender Anlaß dafür, daß die FCKW-Produzenten und die FCKW-verarbeitende Industrie die Entwicklung von Ersatzstoffen und -verfahren intensivierten und neue technische Lösungen entwickelten. Der Umstieg auf Ersatzprodukte war dabei für die betroffenen Industriezweige weniger kostenintensiv, als dies noch Mitte der 80er Jahre angenommen wurde. Die Fortschritte bei der Substitutsentwicklung erleichterten im Anschluß die Weiterentwicklung der internationalen Regelungen, da der Widerstand gegen verschärfte Bestimmungen schwand (Oberthür 1997: Kap. 3).

Für die großen multinationalen Chemiefirmen war die FCKW-Produktion zwar eine profitable Sparte, die aber nur einen relativ kleinen Teil des Gesamtumsatzes ausmachte. Einige ehemalige Hauptproduzenten von FCKW wie Du Pont oder ICI haben sich mittlerweile bedeutende globale Marktanteile in der Ersatzstoffproduktion gesichert. Die verarbeitende Industrie wurde durch die Regelungen des Regimes veranlaßt, neue technische Lösungen zu entwickeln. Dies ist in vielen Anwendungsgebieten für ozonzerstörende Stoffe auch gelungen, wie die relativ rasche Einführung FCKW- und H-FCKW-freier Kühlgeräte zeigt. Die im Rahmen des Regimes laufende weltweite Debatte über Ersatzanwendungen für ozonzerstörende Stoffe hat zudem die Verbraucher sensibilisiert, wodurch die Nachfrage nach ozonfreundlichen Produkten wuchs.

Durch die Errichtung des multilateralen Fonds wurde im Nord-Süd-Verhältnis zweifellos eine gerechtere Verteilung der Kosten des Ozonschichtschutzes erreicht, als dies noch durch das Montrealer Protokoll von 1987 der Fall gewesen war. Die von den Industrieländern innerhalb eines Dreijahreszeitraums für den Fonds zur Verfügung gestellte Summe ist jeweils das Ergebnis eines Kompromisses zwischen Nord und Süd. Die rege Beteiligung an finanzierten Projekten zum Ausstieg aus ozonzerstörenden Stoffen zeigt, daß die Entwicklungsländer den Fonds als wichtiges Mittel zur Umsetzung der Regelungen des Regimes betrachten.

Die globale Diskussion über die Zerstörung der Ozonschicht hat dazu geführt, daß benachbarte Problemfelder wie die Klimaproblematik (dazu Ott, in diesem Band) und andere globale Umweltprobleme wie der Erhalt der biologischen Vielfalt (dazu Henne, in diesem Band) besonders starke Aufmerksamkeit auf der internationalen Ebene erhielten. Insofern kann die Ozonproblematik auch als Vorläufer und Wegbereiter für den Eintritt anderer Problemfelder in die globale Agenda angesehen werden. Darüber hinaus hat das Ozonregime mit spezifischen institutionellen Vorkehrungen auch Vorbildfunktion auf andere sich entwickelnde Regime wie das Klimaregime entfaltet. Die Schaffung des multilateralen Fonds war eine politische Grundsatzentscheidung, die ein Präjudiz für andere ähnliche Problemlagen im Nord-Süd-Verhältnis darstellt. Die Einrichtung eines problemfeldspezifischen Ressourcentransfers zum Schutz der Ozonschicht hat das Zustandekommen eines solchen Transfers auch im Bereich des Klimaschutzes gefördert. Die Industrieländer werden sich daher in wachsendem Maße den finanziellen Forderungen der Dritten Welt bei der Bearbeitung von globalen Umweltproblemen ausgesetzt sehen. Die schrittweise Konfliktbearbeitung, die sich mit der Verabschiedung einer Rahmenkonvention über die Entwicklung eines Schadstoffprotokolls bis hin zur Verschärfung der Regelungen des Protokolls über mehrere Phasen vollzog, dient ebenso als wichtiger Bezugspunkt der Bearbeitung des Klimaproblems (Ott, in diesem Band).

Das globale Regime zum Schutz der Ozonschicht stellt aus heutiger Sicht einerseits ein Beispiel für die erfolgreiche kooperative Bearbeitung eines globalen Umweltproblems dar; andererseits darf mit einem auf den politischen Prozeß in den 80er Jahren gerichteten Blick nicht verhehlt werden, daß frühere und schärfere Maßnahmen durch die bis 1985 unvereinbaren Interessen der Industrieländer verhindert wurden. Zudem bedrohen zur Zeit zwei Entwicklungen die langfristige Wiederherstellung der Ozonschicht. Erstens ist nach wie vor das Problem der fortgesetzten Produktion ozonschädigender Stoffe in Osteuropa und insbesondere in Rußland ungelöst, das über den illegalen Handel und Schmuggel auch das endgültige Nutzungsende in den westlichen Industrieländern, vor allem in Europa untergräbt (vgl. Brack 1996). Zweitens bedürfen die weiterhin steigende Produktion und Konsumtion ozonzerstörender Stoffe in den Entwicklungsländern erhöhter Aufmerksamkeit.

Der Beitrag des Regimes zur ökologischen Problemlösung wird sich auch bei Lösung dieser Probleme erst langfristig einstellen, da die in der Atmosphäre befindlichen Altlasten eine lange Lebensdauer aufweisen und während der kommenden Jahrzehnte nur langsam abgebaut werden. Durch die in der Vergangenheit erfolgten Emissionen wird trotz des starken Rückgangs der globalen FCKW-Produktion in den vergangenen Jahren die atmosphärische Chlorkonzentration zunächst sogar noch weiter wachsen. Bestenfalls in der zweiten Hälfte des nächsten Jahrhunderts wird sich die Chlorkonzentration in der Atmosphäre wieder auf jenem Stand einpendeln, der vor den Zeiten des massiven FCKW-Einsatzes vorherrschte.

5. Zusammenfassung

Das internationale Regime zum Schutz der Ozonschicht stellt trotz der nach wie vor bestehenden Notwendigkeit, die Regelungen – insbesondere für die Entwicklungsländer – weiter zu verschärfen, ein gelungenes Beispiel für globale Umweltkooperation dar. Es beinhaltet einige wichtige institutionelle Neuerungen, die sich bewährt haben und mittlerweile auch in andere Umweltregime integriert wurden. Der im Montrealer Protokoll verankerte Mechanismus, der Anpassungen bereits bestehender Regelungsmaßnahmen erleichtert, hat dazu beigetragen, daß die Regimemitglieder auf Veränderungen der ökologischen oder wirtschaftlichen Problemlagen schnell reagieren und umfassendere Regelungsmaßnahmen erlassen konnten. Der Arbeit der „Assessment Panels" kommt dabei besondere Bedeutung zu, da diese zwischen den Konferenzen der Vertragsstaaten das Konsenswissen über die wirtschaftlich-technische Machbarkeit und die ökologische Notwendigkeit einer Verschärfung des Ausstiegsszenarios zusammentragen und entsprechende Schritte vorschlagen.

Innerhalb des vergangenen Jahrzehnts hat das Regime eine bemerkenswerte Flexibilität gezeigt, die sich in einer umfangreichen Ausdehnung und Verschärfung der Regelungen manifestiert. Die Regimemitglieder haben auf den einzelnen Konferenzen der Vertragsstaaten mit Entscheidungen wie der Schaffung des Multilateralen Fonds zur Unterstützung der Entwicklungsländer gezeigt, daß auch eine große Anzahl von Akteuren bei einer zudem oftmals schwierigen Interessenkonstellation Konflikte erfolgreich bearbeiten und dabei mehr als nur Formelkompromisse erreichen können. Dazu trugen neben dem Regime selbst allerdings auch andere Faktoren wie die international starke Politisierung des Ozonproblems bei, die die Staaten einem starken Handlungsdruck ausgesetzt hat.

Im Ergebnis hat die internationale Zusammenarbeit zum Schutz der Ozonschicht bisher zu einer starken Reduzierung von Produktion und Verbrauch ozonschädigender Substanzen geführt. In der zweiten Hälfte der 90er Jahre gefährden allerdings nach wie vor Umsetzungsprobleme in den osteuropäischen Ländern sowie in den Entwicklungsländern, wo die Nachfrage nach ozonzerstörenden Substanzen teilweise weiter steigt, die Wiederherstellung der Ozonschicht. Sollten diese Probleme gelöst werden können, ist mit einer Rückkehr des atmosphärischen Gleichgewichts wie vor dem Entstehen des Ozonlochs gegen Ende des 21. Jahrhunderts zu rechnen.

Grundlegende Literatur

Benedick, Richard Elliot 1991: Ozone Diplomacy. New Directions in Safeguarding the Planet, Cambridge, Mass.
Breitmeier, Helmut 1996: Wie entstehen globale Umweltregime? Der Konfliktaustrag zum Schutz der Ozonschicht und des globalen Klimas, Opladen.
Gehring, Thomas 1994: Dynamic International Regimes. Institutions for International Environmental Governance, Frankfurt a.M.
Oberthür, Sebastian 1997: Umweltschutz durch internationale Regime. Interessen, Verhandlungsprozesse, Wirkungen, Opladen.
Parson, Edward A. 1993: Protecting the Ozone Layer, in: Haas, Peter M./Keohane, Robert O./Levy, Mark A.: Institutions for the Earth. Sources of Effective International Environmental Protection, Cambridge, Mass., 27-73.
Rowlands, Ian H. 1995: The Politics of Global Atmospheric Change, Manchester.

Weiterführende Literatur

Brack, Duncan 1996: International Trade and the Montreal Protocol (Royal Institute of International Affairs), London.

Breitmeier, Helmut 1992: Ozonschicht und Klima auf der globalen Agenda (Tübinger Arbeitspapiere zur internationalen Politik und Friedensforschung Nr. 17), Tübingen.

Deutscher Bundestag (Hrsg.) 1992: Klimaänderung gefährdet globale Entwicklung. Zukunft sichern – Jetzt handeln, Erster Bericht der Enquête-Kommission „Schutz der Erdatmosphäre" des 12. Deutschen Bundestages, Bonn.

Farman, J.C./Gardiner, B.G./Shanklin, J.D. 1985: Large Losses of Total Ozone in Antarctica Reveal Seasonal ClO_X/NO_X Interaction, in: Nature 315, 207-210.

Haas, Peter M. 1992: Banning Chlorofluorocarbons: Epistemic Community Efforts to Protect Stratospheric Ozone, in: International Organization 46, 187-224.

Jachtenfuchs, Markus 1990: The European Community and the Protection of the Ozone Layer, in: Journal of Common Market Studies 28, 261-277.

Litfin, Karen T. 1994: Ozone Discourse. Science and Politics in Global Environmental Cooperation, New York.

Maxwell, James H./Weiner, Sanford L. 1993: Green Consciousness or Dollar Diplomacy? The British Response to the Threat of Ozone Depletion, in: International Environmental Affairs 5, 19-41.

Molina, Mario J./Rowland, Sherwood F. 1974: Stratospheric Sink for Chlorofluoromethans: Chlorine Atom Catalysed Destruction of Ozone, in: Nature 249, 810-812.

Oberthür, Sebastian 1996: Die Reflexivität internationaler Regime. Erkenntnisse aus der Untersuchung von drei umweltpolitischen Problemfeldern, in: Zeitschrift für Internationale Beziehungen 3, 7-44.

Ott, Hermann 1991: The New Montreal Protocol: A Small Step for the Protection of the Ozone Layer, a Big Step for International Law and Relations, in: Verfassung und Recht in Übersee 24, 188-208.

Parson, Edward A./Greene, Owen 1995: The Complex Chemistry of the International Ozone Agreements, in: Environment 37, 16-20 und 35-43.

Roan, Sharon 1989: Ozone Crisis. The 15-Year Evolution of a Sudden Global Emergency, New York.

Rummel-Bulska, Iwona 1986: The Protection of the Ozone Layer under the Global Framework Convention, in: Flinterman, Cees/Kwiatkowksa, Barbara/Lamers, Johan G. (Hrsg.): Transboundary Air Pollution. International Legal Aspects of the Cooperation of States, Dordrecht, 281-297.

UNEP 1996: Handbook for the International Treaties for the Protection of the Ozone Layer: the Vienna Convention (1985), the Montreal Protocol (1987), 4. Aufl., Nairobi.

Werksman, Jacob 1996: Compliance and Transition: Russia's Non-Compliance Tests the Ozone Regime, in: Zeitschrift für ausländisches öffentliches Recht und Völkerrecht 56, 750-773.

3. Das internationale Regime über weiträumige grenzüberschreitende Luftverschmutzung

Thomas Gehring

Der „Saure Regen", der durch die massive Emission und die weiträumige Verbreitung von Luftschadstoffen verursacht wird, stellt eines der großen internationalen Umweltprobleme dar. Seit über 25 Jahren bemühen sich betroffene Staaten um die Lösung dieses Problems durch international koordinierte Umweltpolitik. Aus diesen Bemühungen ist eines der wichtigen auf Europa und Nordamerika begrenzten regionalen Umweltregime hervorgegangen, dessen Entstehung, Entwicklung und Wirkung dieser Beitrag untersucht (grundlegend dazu Schwarzer 1990; Levy 1993; Gehring 1994: 63-194).

1. Der Aufbau des Regimes

In den 60er Jahren entdeckten skandinavische Wissenschaftler, daß schwedische und norwegische Seen zunehmend durch „saure Niederschläge" belastet wurden. Ursache war Schwefeldioxid (SO_2), das vorwiegend bei der Verbrennung fossiler Brennstoffe, besonders Kohle, entstand und seit langem als gefährlicher Luftschadstoff bekannt war (Brunnée 1988). Bereits in den 30er Jahren war der noch heute völkerrechtlich einschlägige Trail-Smelter-Fall zu Berühmtheit gelangt, in dem es um die durch die Rauchfahne einer einzelnen Fabrik, einer kanadischen Kupferhütte, in einem Tal der USA verursachten Schäden ging. In den 50er und 60er Jahren waren in verschiedenen hochbelasteten Industrieregionen Umweltschutzprogramme aufgelegt worden. Stets konnte die regional oder lokal aufgetretene Luftverschmutzung jedoch auf identifizierbare und naheliegende Schadstoffquellen zurückgeführt werden, sei es auf große Punktquellen (z.B. ein Kraftwerk), sei es auf lokal massiert auftretende diffuse Quellen (z.B. die Verwendung von Kohle als Hausbrand). Die Versäuerung skandinavischer Seen war dagegen auch in solchen Landstrichen zu beobachten, die weitab jeder nennenswerten Emissionsquelle lagen.

Norwegen und Schweden führten einen erheblichen Teil des Problems auf SO$_2$-Emissionen aus anderen Ländern zurück. Aufgrund des im Bereich der Nordsee vorherrschenden Westwindes schien Großbritannien der Hauptverursacher zu sein. Dort wurde nicht nur besonders viel Kohle verbrannt, sondern die britische Luftreinhaltepolitik hatte sich zur Behebung lokaler Umweltprobleme auch zunehmend der „Politik der hohen Schornsteine" bedient, deren erklärtes Ziel es war, örtlich auftretende Belastungen durch teilweise mehrere hundert Meter hohe Schornsteine weiträumig zu verteilen (Prittwitz 1984).

Die skandinavischen Länder forderten Großbritannien deshalb auf, die Politik der hohen Schornsteine aufzugeben. Damit entstand ein internationaler Konflikt, der eine für die gemeinsame Bearbeitung sehr ungünstige Interessenstruktur aufwies. Großbritannien hatte als typischer Oberlieger kein Interesse an einer Kooperation, und die nordischen Länder konnten den Briten kein attraktives Koppelgeschäft anbieten. Auf zweiseitiger Ebene war das Problem unter diesen Bedingungen kaum zu lösen.

1.1 Die Ausweitung des Problemfeldes

Norwegen und Schweden versuchten deshalb im Laufe der ersten Hälfte der 70er Jahre, die blockierte zweiseitige Situation durch die gezielte Erweiterung des Problemfeldes aufzubrechen (Levy 1993: 78-81; Gehring 1994: 63-66). Schweden machte das Problem der sauren Niederschläge zum Thema der ersten globalen Umweltkonferenz der Vereinten Nationen, die 1972 in Stockholm stattfand. Obwohl die Konferenz weltweit zur Hebung des Umweltbewußtseins beitrug, gelang es nicht, das skandinavische Sonderproblem zur globalen Priorität zu erheben. Ein weiterer Versuch der nordischen Staaten, den Konflikt zu multilateralisieren, war zunächst erfolgreicher. 1972 legte die Organisation für wirtschaftliche Zusammenarbeit und Entwicklung (OECD), in der damals 24 westliche Industrieländer zusammenarbeiteten, ein großangelegtes, international koordiniertes Programm auf, um die Bedeutung des Ferntransportes von Luftschadstoffen zu erforschen. Durch dieses Programm wurden gegen Ende der 70er Jahre erstmals gesicherte Informationen gewonnen, die bestätigten, daß Schweden und Norwegen, aber auch Österreich und die Schweiz, in erheblichem Ausmaß durch jenseits ihrer Grenzen emittierte Schadstoffe belastet wurden (OECD 1979). Die großen europäischen Verursacherländer (Deutschland, Frankreich, Großbritannien, Italien) sahen sich dadurch jedoch nicht zu durchgreifenden Maßnahmen veranlaßt. Da ihnen innerhalb der OECD nur wenige kleine Nettoimportländer gegenüberstanden, blieb das Problemfeld weiterhin blockiert. Auch die OECD wurde deshalb nicht zum Ausgangspunkt der Regimebildung.

Schließlich nahmen Norwegen und Schweden die Gelegenheit wahr, ihr Umweltproblem in den Kontext der Konferenz über Sicherheit und Zusammenarbeit in Europa (KSZE) einzuführen, die von 1973 bis 1975 unter Beteiligung nahezu aller europäischen Staaten sowie der USA und Kanadas stattfand. Dem Ziel der Konferenz, der Förderung der Entspannung zwischen den beiden militärischen Blöcken, sollten auch Maßnahmen der wirtschaftlichen Zusammenarbeit einschließlich des Umweltschutzes dienen. In diesen hochpolitischen Ost-West-Kontext brachten die beiden nordischen Länder den Vorschlag ein, das auf freiwilliger Basis im Rahmen der OECD angelaufene Meßprogramm verbindlich auf Gesamteuropa zu erweitern. Der Vorschlag stieß sowohl bei den westlichen Ländern, von denen viele bereits am OECD-Programm beteiligt waren, als auch bei den osteuropäischen Ländern, die auf die Zusammenarbeit mit den Neutralen angewiesen waren, auf Zustimmung und ging in außergewöhnlich konkreter Form in die 1975 von den Staats- und Regierungschefs der beteiligten Staaten unterzeichnete KSZE-Schlußakte ein. Das vergleichsweise technische Problem der weiträumigen Luftverschmutzung war fortan eng mit dem Ost-West-Entspannungsprozeß verkoppelt (Chossudovsky 1988).

Innerhalb der UN-Wirtschaftskommission für Europa (ECE), der alle den „Korb 2" der KSZE-Schlußakte über wirtschaftliche Zusammenarbeit betreffenden multilateralen Entscheidungen übertragen worden waren, wurde bis 1976 das Europäische Meß- und Auswertungsprogramm (EMEP) ausgearbeitet. Ziel war die Erstellung von „Budgets", aus denen für jedes Land unmittelbar abgelesen werden konnte, woher die auf seinem Territorium abgelagerten Immissionen schwefelsaurer Niederschläge stammten und wo sich die innerhalb dieser Grenzen verursachten Emissionen niederschlugen. Anhand der EMEP-Tabellen (z.B. ECE 1989) wurde später deutlich, daß die europäischen Staaten sich nicht einfach in Verursacher und Betroffene trennen ließen (Fraenkel 1989: 451-452). Für das Problemfeld wichtige Länder in zentraler Lage, darunter die Bundesrepublik, die Niederlande, Frankreich, die Tschechoslowakei und Polen, waren gleichzeitig wichtige Exporteure und bedeutende Importeure von Luftschadstoffen.

Obwohl alle ursprünglichen Konfliktteilnehmer aus dem westlichen Lager stammten, erstreckte sich das Problemfeld nunmehr auf ganz Europa (und Nordamerika). Es schloß die osteuropäischen Länder mit ein, die SO_2-Emissionen in gewaltigem Ausmaß verursachten[1]. Die Struktur dieses erweiterten Problemfeldes zeichnete sich weniger durch eine klassische Oberlieger/Unterlieger-Problematik als durch eine Vielzahl wechselseitiger grenzüberschreitender Umweltschädigungen aus (Wetstone 1983). Damit war die Multilateralisierung des Umweltkonfliktes gelungen.

---

1 Die Liste der wichtigsten europäischen Verursacherländer schloß 1980 neben fünf westlichen (Großbritannien, Italien, Frankreich, Spanien, Westdeutschland) auch fünf östliche Länder (Sowjetunion, DDR, Polen, Ukraine, Tschechoslowakei) ein (ECE 1993: 5).

1.2 Die Rahmenkonvention

Als die Sowjetunion Ende 1975 vorschlug, gesamteuropäische Treffen unter anderem zum Umweltschutz abzuhalten, um den KSZE-Prozeß fortzusetzen, ergriffen Schweden und Norwegen die Gelegenheit, das nunmehr gut vorbereitete Problem der grenzüberschreitenden Luftverschmutzung zum inhaltlichen Kernbestandteil eines solchen Treffens zu machen (zum folgenden Chossudovsky 1988; Jackson 1990). Damit gingen die östlichen Länder mit ihrem Vorschlag zur politischen Form und die nordischen Länder mit ihrem inhaltlichen Anliegen eine beiderseitig vorteilhafte Koalition ein (Lang 1989: 22-24, 173-176). 1978 setzte diese Koalition gegen den hinhaltenden Widerstand des westlichen Lagers die Aufnahme von Verhandlungen über Entscheidungen durch, die während eines solchen Treffens gefaßt werden konnten.

In die nunmehr endlich eröffneten inhaltlichen Verhandlungen brachten die nordischen Länder den Entwurf für eine völkerrechtlich verbindliche Rahmenkonvention ein, um die Grundlagen für die weitere Zusammenarbeit zu schaffen. Im Zentrum sollte eine Konferenz der Vertragsstaaten stehen, die regelmäßig zusammentreten und Beschlüsse fassen würde (Gehring 1994: 106-109). Die eigentlichen Verpflichtungen zur Verminderung der Emissionen sollten in einem Anhang niedergelegt werden. Änderungen dieses Anhanges sollten von der Konferenz der Vertragsstaaten mit Zweidrittelmehrheit beschlossen werden und für alle Länder Gültigkeit erlangen, die ihre Ablehnung nicht innerhalb einer festgelegten Zeit kundgetan hatten. Dieses sogenannte „Opting-out"-Verfahren war in den 70er Jahren in eine Reihe wichtiger Umweltkonventionen eingegangen (Contini/Sand 1972). Schweden und Norwegen strebten also zunächst die Etablierung eines dauerhaften Prozesses der Zusammenarbeit im Bereich der Luftreinhaltung an. Erst wenn dieses Ziel erreicht war, sollte es um einen ersten Schritt zum Abbau von SO_2-Emissionen gehen.

Während der sich von Mitte 1978 bis Mitte 1979 hinziehenden Verhandlungen schien das östliche Lager aus politischen Gründen bereit, konkrete Reduktionspflichten zu akzeptieren. Dagegen lehnten die großen westeuropäischen Staaten (Großbritannien, die Bundesrepublik, Frankreich und Italien), an denen bereits die Kooperation im Rahmen der OECD gescheitert war, nicht nur Reduktionspflichten jeder Art, sondern sogar den Abschluß einer verbindlichen Rahmenkonvention vehement ab. Die komplizierten Verhandlungen endeten nach einem mehrwöchigen dramatischen Tauziehen in einem Kompromiß, der umweltpolitische und ost-west-politische Aspekte untrennbar miteinander verflocht. Damit war der Weg frei für den Abschluß des „Übereinkommens über weiträumige grenzüberschreitende Luftverunreinigung" (BGBl. 1982 II: 374), das im November 1979 in Genf im Rahmen des ersten gesamteuropäischen Umweltministertreffens in der Geschichte des Kontinents durch alle europäischen Staaten mit Ausnahme Albaniens sowie durch die USA und Kanada unterzeichnet wurde.

Das Übereinkommen stellte eine reine Rahmenkonvention dar und enthielt kaum substantielle Verpflichtungen (Gündling 1986: 21-27; Pallemaerts 1988: 190-197). Die Mitgliedstaaten sollten sich „bemühen ..., die Luftverunreinigungen einzudämmen und soweit wie wirtschaftlich möglich zu verringern und zu verhindern" (Art. 2). Sie verpflichteten sich zu Zusammenarbeit, gemeinsamer Forschung und Datenaustausch. Die Konvention gliederte EMEP, das schon bestehende europäische Meßprogramm, in das entstehende Regime ein. Im Gegensatz zu vielen anderen Umweltregimen wurde kein eigenes Sekretariat zur Unterstützung des zukünftigen Arbeitsprozesses errichtet, sondern die organisatorischen Aufgaben wurden dem Sekretariat der ECE übertragen. Als zentrales Entscheidungsgremium fungierte die unter dem Namen „Exekutivorgan" jährlich tagende Konferenz der Mitgliedstaaten.

Von einem solchen Instrument ist trotz völkerrechtlicher Verbindlichkeit keine unmittelbare Verbesserung der Umweltsituation zu erwarten. Dem ursprünglichen nordischen Vorschlag entsprechend ist die Konvention nahezu ausschließlich auf die langfristige Etablierung der gesamteuropäischen Zusammenarbeit im Bereich der Luftreinhaltung gerichtet.

1.3 Von der Konvention zum ersten Protokoll

Um den wegen des langwierigen und komplizierten innerstaatlichen Ratifikationsverfahrens stets mehrjährigen Zeitraum bis zum endgültigen Inkrafttreten eines internationalen Vertrages zu überbrücken, hatten die nordischen Staaten die Einrichtung eines Übergangsmechanismus durchgesetzt. 1980 und 1981 sichtete ein Übergangsexekutivorgan Berichte der künftigen Regimemitgliedsländer über ihre nationalen Luftreinhaltepolitiken, übernahm zunächst noch informell die Kontrolle über EMEP und richtete eine Arbeitsgruppe über die Wirkungen von Schwefelverbindungen auf die Umwelt ein. Damit entstand bereits in der Übergangsphase das Fundament für einen in den folgenden Jahren weiter ausgebauten Apparat zur Schaffung eines wissenschaftlichen Konsenses über die Grundlagen einer zukünftigen koordinierten Politik. Sowohl EMEP als auch die Aktivitäten zur Abschätzung der Wirkungen von Luftschadstoffen gingen dabei über die gemeinsame Bewertung bestehenden Wissens hinaus und trugen zur Schaffung neuer Erkenntnisse bei. Dagegen blieben spezifische Regelungsinitiativen in Erwartung des Inkrafttretens der Konvention aus.

Wichtige Impulse erhielt der weitere Entscheidungsprozeß jedoch durch eine außerhalb des entstehenden Regimes stattfindende Entwicklung. Ab 1981 stieg das Waldsterben, das ebenso wie die Versäuerung der skandinavischen Seen auf fernab liegende Emissionsquellen und die weiträumige Verteilung von Schwefeldioxid und anderen Luftschadstoffen zurückgeführt wurde, in Westdeutschland zum öffentlichen Thema ersten Ranges auf. Die Bundesrepublik, die noch 1979 zu den umweltpolitischen Bremsern gehört hatte, war zwar im Gegensatz zu Schweden und Norwegen kein „Nettoimportland", doch stammte ein erheblicher Teil der auf ihrem Gebiet niedergehenden sauren Niederschläge aus ausländischen Emissionsquellen. Deshalb wechselte sie jetzt, gefolgt von Österreich und der Schweiz, ins Lager der Befürworter international koordinierter Maßnahmen.

Auf dem ersten regulären Treffen des Exekutivorgans nach Inkrafttreten der Konvention Anfang 1983 schlugen die nordischen Staaten (neben Norwegen und Schweden nun auch Dänemark und Finnland) eine Reduktion der SO$_2$-Emissionen um 30% vor und wurden dabei von Deutschland, Österreich und der Schweiz unterstützt. Noch während des Treffens erklärten die genannten sieben Staaten sowie Kanada sich einseitig zur Reduktion ihrer SO$_2$-Emissionen um 30% bis 1993 bereit. Daraufhin kündigte die Sowjetunion, die sich nicht von der Entwicklung abkoppeln lassen wollte, eine Reduktion ihrer grenzüberschreitenden Flüsse ebenfalls um 30% an (Vygen 1983). Dennoch vermochten die beteiligten Staaten sich noch nicht auf einen Beschluß zur Aufnahme von Verhandlungen über ein SO$_2$-Protokoll zu einigen[2].

Um den politischen Druck zu verstärken, luden Kanada und Deutschland außerhalb des institutionellen Rahmens des Regimes zu zwei Konferenzen ein, auf denen sich weitere Länder dem „30%-Club" anschlossen. Nach dieser Vorbereitung setzte das Exekutivorgan auf seinem zweiten Treffen (1984) eine Verhandlungsgruppe zur Erarbeitung eines SO$_2$-Protokolls ein. Die Gruppe widerstand dem Versuch, die zentrale Verpflichtung zugunsten einer möglichst weiten Mitgliedschaft abzuschwächen und formalisierte lediglich das sich bereits abzeichnende Reduktionsziel von 30% (bis 1993, gerechnet auf der Basis der Emissionen von 1980). 1985 nahmen die im Exekutivorgan des Regimes versammelten Mitgliedstaaten das „Protokoll betreffend die Verringerung der Schwefelemissionen oder ihres grenzüberschreitenden Flusses um 30 von Hundert" (BGBl. 1986 II: 1117) als erste innerhalb des Regimes getroffene substantielle Luftreinhaltevereinbarung im Konsens an. 21 Staaten zeichneten das Protokoll (Vygen 1985), einige für das Problemfeld wichtige Akteure mit vergleichsweise hohen Emissionen, darunter Großbritannien, Spanien, Polen sowie die USA, blieben ihm jedoch fern.

Inhaltlich konkretisierte das knapp gehaltene SO$_2$-Protokoll die Konvention und setzte sie um, formal stellte es jedoch einen selbständigen internationalen Vertrag dar, der einer separaten Ratifikation bedurfte, um völkerrechtlich verbindlich zu werden. Es folgte einem überaus einfachen Regelungsansatz. Über die Reduktion der Emissionen oder grenzüberschreitenden Flüsse um 30% hinaus sah es lediglich die Pflicht der Vertragsstaaten zur regelmäßigen Vorlage der Emissionszahlen vor. Implizit erhielt das europäische

---

2 Dagegen wurden Verhandlungen eingeleitet über ein „Protokoll betreffend die langfristige Finanzierung des Programms über die Zusammenarbeit bei der Messung und Bewertung der weiträumigen Übertragung von luftverunreinigenden Stoffen in Europa (EMEP)" (BGBl. 1988 II: 422), das 1984 abgeschlossen wurde und 1988 in Kraft trat.

Meßprogramm (EMEP) darüber hinaus die Funktion, die von den Vertragsstaaten übermittelten Zahlen anhand der durchgeführten Modellrechnungen zu verifizieren. Trotz der nicht deckungsgleichen Mitgliedschaft wurde festgelegt, Angelegenheiten des Protokolls im Rahmen des durch die Konvention errichteten Exekutivorgans zu behandeln.

2. Die Entwicklung des Regimes

Die Verabschiedung des SO_2-Protokolls markiert einerseits den Abschluß der Aufbauphase des Regimes, denn mit ihm fanden die von Norwegen und Schweden ausgehenden, fünfzehn Jahre andauernden Bemühungen um international koordinierte Maßnahmen zur Bekämpfung der SO_2-Emissionen zunächst ihr erfolgreiches Ende, und andererseits den Durchbruch zu einer weit umfassenderen international koordinierten Luftreinhaltepolitik. Seither befinden sich die Mitgliedstaaten des Regimes in Dauerverhandlungen, die in etwa dreijährigem Abstand zum Abschluß weiterer Protokolle geführt haben.

2.1 Das Protokoll über Stickoxide

Deutschland, Österreich und die Schweiz hatten bereits auf der ersten Tagung des Exekutivorgans (1983) die Regelung auch von Stickoxiden (NO_X) gefordert, die insbesondere von großen stationären Quellen (Kraftwerken) und vom Autoverkehr verursacht wurden und mit etwa 40% zum Sauren Regen beitrugen. Die Stickoxidemissionen stiegen fast überall weiter an, lagen aber in den wenig motorisierten östlichen Ländern weit unter den Raten der westlichen Länder Europas. 1984 gelang den Initiativländer die Aufnahme dieser Schadstoffgruppe in die im Rahmen des Regimes stattfindenden Forschungsaktivitäten (EMEP und Wirkungsfragen). Mit dem erfolgreichen Abschluß der Verhandlungen über das SO_2-Protokoll setzte das Exekutivorgan im Jahr darauf eine Verhandlungsgruppe über NO_X-Emissionen ein, die nach wissenschaftlichen und technologischen Vorbereitungen 1986 den Auftrag erhielt, ein Protokoll auszuarbeiten. Stickoxide wurden damit zum zweiten Schwerpunkt der Regelungsaktivitäten des Regimes (Levy 1993: 94-98).

In den Verhandlungen standen sich zwei Ländergruppen mit sehr unterschiedlichen Regelungsvorschlägen gegenüber. Die Bundesrepublik und einige andere westliche Länder befürworteten das aus dem SO_2-Protokoll übernommene Konzept der Pauschalbegrenzung von *Emissionen* und versuchten, durch die einseitige Verpflichtung zur Reduktion ihrer Emissionen um 30% an den zuvor erfolgreichen 30%-Club anzuknüpfen. Es zeichnete sich jedoch rasch ab, daß derart durchgreifende Auflagen zur Kontrolle der Gesamtemissionen aufgrund der sehr unterschiedlichen Ausgangslagen der Mitgliedstaaten nicht durchsetzbar waren. Insbesondere Deutschland favorisierte zusätzlich eine dynamisierende Verpflichtung auf den „Stand der Technik", die jedoch Probleme des Technologietransfers hervorrief. Kanada und Schweden schlugen dagegen ein *immissions*orientiertes Konzept vor, um konkrete Reduktionspflichten nach Regionen gestaffelt vom wirklichen Ausmaß des zu bearbeitenden Umweltproblems abhängig machen zu können. Für große Länder mit unterschiedlich belasteten Gebieten und für Regionen mit niedrigen flächenspezifischen Immissionen waren dadurch weniger strenge Auflagen zu erwarten. Die osteuropäischen Länder einschließlich der Sowjetunion, für die NO_X-Emissionen wegen des geringen Motorisierungsgrades nur untergeordnete Bedeutung hatten, unterstützten den immissionsorientierten Ansatz. Die immissionsspezifisch differenzierende Regulierung der Pflichten bedurfte jedoch erheblicher Vorbereitungen und war deshalb trotz der weitreichenden politischen Unterstützung kurzfristig kaum umzusetzen.

Vor diesem Hintergrund gelang es den im Regime aktiven Staaten im Laufe der zweijährigen Verhandlungen (1986-1988), ein Protokoll zu formulieren, das alle rivalisierenden Ansätze miteinander verkoppelte (Fraenkel 1989: 472-475). Kernbestandteil des Verhandlungsergebnisses war die alle Protokollstaaten gleichermaßen bindende Verpflichtung, die NO_X-Emissionen bis 1994 auf dem Niveau des Basisjahres 1987 (oder wahlweise eines früheren Jahres) zu stabilisieren. Eine gewisse Dynamisierung erhielt das Protokoll durch die allgemeine Verpflichtung, nationale Emissionsregelungen an den Stand der Technik zu binden, sowie die daran gekoppelte Empfehlung, sich dabei an den umfangreichen Vorgaben des technischen Anhanges zu orientieren. Dieser formell nicht verbindliche Anhang, der durch einvernehmlichen Beschluß des Exekutivorgans ohne erneute Ratifikation geändert werden kann, soll von Zeit zu Zeit überarbeitet werden[3]. Die weithin unterstützte Forderung nach einer immissionsorientierten Regelung schlug sich in der kollektiven Verpflichtung zur unverzüglichen Vorbereitung eines anwendbaren Konzepts für ein geplantes Folgeprotokoll nieder. Insofern stellt das Protokoll ausdrücklich nur den ersten Schritt in einem längerfristigen Prozeß der Zusammenarbeit dar.

Das „Protokoll betreffend die Bekämpfung von Emissionen von Stickstoffoxiden oder ihres grenzüberschreitenden Flusses" (BGBl. 1990 II: 1279) wurde 1988 vom Exekutivorgan angenommen und von insgesamt 27, darunter von allen für das Problemfeld wichtigen Mitgliedstaaten des Regimes gezeichnet und trat im Februar 1991 in Kraft. Im Gegensatz zum SO_2-Protokoll gilt es auch für Kanada und die USA. Im Zusammenhang mit der Verabschiedung des Protokolls verpflichteten sich zwölf westliche Staaten in einer gemeinsamen Erklärung zur Reduktion ihrer NO_X-Emissionen um „etwa 30%"

---

3 Eine überarbeitete Fassung des technischen Anhanges trat 1995 in Kraft (BGBl. 1995 II: 359).

bis 1998 (Levy 1993:97). Diese Erklärung steht zwar in enger Verbindung mit den Entwicklungen innerhalb des Regimes, liegt jedoch außerhalb des regimespezifischen institutionellen Rahmens.

Die Verhandlungen über das NO_X-Protokoll markierten in verschiedener Hinsicht eine Wende im Entwicklungsprozeß des Regimes. Die Initiative war von den nordischen Staaten auf Deutschland und die Alpenländer übergegangen, die den bestehenden institutionellen Rahmen zur Förderung ihrer weiterreichenden Interessen nutzten. Sodann hatte sich das Regime zu einer rein umweltpolitischen Institution gewandelt, aus der die einst bedeutende ost-west-politische Dimension fast völlig verschwunden war. Schließlich kündigte die als Verhandlungsauftrag beschlossene Hinwendung zu immissionsorientierten Regelungen die bevorstehende Änderung der Problemdefinition an. In Zukunft würde es weniger um die *grenzüberschreitenden* Aspekte der weiträumigen Luftverschmutzung und mehr um das gemeinsame Management der gesamteuropäischen Atmosphäre gehen.

2.2 Das Protokoll über flüchtige Kohlenwasserstoffe

1987 erkannte das Exekutivorgan auf besonderes Drängen der Bundesrepublik die grundsätzliche Bedeutung der durch flüchtige Kohlenwasserstoffe (volatile organic compounds, VOC) verursachten Umweltprobleme an. VOC entstehen durch den Kraftfahrzeugverkehr, durch die Verwendung von Lösemitteln in Haushalt und Industrie sowie durch einzelne Punktquellen (z.B. Ölraffinerien). Sie gehören neben NO_X zu den Vorläufersubstanzen für den sogenannten Sommersmog. Parallel zu den Verhandlungen über das NO_X-Protokoll bereitete eine Arbeitsgruppe („task force") unter der Leitung Deutschlands und Frankreichs die technischen und wissenschaftlichen Grundlagen für eine internationale Regelung vor. Nach der Verabschiedung des NO_X-Protokolls setzte das Exekutivorgan 1988 eine neue Verhandlungsgruppe ein. VOC wurden damit zum dritten Arbeitsschwerpunkt innerhalb des Regimes.

Die insgesamt drei Jahre währenden Verhandlungen waren in vieler Hinsicht durch ähnliche Konfliktlinien geprägt wie die vorausgegangenen Beratungen über das NO_X-Protokoll. Da der immissionsorientierte Ansatz noch nicht umsetzungsreif war, konzentrierten sich die Auseinandersetzungen auf die angestrebten Reduktionspflichten. Die Initiatoren des Protokolls, Deutschland, Frankreich, die Schweiz und die Niederlande, schlugen wiederum vor, die Gesamtemissionen pauschal um 30% zu reduzieren. Und erneut sahen sich andere Länder außerstande, diese vergleichsweise hohe Anforderung mitzutragen. Der Konflikt um die Höhe der Hauptverpflichtung wurde nun aber anders aufgelöst als zuvor. Hatte im Falle des SO_2-Protokolls eine vergleichsweise hohe Verpflichtung dazu geführt, daß wichtige Regimestaaten den Beitritt verweigerten, und hatte die relativ niedrige Verpflichtung des NO_X-Protokolls dazu geführt, daß sich fast die Hälfte der Mitgliedstaaten des Regimes außerhalb dieses institutionellen Rahmens auf weitergehende, aber formell unverbindliche Pflichten festlegte, so griffen die Verhandlungspartner nun, im Rahmen dieses Regimes zum ersten Mal, zum Mittel differenzierter Pflichten.

Das Verhandlungsergebnis sieht als Normalregelung auf der Basis eines begrenzt wählbaren Ausgangsjahres die Pflicht zur Reduzierung der VOC-Emissionen um 30% bis 1999 vor, wie es die Initiatoren befürwortet hatten. Besonders große Staaten müssen jedoch die Emissionen nur in solchen Gebieten um 30% mindern, die grenzüberschreitende Belastungen verursachen und in einem Anhang ausgewiesen sind. Daneben müssen sie die landesweiten Gesamtemissionen stabilisieren. Diese Regelung wurde auf besonderen Wunsch Kanadas und der Sowjetunion eingefügt. Eine andere Sonderregelung verpflichtet kleine Staaten mit sowohl absolut als auch flächenspezifisch geringen Emissionen lediglich auf eine Stabilisierung der Emissionen. Diese Sonderregelung begünstigt die kleinen ost- und südeuropäischen Länder. Die Kriterien sind dabei so definiert, daß sich größere Staaten, die trotz geringer spezifischer Emissionsdichte im europäischen Maßstab erhebliche Belastungen verursachen (etwa Polen und Spanien), nicht auf diese Ausnahme berufen können. Neben diesen differenzierten Kontrollregelungen verpflichtet das neue Protokoll die Mitgliedstaaten nach dem Vorbild des NO_X-Protokolls auf die Anwendung des Standes der Technik, der sich an den in einem Anhang niedergelegten technischen Spezifikationen orientieren soll, und sieht ebenfalls Verhandlungen über ein immissionsorientiertes Folgeprotokoll vor. Als institutionelle Neuerung sieht es erstmals allgemeine Regeln zur Überwachung der Implementation vor und überträgt dem Exekutivorgan des Regimes die Funktion der Streitschlichtung im Falle von Unstimmigkeiten unter den Mitgliedsländern über die vertragsgemäße Umsetzung. Diese stark durch ein entsprechendes Verfahren des Ozonschutzregimes (Breitmeier, in diesem Band) beeinflußte Regelung (Széll 1995: 103-104) deutet auf ein wachsendes Interesse der Mitgliedstaaten an der *kollektiven* Kontrolle der gemeinsam eingegangenen Vertragspflichten hin.

Das „Protokoll betreffend die Bekämpfung von Emissionen flüchtiger organischer Verbindungen oder ihres grenzüberschreitenden Flusses" (BGBl. 1994 II: 2359) wurde 1991 verabschiedet und von 22 Ländern sowie von der EG gezeichnet. Unter den Vertragsstaaten befinden sich die beiden nordamerikanischen Staaten und alle anderen wichtigen Mitgliedstaaten des Regimes mit Ausnahme Polens und Rußlands. Kanada, Norwegen sowie die Ukraine wählten die Sonderregelung für große Flächenstaaten. Bulgarien, Griechenland, Ungarn und Portugal nahmen die Sonderregelung für kleine Staaten in Anspruch (Gehring 1994: 180).

Das VOC-Protokoll ist für die Entwicklung des Regimes in zweierlei Hinsicht bedeutsam. Erstmals nutzten interessierte Mitgliedstaaten den zur Bekämpfung des „Sauren Regens" errichteten institutionellen Apparat für die Bearbeitung eines anderen durch Luftverschmutzung verursachten Umweltproblems. Ebenfalls zum ersten Mal innerhalb dieses Regimes griffen die

Mitgliedstaaten zum Mittel der abgestuften Verpflichtungen, um ihren unterschiedlichen Voraussetzungen Rechnung tragen zu können, ohne auf durchgreifende Kontrollvorschriften verzichten zu müssen.

2.3 Das zweite Schwefeldioxidprotokoll

Nach Abschluß des VOC-Abkommens rückte die Ausarbeitung eines SO_2-Folgeprotokolls an die Spitze der regimeinternen Prioritätenliste, denn das 1985 abgeschlossene SO_2-Protokoll sah keine über 1993 hinausreichenden emissionsreduzierenden Vorschriften vor. Ein Vorschlag Deutschlands, die Reduktionsverpflichtung einfach auf nunmehr 60% (gerechnet auf Grundlage der Emissionen von 1980) zu erhöhen, fand kaum Unterstützung. Dagegen war die im Rahmen des NO_X-Protokolls vorgesehene Entwicklung des *immissions*orientierten Regelungsansatzes durch eine bereits seit 1988 arbeitende Verhandlungsgruppe weit vorangeschritten. Dem ab 1991 ausgehandelten SO_2-Folgeprotokoll wurde deshalb erstmals der neue Ansatz zugrunde gelegt.

Das innerhalb des Regimes entwickelte Konzept der „kritischen Belastung"[4] beruht zwangsläufig erheblich stärker auf naturwissenschaftlich begründeten Kriterien als der bis dahin verfolgte Ansatz der pauschalen Reduktionsverpflichtungen. Um festzustellen, wo und in welchem Maße Immissionen zu senken sein würden, mußten die Mitgliedstaaten zwei Kartensätze erstellen, aus denen – nach Kleinregionen differenziert – einerseits die umweltverträgliche Höchstbelastung für Schwefeldioxidniederschläge, also der Zielwert, und andererseits die tatsächliche Belastung, also der Ist-Wert, hervorgingen. Gemeinsam wurde dann aus dem Abgleich der beiden Kartensätze der umweltpolitische Handlungsbedarf (Ist-Wert minus Zielwert) ermittelt.

Gestützt auf die nunmehr etwa fünfzehnjährige, aus der EMEP-Zusammenarbeit hervorgegangene gemeinsame Erfahrung mit dem Ferntransport von Luftschadstoffen mußte sodann festgelegt werden, wo und in welchem Maße *Emissionen* zu reduzieren waren, um die angestrebten Immissionssenkungen zu erzielen. Dazu wurde das „International Institute for Applied System Analysis" (IIASA)[5] damit beauftragt, mit Hilfe seines RAINS-Modells (Alcamo et al. 1990) eine computergestützte Modellkalkulation der länderspezifischen Reduktionsverpflichtungen zu erstellen. Zuvor hatte die Verhandlungsgruppe einige Rahmenbedingungen festgelegt. Zunächst sollte der

---

4 Die „kritische Belastung" ist im NOx-Protokoll (Art. 2) definiert als „eine quantitative Schätzung der Exposition gegenüber einem oder mehreren verunreinigenden Stoffen, unterhalb deren nach dem heutigen Wissensstand keine erheblichen schädlichen Auswirkungen auf bestimmte empfindliche Teile der Umwelt auftreten".
5 Das in Laxenburg bei Wien gelegene IIASA ist eine zur Zeit des Kalten Krieges entstandene Institution zur Förderung der wissenschaftlichen Kooperation über die Blockgrenzen hinweg und hatte sich schon länger mit den wissenschaftlichen Aspekten der gesamteuropäischen Luftreinhaltung befaßt.

umweltpolitische Handlungsbedarf nicht vollständig, sondern nur zu 60% beseitigt werden. Darüber hinaus sollte die Verbesserung der Umweltsituation in allen Ländern möglichst gleichmäßig erfolgen. Schließlich sollte die Kalkulation eine möglichst kostengünstige Lösung vorsehen und auf der Basis der von den Mitgliedsländern bereits festgelegten Reduktionspläne erfolgen. Diese letzte Bedingung bevorzugte solche Länder, die bislang erst wenig zur Luftreinhaltung beigetragen hatten. Sie schuf damit Erleichterungen insbesondere für die osteuropäischen Staaten, ohne politisch sensible Fragen wie Technologie- und Finanztransfers zu berühren. 1992 legte IIASA eine diesen Kriterien entsprechende Modellkalkulation vor, die für jedes Mitgliedsland des Regimes eine individuelle Reduktionsverpflichtung enthielt.

Alle Staaten verhandelten also vor dem Hintergrund eines spezifischen, nach gemeinsam festgelegten Kriterien ermittelten Zielhorizontes (Churchill et al. 1995). Dadurch sahen sich nicht nur einige östliche Staaten sowie notorische westliche Verschmutzerländer (z.B. Spanien, Großbritannien) aufgefordert, ihre bestehenden Luftreinhaltepläne zu straffen. Auch die Bundesrepublik, Schweden, Norwegen und Belgien, Länder also, die früher als Schrittmacher aufgetreten waren und die international verbindlichen Verpflichtungen stets übererfüllt hatten, gerieten unter erheblichen Druck, ihre Bemühungen zu intensivieren. Dagegen wurden europäische Randstaaten, die im Zuge ihrer wirtschaftlichen Entwicklung Emissions*steigerungen* planten (Griechenland, Portugal, Türkei), politisch entlastet, weil sich herausstellte, daß ihr Emissionsverhalten die gesamteuropäische Situation kaum beeinflußte. Da die Reduktionsziele jedenfalls ihrer Größenordnung nach bereits feststanden, wurden die Übergangsfristen zum zentralen Verhandlungsgegenstand. Dabei wurden den östlichen Staaten generell längere Fristen eingeräumt.

Das „Protokoll betreffend die weitere Verringerung der Schwefelemissionen"[6] wurde 1994 vom Exekutivorgan angenommen und von 27 Staaten sowie der EU gezeichnet. Es sieht sehr unterschiedliche länderspezifische Verpflichtungen vor, die von einer Begrenzung der Steigerung auf ca. 40% für Griechenland bis zu einer Reduktion um 87% für Deutschland reichen (jeweils auf Basis des Emissionsniveaus von 1980 gerechnet) und in drei Stufen bis 2010 umgesetzt werden müssen. Insgesamt summieren sich diese Vorgaben zu einer Reduktion der Ausgangswerte von 1980 um etwa 60%. Für Kanada gilt darüber hinaus eine Sonderregelung nach dem Vorbild des VOC-Protokolls. Daneben werden die Mitgliedstaaten auf die in einem Anhang niedergelegten technischen Standards verpflichtet. Das Protokoll enthält schließlich dem Ozonschutzregime nachempfundene institutionelle Regelungen, die eine verstärkte kollektive Überwachung der Umsetzung sicherstellen sowie die regelmäßige Überprüfung der Angemessenheit der Verpflichtungen gewährleisten sollen (Széll 1995: 104-106).

---

6 Eine offizielle deutsche Fassung lag bei Drucklegung noch nicht vor (englische Fassung in ILM 1994: 1542).

Weiträumige Luftverschmutzung 57

Mit seinem auf das gesamteuropäische gemeinsame Management der Atmosphärenverschmutzung gerichteten und weit über die Bearbeitung des *grenzüberschreitenden* Aspektes der Luftverschmutzung hinausreichenden Regelungsansatz stellt das SO_2-Folgeprotokoll das erste Instrument der „zweiten Generation" dar.

2.4 Institutionelle Dynamik

Das aus der politischen Ost-West-Zusammenarbeit hervorgegangene Regime über weiträumige grenzüberschreitende Luftverschmutzung ist in institutioneller Hinsicht keineswegs besonders innovativ. Entscheidungen werden ausschließlich im Konsens getroffen. Vereinfachte Änderungsverfahren erstrecken sich lediglich auf die nichtbindenden Teile der Protokolle, d.h. die technischen Anhänge. Abgesehen von EMEP befinden sich regimespezifische Mechanismen zur kollektiven Kontrolle der Implementation und zur Beilegung von Streitigkeiten erst im Aufbaustadium. Dennoch befördert die differenzierte institutionelle Struktur des Regimes politische Entscheidungen durch die Herausbildung einer gemeinsamen Wissensbasis und erhöht die Erfolgsaussichten neuer Rechtsetzungsinitiativen, indem sie die Eingangsschwelle senkt. Das Zentrum des organisatorischen Apparates bildet das Exekutivorgan, dem drei Hauptausschüsse untergeordnet sind. Im Strategieausschuß führen die Mitgliedstaaten fortlaufend Verhandlungen über neue Protokolle. Im technischen Ausschuß arbeiten sie die sehr spezifischen technischen Anhänge aus und organisieren durch Seminare und Informationsveranstaltungen einen regelmäßigen Wissenstransfer. Im Ausschuß für Wirkungsfragen koordinieren sie in einer Reihe von Programmen die wissenschaftliche Zusammenarbeit etwa zur regelmäßigen Bestandsaufnahme der Waldschäden. Daneben arbeiten sie im europäischen Meßprogramm (EMEP) zusammen, das durch den Übergang zu immissionsorientierten Regelungen zusätzliche Bedeutung erlangt hat. Ergebnisse dieser Aktivitäten werden von der ECE regelmäßig in einer regimespezifischen Publikationsreihe, den „Air Pollution Studies", veröffentlicht.[7]

Durch den Aufbau dieses institutionellen Apparates und durch die Serie aufeinanderfolgender Entscheidungen wirkte das Regime in vielfältiger Weise auf seine eigene Entwicklung zurück. Interessierte Mitgliedstaaten konnten den ursprünglich für die Bearbeitung des SO_2-Problems errichteten Apparat für die Regelung anderer, im Zusammenhang mit der weitreichenden Luftverschmutzung stehender Problembereiche (NO_X und VOC) nutzen. Ende 1995 leitete das Exekutivorgan die Verhandlungen über zwei weitere Instrumente ein, mit deren Hilfe die weiträumige Luftverschmutzung durch beständige

---

7   Informationen über das Regime sind auch unter der Internetadresse <http://www.unicc.org/unece/env/conv/> abrufbar.

Kohlenwasserstoffe (z.B. bestimmte Pestizide) sowie durch Schwermetalle (insbesondere Cadmium, Blei und Quecksilber) kontrolliert werden soll. Im Gegensatz zu SO_2 waren alle diese Stoffe zum Zeitpunkt ihrer Thematisierung innerhalb des Regimes vergleichsweise neu auf der internationalen Agenda. Es ist überaus unwahrscheinlich, daß die Entwicklung europaweiter Regelungen für sie auch ohne Unterstützung durch den institutionellen Apparat, den das Regime zur Verfügung stellt, so weit fortgeschritten wäre.

Die Zusammenschau der bislang abgeschlossenen Protokolle läßt darüber hinaus eine schrittweise Entwicklung des Regelungsansatzes erkennen. Anders als das einfach aufgebaute erste SO_2-Protokoll errichtet das NO_X-Protokoll einen komplexen Mechanismus der Zusammenarbeit, der eine Limitierung der Gesamtemissionen mit der Normierung des Standes der Technik verbindet. Aus der nur geringen Beschränkung der Gesamtemissionen für Stickoxide haben die Mitgliedstaaten im VOC-Protokoll die Konsequenz abgestufter Verpflichtungen gezogen und damit gleichzeitig einen weiteren Schritt hin zur Anwendung des anspruchsvollen immissionsorientierten Kontrollansatzes getan, zu dessen gemeinsamer Entwicklung sie sich bereits mit dem Abschluß des NO_X-Protokolls verpflichtet hatten. Die innerhalb des Regimes langjährig etablierte internationale Zusammenarbeit über weiträumige Luftverschmutzung und die schrittweise Entwicklung des Regelungsansatzes erleichterten so entscheidend die Anwendung des Konzepts der kritischen Belastung bei der Ausarbeitung des SO_2-Folgeprotokolls.

Innerhalb des Regimes ist also sowohl eine schrittweise Verbreiterung des Regelungsbereichs als auch eine Steigerung der Regelungstiefe zu beobachten. Beide Entwicklungen können nicht durch Interessenänderungen erklärt werden, die von regimeinduzierten Verhaltensanpassungen hervorgerufen werden. Sie deuten vielmehr auf einen durch die andauernde Zusammenarbeit innerhalb des Regimes ausgelösten Lernprozeß hin, der die direkt beteiligten Personen sowie die durch sie vertretenen Fachbehörden (z.B. Umweltministerien) erfaßt und auf diesem Wege die nationalen Verhandlungspositionen beeinflußt hat.

3. Wirkungen

Die Wirkungen des Regimes auf das Umweltverhalten der Mitgliedstaaten müssen aufgrund der unterschiedlichen Ausgangslage für jedes Protokoll und im Grunde auch für jeden Vertragsstaat gesondert ermittelt werden.

Die Anforderung des ersten SO_2-Protokolls, die Schwefeldioxidemissionen bis 1993 um 30% zu senken, haben die Vertragsstaaten weitgehend vorgabegemäß umgesetzt. Lediglich im Fall Weißrußlands gab es zeitweise Zweifel. Die Gesamtemissionen von Schwefeldioxid in Europa sind zwischen

1980 und 1993 um ca. 43%, die der Protokollstaaten um ca. 46% gesunken (Kakebeeke 1994: 158). Bezogen auf die Schwefeldioxidemissionen ist die Luft in Europa also erheblich sauberer geworden. Die nationalen Luftreinhalteprogramme, auf die dieser Fortschritt zurückzuführen ist, können allerdings nicht ohne weiteres ursächlich auf den Abschluß des Protokolls zurückgeführt werden. So hatten mehrere westliche Länder, etwa Österreich, Belgien, Frankreich, Italien und Schweden, das Reduktionsziel bereits 1985, zum Zeitpunkt des Abschlusses des Protokolls, erfüllt und bis 1993 weit überschritten. Die Emissionen Österreichs erreichten 1993 nur noch ca. 19%, die Finnlands und Schwedens 20% sowie die der Schweiz 27% der Werte von 1980. Der Bundesrepublik (einschl. ehemaliger DDR) gelang bis 1993 eine Reduktion von 58% des gemeinsamen Ausgangswertes der beiden deutschen Staaten. Obwohl diese Länder die internationalen Verpflichtungen formal erfüllten, dürfte der Einfluß des Protokolls auf ihre nationalen Luftreinhaltepolitiken gering gewesen sein. Programme wurden hier in erster Linie aus anderen Gründen aufgelegt, sei es aufgrund gestiegenen Problembewußtseins oder auch wie in Frankreich ausgelöst durch eine Energiepolitik, die auf die massive Umstellung der Stromerzeugung von Kohle auf Atomkraft setzte.

Die wichtigste unmittelbare Wirkung des Abkommens muß darin gesehen werden, daß eine Reihe osteuropäischer Länder das Protokoll aus ost-westpolitischen Gründen akzeptierte und nun an die Verpflichtungen gebunden war. Diese Länder, etwa die Sowjetunion (heute Rußland), die auch vor der Auflösung der UdSSR bereits separaten Regimemitglieder Ukraine und Weißrußland, die Tschechoslowakei (heute Tschechien und Slowakien), Bulgarien und Ungarn, wurden wirksam in eine international koordinierte Politik eingebunden, die sie veranlaßte, eigene Luftreinhalteprogramme aufzulegen und umzusetzen. Nur in der DDR, die das Protokoll zwar gezeichnet, aber nicht ratifiziert hatte, stiegen die SO_2-Emissionen bis zur politischen Wende weiter ungebremst an.

Mit einiger Plausibilität ist argumentiert worden, daß das Protokoll sogar die Luftreinhaltepolitik von Ländern positiv beeinflußte, die die Zeichnung 1985 ausdrücklich abgelehnt hatten. Es setzte nämlich einen europäischen Standard, auf den sich interessierte Akteure, etwa Umweltgruppen und betroffene Staaten, in der innenpolitischen und internationalen Auseinandersetzung stützen konnten (Levy 1993: 118-127). Dies gilt insbesondere für Großbritannien (-35% bis 1993), möglicherweise auch für Polen (-34%) und Spanien (-38%). Diese Länder erfüllten die Vorgaben des Protokolls (Churchill et al. 1995: 177), ohne formell an seine Bestimmungen gebunden gewesen zu sein. In dem Maße, wie das erste SO_2-Protokoll inaktive Länder zu einer aktiveren Luftreinhaltepolitik veranlaßte, trug es fast automatisch zur Erweiterung des für den Abschluß des Folgeprotokolls notwendigen Spielraums bei. Das Ausmaß dieser Rückwirkung ist jedoch nicht genau zu umreißen.

Noch schwieriger zu bewerten sind die Wirkungen des Protokolls über Stickoxide, das für 1994 eine Stabilisierung der Emissionen auf dem Niveau von 1987 oder einem früheren Jahr vorsah. Bisher unveröffentlichte Zahlen lassen erkennen, daß sich die Stickstoffemissionen seit 1987 europaweit stabilisiert haben und sogar leicht zurückgegangen sind. Da Länder, die bereits seit längerem eine aktive Stickoxidminderungspolitik betrieben hatten, ein früheres und Länder, deren Emissionen noch bis weit in die 80er Jahre hinein angestiegen waren, ein späteres Basisjahr wählen konnten, haben die meisten Vertragsstaaten die Zielvorgabe des Protokolls erreicht. Dabei haben die traditionellen umweltpolitischen Vorreiter Westeuropas, etwa Deutschland (-20%), Österreich (-24%) und die Schweiz (-20%), sowie die kleineren osteuropäischen Länder, etwa Ungarn (-31%), Polen (-28%) und Tschechien (-55%), die Vorgabe weit unterschritten. Dagegen wurde das Stabilitätsziel von einigen umweltpolitisch aktiven Staaten Nord- und Westeuropas, etwa Norwegen (-5%), Schweden (-10%), Finnland (-2%), nur mühsam erreicht (alle Angaben bezogen auf die Emissionsentwicklung zwischen 1987 und 1994). Drei westeuropäische Länder, nämlich Spanien, Italien und Irland haben das Stabilitätsziel sogar signifikant überschritten, obwohl sie das Protokoll ratifiziert hatten. Für diese Länder liegen – vermutlich aus diesem Grund – noch keine offiziellen Zahlen vor. Das Exekutivorgan setzte deshalb Ende 1995 den im SO_2-Folgeprotokoll vorgesehenen Implementationsausschuß ein, der die Situation sichten und nach Ursachen suchen wird.

Die Überschreitung der Vorgaben durch einzelne Länder stellt indes nicht automatisch ein Indiz für den mangelnden Einfluß des Protokolls dar. Es hat die ost- und südeuropäischen Staaten mit Umweltproblemen konfrontiert, die dort andernfalls wahrscheinlich keine so hohe Priorität eingenommen hätten, und einige hochmotorisierte westliche Länder zu verstärkten Implementationsanstrengungen veranlaßt (Levy 1993). Darüber hinaus sehen sich die drei Länder mit erhöhten Emissionen nun verstärktem internationalen Druck ausgesetzt, um die erforderlichen Maßnahmen nachträglich einzuleiten. In jedem Fall errichtet das Protokoll einen international verbindlichen Standard, an dem sich die Politik in den Mitgliedstaaten messen lassen muß. Spezifische Länderstudien über den Einfluß des Protokolls auf die nationalen Luftreinhaltepläne liegen jedoch in vielen Fällen noch nicht vor.

Zur Abschätzung der Wirkungen des VOC-Protokolls sowie des SO_2-Folgeprotokolls ist es noch zu früh. Allerdings ist es auffällig, daß das VOC-Protokoll bis Ende 1996, mehr als fünf Jahre nach seiner Unterzeichnung, noch nicht in Kraft getreten war. Wichtige Unterzeichnerländer, die bislang keine Ratifikationsurkunde hinterlegt haben, sind Belgien, Kanada, Frankreich, die Ukraine, die USA sowie die EU. Das 1994 abgeschlossene SO_2-Folgeprotokoll war bis Ende 1996, mehr als zwei Jahre nach seinem Abschluß, erst von fünf der 27 (mit EU 28) Unterzeichnerstaaten ratifiziert worden. Damit wird die Ratifikationsphase also länger und zähflüssiger. Die Ursache dafür könnte in der negativen Reaktion einiger Staaten auf die Handlungszwänge liegen, die die ersten Protokolle ausgelöst hatten.

4. Fazit

Das internationale Regime über die weiträumige grenzüberschreitende Luftverschmutzung ist zweifellos eine der wichtigsten und trotz gewisser Umsetzungsprobleme vergleichsweise erfolgreichen internationalen Institutionen zum Schutz der Umwelt. Angesichts erheblicher wissenschaftlicher Unsicherheiten und überaus scharfer Interessengegensätze im bearbeiteten Problemfeld war das Regime von Anfang an nicht auf eine umfassende Lösung des Problems gerichtet. Durch die Einrichtung eines Verhandlungs- und Entscheidungsapparates, in dessen Rahmen die Mitgliedstaaten auf verschiedenen Ebenen zusammenarbeiteten, wurden Kooperationsspielräume erst geschaffen. Insofern stellt der Abschluß der Rahmenkonvention von 1979 nicht lediglich einen „faulen" politischen Kompromiß, sondern einen wichtigen Schritt im Prozeß der Regimeentwicklung dar. Dabei nahmen die kleinen und vergleichsweise schwachen Initiativstaaten eine für die Errichtung und Förderung internationaler Kooperation überaus wichtige Rolle ein.

Die Serie der inzwischen abgeschlossenen, verbindlichen internationalen Regelungen für einzelne Bereiche des Problemfeldes unterstreicht die trotz des dominierenden Einstimmigkeitsprinzips hohe Regelungskapazität des Regimes. Dabei entwickelten die Regimemitglieder immer anspruchsvollere Regelungsansätze und bearbeiteten zunehmend auch solche Teilprobleme der Luftverschmutzung, die ohne kooperationsfördernden institutionellen Rahmens vermutlich nicht europaweit geregelt worden wären. Insofern beeinflußte das Regime seine eigenen Entwicklungsbedingungen, indem es Lernprozesse der Akteure förderte und neue Regelungsinitiativen erleichterte.

Grundlegende Literatur

Fraenkel, Amy 1989: The Convention on Long-range Transboundary Air Pollution, in: Harvard International Law Journal 30, 447-476.

Gehring, Thomas 1994: Dynamic International Regimes. Institutions for International Environmental Governance, Frankfurt a.M.

Lang, Winfried 1989: Internationaler Umweltschutz. Völkerrecht und Außenpolitik zwischen Ökonomie und Ökologie, Wien.

Levy, Marc A. 1993: European Acid Rain: The Power of Tote-Board Diplomacy, in: Haas, Peter M./Keohane, Robert O./Levy, Marc A. (Hrsg.): Institutions for the Earth. Sources of Effective International Environmental Protection, Cambridge, Mass., 75-132.

Schwarzer, Gudrun 1990: Weiträumige grenzüberschreitende Luftverschmutzung. Konfliktanalyse eines internationalen Umweltproblems (Tübinger Arbeitspapiere zur internationalen Politik und Friedensforschung No. 15), Tübingen.

Weiterführende Literatur

Alcamo, Joseph/Shaw, Roderick/Hordijk, Leen 1990: The RAINS Model of Acidification. Science and Strategies in Europe, Dordrecht.

Brunnée, Jutta 1988: Acid Rain and Ozone Layer Depletion: International Law and Regulation, Dobbs Ferry.

Chossudovsky, Evgeny 1988: „East-West" Diplomacy for Environment in the United Nations: The High-level Meeting within the Framework of the ECE on the Protection of the Environment, Genf.

Churchill, R.R./Küttig, G./Warren, L.M. 1995: The UN ECE Sulphur Protocol, in: Journal of Environmental Law 7, 169-197.

Contini, Paolo/Sand, Peter H. 1972: Methods to Expedite Environmental Protection: International Ecostandards, in: American Journal of International Law 66, 37-59.

ECE (Economic Commission for Europe) 1989: Assessment of Long-range Transboundary Air Pollution (Air Pollution Studies No. 7), Genf.

ECE 1993: The State of Transboundary Air Pollution (Air Pollution Studies No. 9), Genf.

Fauteux, Paul 1991: Percentage Reductions versus Critical Loads in the International Legal Battle against Air Pollution: A Canadian Perspective, in: Lang, Winfried/ Neuhold, Hanspeter/Zemanek, Karl (Hrsg.): Environmental Protection and International Law, London, 100-114.

Gündling, Lothar 1986: Multilateral Co-operation of States under the ECE Convention on Long-range Transboundary Air Pollution, in: Flinterman, Cees/Kwiatkowska, Barbara/Lammers, Johan G. (Hrsg.): Transboundary Air Pollution. International Legal Aspects of the Co-operation of States, Dordrecht, 19-31.

Jackson, C. Ian. 1990: A Tenth Anniversary Review of the ECE Convention on Long-Range Transboundary Air Pollution, in: International Environmental Affairs 2, 217-226.

Kakebeeke, Willem 1994: Transboundary Air Pollution, in: Yearbook of International Environmental Law 5, 157-159.

OECD 1979: OECD Programme on Long Range Transport of Air Pollutants. Measurements and Findings, Paris.

Pallemaerts, Marc 1988: International Legal Aspects of Long-range Transboundary Air Pollution, in: Hague Yearbook of International Law 1, 189-224.

Prittwitz, Volker von 1984: Umweltaußenpolitik: Grenzüberschreitende Luftverschmutzung in Europa, Frankfurt a.M.

Széll, Patrick 1995: The Development of Multilateral Mechanisms for Monitoring Compliance, in: Lang, Winfried (Hrsg.): Sustainable Development and International Law, London, 97-109.

Vygen, Hendrik 1983: Urging for a Firm Clean-Air Policy Across National Borders, in: Environmental Policy and Law 11, 34-36.

Vygen, Hendrik 1985: Air Pollution Control – Success of East/West Co-operation, in: Environmental Policy and Law 15, 6-8.

Wetstone, Gregory S. 1983: Acid Rain: The International Perspective, in: Environmental Policy and Law 11, 31-33.

Wetstone, Gregory S./Rosencranz, Armin 1984: Transboundary Air Pollution: The Search for an International Response, in: Harvard Environmental Law Review 8, 89-138.

4. Die internationale Kontrolle des grenzüberschreitenden Handels mit gefährlichen Abfällen (Baseler Konvention von 1989)

Britta Meinke

1. Ursachen und Probleme des grenzüberschreitenden Handels mit gefährlichen Abfällen

Die Entsorgung gefährlicher Abfälle (Giftmüll) in der Dritten Welt durch Firmen der Industrieländer begann in den frühen 80er Jahren. Internationale Aufmerksamkeit erlangte diese Form der Abfallentsorgung, als sich in der zweiten Hälfte der 80er Jahre die Fälle vagabundierender Giftmüllfrachter häuften, die in keinen Hafen mehr Einlaß fanden (*Khian Sea, Karin B*).

Da ein großer Teil der gefährlichen Abfälle heimlich, d.h. ohne Wissen der Behörden des Importlandes, eingeführt wurden und sich die Abfalldefinitionen der einzelnen Länder zudem voneinander unterschieden, war es schwierig, den genauen Umfang des Giftmüllhandels zu ermitteln. Schätzungen über das weltweite Aufkommen von gefährlichen Abfällen gingen jedoch davon aus, daß jährlich zwischen 300 und 400 Millionen Tonnen Giftmüll produziert (Tolba 1990: 3) und davon 30 Millionen Tonnen jenseits der nationalen Grenzen des Verursacherlandes entsorgt wurden (Hilz 1992: 20). Während der größte Teil dieser grenzüberschreitenden Giftmülltransporte zwischen OECD-Ländern stattfand, hatten die Exporte von OECD-Staaten in Entwicklungsländer einen Anteil von mindestens 10 Prozent des weltweiten Giftmüllhandels (Tolba 1990: 4). Nach Schätzungen von Greenpeace wurden zwischen 1986 und 1988 mehr als 6 Millionen Tonnen Abfall von den Industrieländern in weniger entwickelte Länder und Ostblockstaaten transportiert. Mehr als 150 Unternehmen waren tatsächlich oder potentiell am Giftmüllexport in ärmere Regionen interessiert, und ihr Angebot belief sich insgesamt auf die Verschiffung von mehr als 20 Millionen Tonnen Abfall im Jahr (Vallette/Bernstorff 1989: 9).

Die Zunahme des weltweiten Giftmüllhandels ist auf ein erhöhtes Umweltbewußtsein in den OECD-Ländern zurückzuführen. Große Chemieskandale, etwa der Seweso-Unfall der Firma Hoffman-La Roche und die Rheinvergiftung durch die Schweizer Firma Sandoz, sensibilisierten die Bevölkerung. Heute ist die Planung und Errichtung einer Sonderabfalldeponie in keinem OECD-Land mehr ohne Widerstand der örtlichen Bevölkerung möglich. Dies führte zu immer längeren Planungs- und Bauphasen für Deponien,

Verbrennungs- und Recyclinganlagen, die für eine Behandlung der gefährlichen Abfälle vor Ort benötigt werden. Dadurch kam es zu Entsorgungsengpässen im Sonderabfallbereich, die zu erhöhten Kosten für die Beseitigung führten. Das Problem wurde dadurch verstärkt, daß aufgrund eines wachsenden Umweltbewußtseins immer mehr Abfallstoffe als umwelt- oder gesundheitsgefährdend eingestuft und fortlaufend neue Umweltstandards zur Beseitigung dieser Abfälle erlassen wurden (Rublack 1993: 29; Tolba 1990: 4; Lang 1991: 148; Kummer 1994: 7).

Strengere Regelungen und höhere Entsorgungskosten im eigenen Land veranlaßten viele Erzeuger, sich jenseits der nationalen Grenzen nach geeigneten Entsorgungskapazitäten für gefährliche Abfälle umzusehen. Dabei war der grenzüberschreitende Abfallhandel zunächst ein Phänomen, das sich auf die westliche industrialisierte Welt beschränkte. Unter Hinweis auf den freien Handel konnte der grenzüberschreitende Giftmülltransport mit einer sinnvollen Arbeitsteilung auf dem Gebiet der Abfallentsorgung begründet werden, wenn er zwischen Staaten mit einem vergleichbaren wirtschaftlichen und umweltpolitischen Entwicklungsstand stattfand (Rublack 1993: 28).

Zunehmend wurden jedoch auch Nicht-OECD-Länder in diesen Handel einbezogen. So schickte die Bundesrepublik in den 80er Jahren verstärkt Giftmüll in die DDR. Gegen Mitte der 80er Jahre mehrten sich die Belege dafür, daß gefährliche Abfälle in steigendem Maße auch in andere osteuropäische Staaten, etwa Polen (Bernstorff/Puckett 1990) und Ungarn, sowie in Regionen Lateinamerikas, der Karibik und Afrikas verschifft wurden (Vallette/Spalding 1990). In den Kreis der potentiellen Importländer reihten sich damit auch einige der ärmsten Länder der Welt ein, die unter fallenden „Terms of Trade", sinkenden Exporterlösen und einer steigenden Auslandsverschuldung litten. Die Regierung von Guinea-Bissau erhielt beispielsweise viermal das Angebot, für 600 Millionen Dollar über die nächsten 15 Jahre 15 Millionen Tonnen gefährlicher Industrieabfälle abzunehmen. Diese Summe entsprach dem Vierfachen des Bruttosozialprodukts des Landes, dem Doppelten seiner Auslandsschulden und dem 25fachen der jährlichen Exporterlöse (Vallette/Bernstorff 1989: 26; Bartram/Engel 1989: 116). Diese „neuen" Importländer verfügten in der Regel weder über eine den Industrieländern vergleichbare Umweltschutzgesetzgebung im Abfallbereich noch über geeignete Kapazitäten zur Behandlung der gefährlichen Abfälle oder über eine Verwaltung, die zur wirksamen Überwachung in der Lage gewesen wäre.

Diese Umstände bildeten ideale Bedingungen für die schwer zu überschauende, international operierende Branche der privaten Abfallvermittlungsfirmen („waste broker"), die sich die Regelungs- und Kontrolldefizite der Empfängerstaaten zunutze machten und auch gegen nationale Rechtsvorschriften und zwischenstaatliche Vereinbarungen verstießen. In einem besonders bekannten Fall vermietete ein einfacher Farmer in Koko, Nigeria, ohne Wissen der örtlichen Behörden einen Teil seines Hinterlandes für 100 US-$ monatlich an eine italienische Abfallvermittlungsfirma, die darauf in der prallen Sonne 8000 halb durchgerostete Fässer mit über 2000 Tonnen Giftmüll lagerte. Nachdem die Fässer aufgebrochen waren und den Boden verseucht hatten, stellte sich heraus, daß sie hochgradig dioxin-, PCB- sowie asbestverseuchte Abfälle enthielten. Als ortsansässige Bauern schwer erkrankten, nachdem sie einige Fässer gestohlen und zur Wasserspeicherung benutzt hatten, entstand ein Skandal, in dessen Folge Nigeria Italien veranlaßte, die Abfälle zurückzunehmen (Clapp 1994: 20; Grefe/Bernstorff 1991: 11).

Solche Einzelfälle, die einen vergleichsweise geringen Anteil am weltweiten Giftmüllhandel betreffen, aber weltweites Aufsehen erregten, bildeten neben der Erwartung, daß dies erst den Beginn einer Exportwelle von den Industrie- in die Entwicklungsländer markiere, die Grundlage für die Errichtung internationaler Regelungsmechanismen zur Kontrolle des Abfallhandels.

2. Die Entstehung des Regimes

2.1 Erste internationale Regelungsversuche und die Verhandlungen zur Baseler Konvention

Das Umweltprogramm der Vereinten Nationen (UNEP) widmete sich dem Problem der Ausfuhr gefährlicher Abfälle bereits früh. 1987 wurden in diesem Rahmen erstmals Richtlinien für die umweltverträgliche Behandlung gefährlicher Abfälle verabschiedet. Ziel dieser durch eine völkerrechtlich nicht bindende Entschließung erlassenen „Cairo-Guidelines" (UNEP 1987) war es, den festzustellenden Ungleichgewichten bei der Bewältigung der Abfallproblematik in den verschiedenen Weltregionen abzuhelfen und der damit verbundenen Gefahr sich ausweitender Abfallexporte entgegenzuwirken. Neben Regelungen für die Abfallvermeidung, die Entsorgungsplanung, die behördliche Überwachung und den Abfalltransport enthielten die Richtlinien eine umfassende Informationspflicht gegenüber allen von einer grenzüberschreitenden Verbringung gefährlicher Abfälle betroffenen Staaten und führten erstmals das grundsätzliche *Erfordernis der vorherigen Zustimmung* des Abfallimportlandes sowie der Transitstaaten ein. Der Abfallexportstaat wurde verpflichtet, sich der Möglichkeit einer ordnungsgemäßen Entsorgung im Empfängerstaat zu vergewissern. Darüber hinaus wurde das Recht jedes Staates anerkannt, sich dem Import gefährlicher Abfälle zu widersetzen. Im Fall einer negativen Importentscheidung mußte schon ins Empfängerland gelangter Giftmüll vom Exportstaat wieder zurückgenommen werden.

Notifikationssysteme waren zuvor schon innerhalb der OECD und der EG eingerichtet worden. Die Cairo-Guidelines brachten jedoch eine wesentliche Neuerung, nämlich das Prinzip der vorherigen Einwilligung, das zeitgleich zum Entwicklungsprozeß der Cairo-Guidelines nun auch in der OECD und der EG eingeführt wurde. Insbesondere die afrikanischen Länder bezweifelten die Wirksamkeit dieses Prinzips. Es war durch den illegalen Abfallhandel, der sich ihrer Kontrolle entzog, und durch die Deklarierung hochgiftiger Abfälle als harmlose Wirtschaftsgüter wie Hausmüll, Baumaterial, Brennstoff oder Kunstdünger leicht zu unterlaufen. Aufgrund der weitverbreiteten Korruption im eigenen Regierungs- und Zollapparat schienen vorherige Einwilligungen durch die mit mafiösen Mitteln arbeitende Branche der „waste broker" allzu leicht zu erlangen. Der erwähnte Skandalfall von Koko/Nigeria im Jahr 1988 unterstützte deshalb die Entwicklung einer eigenen afrikanischen Abfallpolitik. Der Ministerrat der Organisation afrikanischer Staaten (OAU) verabschiedete eine Resolution, in der das Verbringen von industriellen Abfällen nach Afrika als Verbrechen gegen Afrika und seine Menschen geächtet wurde. Mit einer weiteren Resolution sprachen sich die afrikanischen Staaten geschlossen dafür aus, den Export gefährlicher Abfälle grundsätzlich zu verbieten.

UNEP sah sich durch die Zuspitzung der Problematik aufgerufen, sein Mandat als Initiator und Organisator umweltpolitischer Abkommensverhandlungen wahrzunehmen. 1987 beschloß der UNEP-Verwaltungsrat, eine Arbeitsgruppe zur Ausarbeitung einer weltweiten Konvention über die Kontrolle der grenzüberschreitenden Verbringungen gefährlicher Abfälle einzusetzen. Die Konvention sollte (möglichst) bis zum Frühjahr 1989 unterschriftsreif sein. An den darauf folgenden fünf Sitzungen der Arbeitsgruppe nahmen insgesamt 96 Länder, 50 internationale Organisationen sowie einige als Beobachter zugelassene Umweltverbände teil (Bartram/Engel 1989: 117).

Die Vorbereitung des Abkommens in der Arbeitsgruppe sowie die sich daran anschließende diplomatische Baseler Konferenz standen im Zeichen scharfer Auseinandersetzungen zwischen zwei Ländergruppen mit sehr gegensätzlichen Interessen. Auf der einen Seite standen diejenigen Staaten, darunter die meisten OECD-Länder, die den internationalen Abfallhandel grundsätzlich ohne Einschränkungen aufrecht erhalten wollten. Sie befürworteten jedoch Maßnahmen, um *illegale* Abfallexporte insbesondere in die weniger entwickelten Ländern zu verhindern und schlugen deshalb vor, den Abfallhandel einer internationalen Kontrolle zu unterwerfen. Dieser Gruppe ging es also in erster Linie um eine möglichst scharfe Trennung des legalen vom illegalen Handel. Auf der anderen Seite standen die afrikanischen Staaten, die durch andere Entwicklungsländer grundsätzlich unterstützt wurden (Lembke 1991: 28). Diese durch den internationalen Handel mit gefährlichen Abfällen bereits negativ betroffenen Staaten wollten in Zukunft wirksam geschützt werden und forderten ein allgemeines Exportverbot für diese Abfälle.

Auch Greenpeace, das in diesem Problemfeld besonders aktiv war, trat dafür ein, den Export gefährlicher Abfälle grundsätzlich zu verbieten. Diese international operierende Nichtregierungsorganisation (NGO) führte ab 1987 eine Kampagne zur Beendigung des internationalen Abfallhandels, um die abfallproduzierende Industrie des Nordens zu veranlassen, Konzepte der sauberen Produktion aufzugreifen und das Aufkommen an gefährlichen Abfällen langfristig zu verringern. In diesem Rahmen verfolgte Greenpeace seit Mitte 1988 die Arbeitsgruppensitzungen zur Ausarbeitung der Baseler Konvention und ging dort mit den afrikanischen Delegationen eine Allianz zur Durchsetzung eines allgemeinen Handelsverbots für gefährliche Abfälle ein. Die NGO, die über das notwendige Fachwissen verfügte, fungierte in dieser Allianz als Berater und versorgte die afrikanischen Delegationen mit einschlägigen Informationen zum internationalen Handel mit gefährlichen Abfällen. Die afrikanischen Staatenvertreter versuchten, das gemeinsame Anliegen in den zwischenstaatlichen Verhandlungen durchzusetzen und versorgten Greenpeace mit Informationen über den Stand der teilweise hinter geschlossenen Türen geführten Beratungen. Andere internationale Umweltorganisationen schlossen sich Greenpeace an und bildeten eine zeitlich begrenzte Koalition, das „International Toxic Waste Trade Action Network" (Clapp 1994: 24-26).

Auf dem letzten Arbeitsgruppentreffen zur Aushandlung der Konvention stellte sich jedoch heraus, daß die afrikanischen Staaten bei den anderen Zielländern des internationalen Giftmüllhandels nur wenig Unterstützung fanden. Insbesondere die osteuropäischen Staaten, darunter die DDR, aber offenbar auch eine Reihe industriell fortgeschrittener Entwicklungsländer wollten ihre Einkünfte aus Abfallimporten nicht gefährden und sich die Option offen halten, selbst Abfälle zu exportieren (Lembke 1991: 28). Damit blieb der Block der afrikanischen Staaten weitgehend auf sich allein gestellt und konnte seine weitreichenden Forderungen nicht durchsetzen.

Das „Baseler Übereinkommen über die Kontrolle der grenzüberschreitenden Verbringung gefährlicher Abfälle und ihrer Entsorgung" (BGBl. 1994 II: 2703) wurde im März 1989 im Rahmen einer in Basel zusammengetretenen diplomatischen Konferenz verabschiedet, an der die Vertreter von 116 Staaten sowie der Europäischen Gemeinschaft teilnahmen. Die Konvention wurde allerdings zunächst nur von 35 Staaten und der Europäischen Gemeinschaft gezeichnet, unter denen sich kein einziger afrikanischer Staat befand. Die afrikanischen Staaten kündigten statt dessen noch auf der Konferenz an, eine eigene Konvention erarbeiten zu wollen.

2.2 Die Bestimmungen der Baseler Konvention

Die Baseler Konvention umfaßte Bestimmungen über die Produktion, die Behandlung und die Beseitigung von gefährlichen Abfällen. Abfälle wurden definiert als „Stoffe oder Gegenstände, die entsorgt werden, zur Entsorgung bestimmt sind oder aufgrund der innerstaatlichen Rechtsvorschriften entsorgt werden müssen" (Art. 2.1). Die in Anhang IV festgelegten Beseitigungsarten umfaßten neben der Deponierung und Verbrennung auch die Möglichkeit, Abfälle wiederzuverwerten, alternativ zu nutzen oder daraus Ressourcen wiederzugewinnen. Damit waren auch recyclierbare Abfälle Gegenstand der

Bestimmungen der Konvention. In der Konvention wurde zwischen *gefährlichen* und *anderen Abfällen* unterschieden. In die erste Kategorie fielen Abfälle, die einer in Anlage I enthaltenen Gruppe angehörten (klinischer Abfall, Abfälle, die Bestandteile wie Arsen, Cadmium, Quecksilber oder Blei enthalten), es sei denn, sie besaßen keine der in Anlage III aufgeführten Eigenschaften (z.B. Explosivität, Entzündbarkeit, Giftigkeit). Als gefährlich galten Anfälle zudem, wenn sie durch innerstaatliche Gesetzgebung als solche definiert waren. *Andere Abfälle* (Anlage II) waren Hausabfälle und bei der Verbrennung von Hausabfall anfallende Rückstände (Art. 1).

Die Baseler Konvention verpflichtete die Vertragsstaaten, die Produktion von Abfällen auf ein Minimum zu reduzieren. Dennoch anfallende Abfälle sollten so nah wie möglich am Ort ihrer Entstehung beseitigt werden. Darüber hinaus sollte die umweltfreundliche Behandlung der Abfälle unabhängig vom Ort der Entsorgung garantiert werden. Abfälle durften nur exportiert werden, wenn der Exportstaat nicht über die geeigneten technischen Kapazitäten und Möglichkeiten verfügte, um die Abfälle umweltfreundlich zu behandeln. Die Ausfuhr war verboten, wenn der Exportstaat annehmen mußte, daß der Importstaat die umweltfreundliche Behandlung nicht garantieren konnte (Art. 4). Der Abfallexport in den Bereich südlich des 60. Breitengrades (Antarktis), in Vertragsstaaten, die ein generelles Importverbot für gefährliche Abfälle erlassen hatten, und in Nichtvertragsstaaten war vollständig verboten (Art. 4). Abweichend davon durfte der Abfallexport in Nichtvertragsstaaten der Konvention jedoch auf der Grundlage bilateraler, multilateraler und regionaler Verträge erfolgen, sofern deren Bestimmungen die Konvention nicht unterliefen sowie dem Sekretariat angezeigt und veröffentlicht worden waren (Art. 11).

Die Konvention enthielt damit kein grundsätzliches Verbot des grenzüberschreitenden Abfallhandels. Abfälle, deren Export den Bestimmungen der Konvention entsprach, mußten aber den allgemein akzeptierten internationalen Regeln entsprechend verpackt, gekennzeichnet und transportiert werden (Art. 4). Sollten Abfälle in ein anderes Land ausgeführt werden, mußten den zuständigen Behörden des Exportstaates darüber hinaus vor der Ausfuhr die *schriftliche* Einwilligung des Importlandes, die Einwilligungen aller Transitstaaten sowie ein Vertrag zwischen Abfallproduzent und Abfallbeseitiger vorliegen, aus dem hervorging, daß die umweltfreundliche Behandlung oder Beseitigung der Abfälle gewährleistet war (Art. 6). Im Zentrum des Regimes stand damit zunächst einmal ein international überwachtes Genehmigungsverfahren für legale Abfallexporte.

Daneben richtete sich die Baseler Konvention ganz allgemein auf die Bekämpfung der illegalen Abfallexporte. Als illegales Geschäft galt der Export von gefährlichen Abfällen, wenn er nicht ausreichend notifiziert wurde, wenn keine Einwilligung des Importlandes vorlag oder wenn die Einwilligung auf einer Täuschung beruhte. Als illegal wurde ein Export auch eingestuft, wenn er im wesentlichen nicht mit den Dokumenten übereinstimmte oder vorsätzlich zu einer Beseitigung führte, bei der gegen die Bestimmungen der Kon-

Handel mit gefährlichen Abfällen 69

vention verstoßen wurde. Für derartige Ausfuhren unterlag der Exportstaat einer „subsidiären" Rücknahmepflicht, er war also dazu verpflichtet, den gefährlichen Abfall zurückzunehmen, falls keine andere mit den Bestimmungen der Konvention vereinbare Beseitigung vorgenommen werden konnte (Art. 9). In der Konvention waren zudem Konsultationen über Haftungsfragen bei Schäden, die durch grenzüberschreitende Abfallverbringungen verursacht wurden (Art. 12), sowie die Einrichtung eines revolvierenden Fonds für Notfälle vorgesehen (Art. 14). Die Baseler Konferenz befürwortete in einer Resolution die unmittelbare Einsetzung einer entsprechenden Arbeitsgruppe.

Zentrales Entscheidungsorgan des Regimes war die Konferenz der Vertragsstaaten. Sie sollte die Implementation des Übereinkommens überwachen und gegebenenfalls zur Erreichung der Ziele der Konvention erforderliche Maßnahmen ergreifen sowie über Änderungen des Übereinkommens und seiner Anlagen beschließen (Art. 15). Solche Änderungen des Übereinkommens sollten nach Möglichkeit einstimmig vorgenommen werden, konnten aber auch von einer Dreiviertelmehrheit der anwesenden Vertragsstaaten beschlossen werden, wenn ein Konsens nicht zu erreichen war (Art. 17). Als weiteres Organ sollte die durch eine Resolution der Baseler Konferenz eingerichtete *Technische Arbeitsgruppe* die Zusammenarbeit unterstützen und sich dabei schwerpunktmäßig mit der Entwicklung von Richtlinien beschäftigen. Daneben wurde ein Sekretariat eingerichtet, dem unter anderem die Aufgabe zufiel, von den Vertragsstaaten übermittelte Informationen (zuständige Behörden, Begriffsbestimmungen für gefährliche Abfälle, Abfallimportverbote) zu prüfen und der Konferenz der Vertragsstaaten weiterzuleiten.

Die Vertragsparteien wollten den internationalen Müllhandel mit dem Abschluß der Baseler Konvention also nicht beenden. Statt dessen errichteten sie einen institutionellen Rahmen, der nicht nur eine einheitliche Informationsbasis schaffen sollte, sondern den grenzüberschreitenden Abfallhandel erstmals einer überregionalen Regulierung unterstellte. Damit wurde die „gesetzlose Zeit" beendet, in der der internationale Abfallhandel kaum Beschränkungen unterlag. Die Baseler Konvention trat nach der Ratifikation von 20 Staaten im Mai 1992 in Kraft.

2.3   *Reaktionen der betroffenen Länder*

Die im Laufe der Verhandlungen aufgetretenen Konfliktlinien zwischen Nord und Süd bestimmten auch die Reaktionen der beteiligten Ländergruppen. Sowohl die Abfallexportländer als auch die -importländer ergänzten das globale Regime durch regionale Abkommen.

Aus Sicht der weniger entwickelten, insbesondere der afrikanischen Länder stellte die Baseler Konvention von 1989 keine geeignete Grundlage für die Regelung des internationalen Müllhandels dar. Diese Länder forderten nach wie vor ein vollständiges Exportverbot. Es gelang ihnen, diese Forderung im Laufe der Ende 1989 abgeschlossenen Verhandlungen über das Lomé-IV-Abkommen (Amtsblatt der Europäischen Gemeinschaften Nr. L 229, 17.08.1991: 3) durchzusetzen. Die Lomé-Abkommen regeln die Beziehungen zwischen den Mitgliedstaaten der EG auf der einen und den meisten ihrer ehemaligen Kolonien aus Afrika, der Karibik- und der Pazifikregion (AKP-Staaten) auf der anderen Seite. Im Lomé-IV-Abkommen wird erstmals der Export von gefährlichen Abfällen aus EG-Ländern in die AKP-Staaten verboten. Im Gegenzug verpflichteten sich die AKP-Länder, auch aus Nicht-EG-Ländern keine Abfälle mehr zu importieren (Art. 38). Damit kam die EG den Forderungen der AKP-Staaten nach und akzeptierte erstmals ein völkerrechtliches Verbot für den internationalen Abfallhandel. Umgekehrt hatten sich durch den Lomé-IV-Vertrag 68 AKP-Staaten zu einem vollständigen Importverbot für gefährliche Abfälle verpflichtet. Aus Sicht dieser Staaten stellt nicht der Abschluß der Baseler Konvention, sondern erst die Verabschiedung des Lomé-IV-Abkommens den eigentlichen Durchbruch dar.

Zeitgleich mit den Verhandlungen über das Lomé-IV-Abkommen beschloß der Ministerrat der OAU im Juli 1989, eine afrikanische Regionalkonvention auszuarbeiten, wie von diesen Staaten bereits auf der diplomatischen Konferenz in Basel angekündigt worden war. Die Verhandlungen fanden wiederum unter aktiver beratender Mitarbeit von Greenpeace statt (Clapp 1994: 31). Im Januar 1991 konnte in der Hauptstadt Malis die „Bamako Convention on the Ban of the Import into Africa and the Control of Transboundary Movement and Management of Hazardous Wastes within Africa" (ILM 1991:773) verabschiedet werden. Die Konvention, die sich im wesentlichen an der Baseler Konvention orientiert, enthält ein umfassendes Verbot der Einfuhr gefährlicher Abfälle (Art. 4) und untersagt damit explizit auch den Import von gefährlichen recyclierbaren Abfällen. Da zugleich sowohl radioaktive als auch die in der Baseler Konvention als *andere Abfälle* definierten Hausabfälle und die aus ihrer Verbrennung entstehenden Rückstände als gefährliche Abfälle bestimmt werden, fallen sie ebenfalls unter das afrikanische Importverbot. Neben einer Erweiterung der Abfalldefinition wurde in der Bamako-Konvention erstmalig regional ein Importverbot etabliert, das sich auch auf Abfälle erstreckte, die zur Wiederverwertung bestimmt waren.

Mit dieser Bestimmung reagierten die afrikanischen Staaten auf einen sich verändernden internationalen Handel mit gefährlichen Abfällen. Nach Abschluß der Baseler Konvention wurden gefährliche Abfälle nämlich zunehmend als recyclierbare Abfälle bzw. wiederverwertbare Wirtschaftsgüter deklariert (Greenpeace 1994: II-8). Diese Abfälle fielen zwar ebenfalls unter die Bestimmungen der Baseler Konvention, doch sollte es sich als schwierig erweisen, die Notifikationsprozeduren der schriftlichen Einverständniserklärung einzufordern, wenn Sendungen nicht als gefährliche Abfälle deklariert wurden. Obwohl der Bamako-Konvention adäquate Durchsetzungs- und Überwachungsmechanismen fehlten, hatten die afrikanischen Staaten mit dem Abschluß des Übereinkommens ein wichtiges politisches Zeichen gesetzt.

Zukünftig würden sie Importe von gefährlichen Abfällen auf den afrikanischen Kontinent nicht mehr dulden.

Sowohl das Lomé-IV-Abkommen als auch die Bamako-Konvention galten als multilaterale und regionale Vereinbarungen über grenzüberschreitende Abfallverbringungen im Sinne der Baseler Konvention. Sie wurden dem Sekretariat der Baseler Konvention angezeigt, das alle Vertragsparteien offiziell von den verhängten Importverboten informierte. Da durch die Baseler Konvention der Export von gefährlichen Abfällen in Staaten verboten ist, die ein generelles Importverbot für solche Abfälle erlassen haben (Art. 4), wurde das Verbot des Exports von gefährlichen Abfällen in die 68 AKP-Staaten auch zum Bestandteil des globalen Regimes. Die regionalen Abkommen hatten eine durchschlagende Wirkung. Die Abfallexporte nach Afrika gingen bereits 1991 zurück (Bernstorff 1991: 28; Greenpeace 1994: II-4).

Auch die in der OECD organisierten Verursacherländer reagierten auf den Abschluß der Baseler Konvention. Die Recycling- und Sekundärrohstoffbranche, die auf den Verhandlungsprozeß nur wenig Einfluß genommen hatte, sah sich mit erheblichen Schwierigkeiten konfrontiert. Sie befürchtete, daß etwa Metallschrotte, die in der Regel in geringen Mengen Substanzen wie Kupfer und Cadmium enthalten oder mit geringen Mengen von Öl oder PCB kontaminiert sind, in den Geltungsbereich der Baseler Konvention fallen würden. Solche Sekundärrohstoffe würden damit den Kontroll- und Notifikationsregelungen der globalen Regimes unterliegen und dürften als gefährliche Abfälle auch zu Recyclingzwecken nur noch in Mitgliedsländer des Regimes oder an solche Staaten ausgeführt werden, mit denen multilaterale oder bilaterale Abkommen bestünden. Nach Abschluß der Baseler Konvention versuchte die Branche deshalb, Einfluß auf den Umsetzungsprozeß zu gewinnen und mit Hilfe der OECD Ausnahmeregelungen durchzusetzen (Rosencranz/Eldridge 1992: 320-321).

Mit einem Ratsbeschluß „über die Kontrolle der grenzüberschreitenden Verbringung von Abfällen zur Verwertung" (OECD 1993: 72) wurde in der OECD ein dreistufiges „Ampel"-Kontrollsystem eingeführt, bei dem verwertbare Abfälle nach ihrer Gefährlichkeit in drei Listen eingeteilt wurden. Zum Recycling oder zur Wiederverwertung bestimmte Abfälle, die keine gefährlichen Eigenschaften (z.B. Entzündbarkeit, Giftigkeit) aufwiesen, bildeten die *grüne Liste* und unterlagen nur den üblichen Kontrollen für kommerzielle Transaktionen. Stark kontaminierte, mit Asbest oder PCB verseuchte Abfälle wurden in die *rote Liste* aufgenommen und unterlagen dem in der Baseler Konvention vorgesehenen Kontrollsystem der vorherigen Einwilligung durch Importstaat und Transitländer. Für Abfälle der *gelben Liste* (z.B. Arsen- und Quecksilberabfälle und ihre Rückstände) galten weniger strenge Einspruchs- und Einverständnisverfahren als in der Baseler Konvention. Der Transport derartiger Abfälle durfte zwar auch erst nach dem Einverständnis des Importlandes beginnen, aber dieses konnte auch *stillschweigend* erteilt werden. Wenn innerhalb einer Frist von 30 Tagen nach Erhalt der Notifikationsurkunden kein *Einspruch* durch das Importland erfolgte, durfte der Abfalltransport durchgeführt werden.

Da mit dem „Ampel"-Kontrollsystem verwertbare Abfälle, die nach den Bestimmungen der Baseler Konvention als gefährlich gelten, hinsichtlich ihres Gefährdungspotentials neu klassifiziert und unterschiedlichen Kontrollen unterworfen wurden, galt es allgemein als ein Versuch der Industrieländer, zumindest für recyclierbare Abfälle der gelben und der grünen Liste im OECD-Raum erleichterte Handelsbedingungen zu schaffen (Rosencranz/Eldridge 1992: 321). Das Ampel-Kontrollsystem wurde deshalb ganz besonders von Greenpeace kritisiert, weil dadurch die OECD-Länder ihrer vollen Verpflichtungen unter der Baseler Konvention enthoben wurden. In einer Studie wies die NGO nach, daß Abfälle der grünen Liste durchaus gefährliche Eigenschaften besitzen können. Deshalb sei es umweltpolitisch bedenklich, diese Abfälle aus den Kontrollanforderungen der Baseler Konvention zu entlassen. Darüber hinaus befürchtete Greenpeace gefährliche politische und rechtliche Implikationen: Ein zunächst nur für den OECD-Raum entwickeltes Regelungssystem für verwertbare Abfälle könnte durch andere Institutionen aufgegriffen werden und damit in Konkurrenz zur Baseler Konvention über den OECD-Rahmen hinaus Anwendung finden (Puckett et al. 1992: 31).

Mit der EG-Verordnung „zur Überwachung und Kontrolle der Verbringung von Abfällen in der, in die und aus der Europäischen Gemeinschaft" (Amtsblatt der Europäischen Gemeinschaften Nr. L 30/1, 06.02.1993), die das Baseler Übereinkommen in EG-Recht überführte, wurde für die Ausfuhr von zur Verwertung bestimmten Abfällen aus der EG ein Ampel-Kontrollsystem eingeführt, das sich an dem der OECD orientierte. Im Gegensatz zum OECD-Beschluß findet das Ampel-Kontrollsystem der EG jedoch auf Ausfuhren in OECD-Länder, in Vertragsstaaten der Baseler Konvention, in Länder, mit denen die Gemeinschaft entsprechende Übereinkünfte abgeschlossen hat, und in Länder, mit den EG-Mitgliedstaaten zuvor bilaterale Übereinkommen erzielt hatten, Anwendung. Verboten ist die Ausfuhr verwertbarer Abfälle hingegen in Länder mit entsprechenden generellen Importverboten sowie in Fällen, in denen keine Importgenehmigung erteilt wird oder die zuständige Behörde im Exportstaat Grund zu der Annahme hat, daß eine umweltverträgliche Behandlung der Abfälle im Zielland nicht erfolgt (Art. 16).

Mit der EG-Verordnung wurde nicht nur eine neue Klassifikation für verwertbare Abfälle eingeführt, sondern grüngelistete Abfälle, die zum Teil den strengen Bestimmungen der Baseler Konvention für gefährliche Abfälle unterlagen, waren damit auch generell von Exportkontrollen ausgenommen, sofern diese vom Bestimmungsland nicht ausdrücklich eingefordert wurden (Art. 17). Zur Abdeckung der Kosten einer möglichen Rückführung exportierter Abfälle wurde für alle gemäß der Verordnung erlaubten Abfallverbringungen eine Sicherheitsleistung oder ein Versicherungsnachweis verlangt (Art. 27). Durch die EG-Verordnung wurden damit Bestimmungen eingeführt, die sich in der Form in der Baseler Konvention nicht fanden.

Handel mit gefährlichen Abfällen

Sowohl die Ausfuhr- als auch die Einfuhrländer reagierten also bereits vor dem formellen Inkrafttreten der Baseler Konvention auf das neu entstandene globale Regime. Beide Gruppen versuchten, dessen Bestimmungen durch regionale Abkommen in ihrem Sinne auszulegen und seine weitere Entwicklung auf diese Weise zu beeinflussen.

3. Die Entwicklung des Regimes

Mit dem Inkrafttreten der Baseler Konvention im Mai 1992 und der Aufnahme der regulären Zusammenarbeit der Mitgliedstaaten standen sich im globalen Verhandlungsprozeß erneut die beiden genannten Staatengruppen mit ihren weitgehenden Interessenunterschieden gegenüber. Auf Grundlage des Dauerkonflikts, der seinen Ursprung in den gegensätzlichen Interessen der Verhandlungspartner hatte, entwickelte sich der Regelungsansatz des Regimes innerhalb weniger Jahre in drei Schritten erheblich fort.[1]

Die erste Konferenz der Vertragsstaaten im Dezember 1992 in Piriapolis (Uruguay) traf eine Reihe für den institutionellen Ausbau des Regimes wichtiger Entscheidungen. So wurde die Bildung eines zusätzlichen Organs für Implementationsfragen beschlossen. Weiterhin wurde die bereits von der Baseler Konferenz eingerichtete Arbeitsgruppe zur Ausarbeitung eines Protokolls für Schadenshaftung und Entschädigung bestätigt. Schließlich wurde die Zusammenarbeit mit der International Maritime Organization (IMO) vertieft, in deren Rahmen die Müllbeseitigung auf See geregelt wird (König, in diesem Band). Mit dem Customs Cooperation Council wurde eine Zusammenarbeit zur wirksameren Kontrolle gefährlicher Abfälle an den Grenzen verabredet.

Im Zentrum der Tagung stand jedoch die Auseinandersetzung über die inhaltliche Weiterentwicklung des Regimes. Vor dem Hintergrund des Lomé-IV-Akommens und der Bamako-Konvention forderten die Entwicklungsländer erneut die Einführung eines allgemeinen Exportverbots für gefährliche Abfälle von Industriestaaten in weniger entwickelte Länder. Auch Greenpeace versuchte auf dem Treffen erneut, eine breite Koalition für ein solches allgemeines Exportverbot zu schmieden (Clapp 1994: 35). Erstmals scherten einzelne OECD-Staaten aus dem gemeinsamen Block aus und unterstützten die Einführung eines allgemeinen Exportverbotes. Insbesondere Dänemark, Norwegen und Schweden betonten die Notwendigkeit, auch den Export reyclierbarer Abfälle in Entwicklungsländer zu verbieten, da er nicht zufriedenstellend kontrolliert werden könne. Die meisten Industriestaaten waren dagegen der Ansicht, daß nur der Export von Abfällen zur endgültigen Beseitigung nicht mit den Bestimmungen der Konvention vereinbar sei.

---

1 Vgl. auch die Internetseite des Sekretariats <http://www.unep.ch/sbc.html>.

Das wichtigste Ergebnis der ersten Vertragsstaatenkonferenz war die Annahme der Entscheidung I/22 durch die zu dem Zeitpunkt 35 Vertragsstaaten der Baseler Konvention. Darin wurden die Mitgliedstaaten des Regimes *aufgefordert*, den Export gefährlicher Abfälle, die zur endgültigen Beseitigung bestimmt waren, in Entwicklungsländer zu verbieten. Dagegen kamen die entscheidungsberechtigten Staaten darin überein, daß Exporte von recyclierbaren und wiederverwertbaren Abfällen nach den Regeln der Baseler Konvention bis auf weiteres zulässig waren.

Durch diese Entscheidung kamen die Industrie- den Entwicklungsländern ein erhebliches Stück entgegen. Allerdings wurde die aus der OECD übernommene Unterscheidung zwischen zur endgültigen Beseitigung bestimmten und verwertbaren Abfällen in das Regime eingeführt. Dieser Schritt versprach für sich allein kaum gravierende Veränderungen, denn bereits 1992 waren gefährliche Abfälle, die in Nicht-OECD-Länder exportiert wurden, als recyclierbar oder verwertbar deklariert worden, so daß der Handel von gefährlichen Abfällen mit Entwicklungsländern unter einem anderen Namen weitergehen konnte. Die Entwicklungsländer zeigten sich deshalb enttäuscht von dem erreichten Kompromiß, der von den meisten OECD-Ländern begrüßt wurde.

Nachdem es den weniger entwickelten Ländern auf der ersten Konferenz der Vertragsparteien nicht gelungen war, ein allgemeines Verbot des Abfallhandels zwischen Industrie- und Entwicklungsländern durchzusetzen, veranlaßten viele von ihnen Verhandlungen über regionale Abkommen. Die Staaten Zentralamerikas leiteten den Prozeß ein, der von Greenpeace das „Kloning von Bamako" genannt wurde. Im Dezember 1992 schlossen Costa Rica, El Salvador, Guatemala, Honduras, Nicaragua und Panama das „Central American Agreement on the Transboundary Movement of Hazardous Wastes" ab, das Import, Transport und Verklappung von gefährlichen Abfällen in diese Region verbietet. Im September 1993 beschlossen die Mitglieder der Wirtschaftsgemeinschaft südostasiatischer Länder, eine regionale Konvention auszuhandeln, die ein Einfuhrverbot für gefährliche Abfälle nach Südostasien beinhalten sollte. In der Mittelmeerregion entschieden die Vertragsstaaten der „Barcelona Convention for the Protection of the Mediterranean Sea against Pollution" im Oktober 1993, ein Protokoll zu erarbeiten, um Export und Transit von gefährlichen Abfällen in Entwicklungsländer ihrer Region zu verbieten. Im November 1993 wurde im Rahmen einer von UNEP sowie der UN-Wirtschaftskommission für Lateinamerika und die Karibik einberufenen Konferenz beschlossen, eine regionale Konvention anzustreben, durch die die Einfuhr gefährlicher Abfälle verboten werden sollte. Die südpazifischen Staaten hatten bereits im August 1993 angekündigt, im Rahmen des Südpazifik-Forums bis 1995 ein regionales Abkommen für ein Importverbot von gefährlichen Abfällen auszuarbeiten. Ein regionales Importverbot für die Schwarzmeer-Region abzuschließen wurde darüber hinaus bei Abschluß der „Convention on the Protection of the Black Sea against Pollution" vereinbart (Puckett 1994: 54-55).

Daneben machten viele Länder in steigendem Maße von ihrem Recht Gebrauch, nationale Importverbote zu verhängen. Seit 1986 war deren Anzahl von drei über 33 im Jahr 1988 bis 1992 auf 88 gestiegen. Einschließlich der regional verhängten Importverbote für gefährliche Abfälle hatten somit vor der zweiten Konferenz der Vertragsstaaten der Baseler Konvention bereits 103 Staaten signalisiert, daß sie künftig Abfallimporte nicht mehr dulden würden (Puckett 1994: 55).

Den nationalen und regionalen Importverboten fehlten allerdings, wie schon der Bamako-Konvention, die Mittel zu ihrer Durchsetzung. Sie konnten nur dann effektiv umgesetzt werden, wenn sie durch ein von Industrie- und Entwicklungsländern gemeinsam getragenes, global wirksames Handelsverbot unterstützt wurden. Deshalb versuchten die weniger entwickelten Länder 1994 erneut, ein allgemeines, auch recyclierbare Abfälle umfassendes Exportverbot für gefährliche Abfälle von Industrie- in Entwicklungsländer zu erstreiten. Die zweite Konferenz der Vertragsstaaten, die weitere institutionell wichtige Entscheidungen zur erneuten Bestätigung des Mandats der Arbeitsgruppe zur Ausarbeitung eines Haftpflichtprotokolls, zur Ausdehnung der Zusammenarbeit mit Interpol im Fall illegaler Abfallverbringungen und zur Definition recyclierbarer Abfälle traf, stand deshalb wiederum im Zeichen des schwelenden Dauerkonfliktes.

In zähen Verhandlungen gelang es dem nun geschlossen auftretenden Block der Entwicklungsländer, die von den osteuropäischen Staaten unterstützt wurden, den nur noch wenigen einflußreichen Gegnern eines allgemeinen Exportverbots, nämlich Kanada, Australien, Deutschland, den USA und Großbritannien, eine weitere Änderung der Regimeregelungen abzuringen. Dabei drohte die Mehrheit mit einer nach den Regeln der Baseler Konvention möglichen Abstimmung, wenn eine konsensuale Entscheidung nicht erreichbar sein sollte. Schließlich nahmen die nunmehr 64 Vertragsstaaten sowie die EU die Entscheidung II/12 im Konsens an, die für gefährliche Abfälle, die zur endgültigen Beseitigung bestimmt waren, ein sofort wirksam werdendes Verbot für Exporte aus OECD-Ländern in Nicht-OECD-Länder vorsah. Weiterhin verpflichteten sich die Vertragsstaaten, den Export gefährlicher Abfälle, die zum Recycling bestimmt waren, aus dem OECD-Bereich in Nicht-OECD-Länder spätestens mit Ablauf des Jahres 1997 vollständig zu verbieten.

Mit ihrer „Entscheidung", den Abfallhandel zwischen OECD- und Nicht-OECD-Ländern gänzlich zu unterbinden, griffen die Mitgliedstaaten des Regimes zu einem in seinem völkerrechtlichen Status nicht ganz eindeutigen Instrument. Entscheidungen müssen nicht ratifiziert werden, um in Kraft zu treten. Sie sind deshalb besonders geeignet für die Festlegung solcher Maßnahmen, die rasch wirksam werden sollen. Sie entfalten dabei politische und eine gewisse rechtliche Bindungswirkung jedenfalls auf solche Staaten, die ihnen nicht widersprochen haben. Da die Entscheidung II/12 im Konsens verabschiedet worden war, galt dies für alle der Konvention bis zu diesem Zeitpunkt beigetretenen Vertragsstaaten. Allerdings können bestehende internationale Verträge wie die Baseler Konvention durch Entscheidungen nicht völkerrechtlich wirksam geändert werden. Nach Annahme der Entscheidung II/12 beeilten sich einige Länder, darunter Australien, Kanada und Österreich, dies klarzustellen. Während sich die weniger entwickelten Länder innerhalb des globalen Regimes gegen einen schwächer werdenden Widerstand der Industrieländer erstmals durchgesetzt hatten, blieb der rechtliche Status der Entscheidung deshalb im Unklaren.

Um einer Diskussion um die formalrechtliche Bindungswirkung der Entscheidung II/12 vorzubeugen und die schnelle Implementation des Exportverbots zu gewährleisten, wurden deshalb zur dritten Konferenz der Vertragsstaaten im September 1995 Vorschläge für eine förmliche Änderung der Baseler Konvention eingereicht. Die während der dritten Vertragsstaatenkonferenz geführten Verhandlungen über diese Vorschläge erwiesen sich als äußerst schwierig, denn der alte Konflikt flammte erneut auf. Zu entscheiden war die Frage, unter welchen Umständen und zwischen welchen Staatengruppen der Export von recyclierbaren Abfällen als ökonomisch sinnvoll und umweltpolitisch akzeptabel gelten sollte.

Schließlich einigten sich die Vertragsstaaten der Konvention darauf, den Inhalt der Entscheidung II/12 im wesentlichen in die Konvention zu übernehmen. Dazu wurde durch eine Vertragsänderung ein neuer Artikel 4A in die Konvention eingefügt. Danach waren die Mitgliedstaaten der OECD, die EU und Liechtenstein verpflichtet, die Verbringung gefährlicher Abfälle, die nach Anlage IV A entsorgt werden sollten, in alle anderen Staaten zu verbieten. Die Verbringung gefährlicher Abfälle nach Anlage IV B, bei denen die Wiedergewinnung, Verwertung oder Rückgewinnung möglich ist, von den genannten in andere Länder wurde zum 1. Januar 1998 verboten.

Die förmliche Änderung der Baseler Konvention wird 90 Tage nach Hinterlegung der Ratifizierungsurkunden von mindestens drei Vierteln der Vertragsparteien für die ratifizierenden Länder in Kraft treten. Zusammen mit der in ihrer rechtlichen Stellung nicht ganz eindeutigen Entscheidung II/12 entfaltet das Handelsverbot jedoch eine hohe Bindungswirkung. Damit hat sich der Regelungsansatz des Regimes innerhalb weniger Jahre von der Überwachung des legalen Exports gefährlicher Abfälle zu einem weitgehend lückenlosen Verbot dieses Abfallexports aus den OECD-Ländern weiterentwickelt.

Allerdings wirft diese Entwicklung eine weitere, technische Frage auf, die insbesondere die recyclierbaren gefährlichen Abfälle betrifft. Im einzelnen festgelegt werden muß nun, welche recyclierbaren Abfälle als gefährlich einzustufen sind und damit dem Exportverbot unterliegen und welche anderen weiterhin frei gehandelt werden dürfen. Diese Aufgabe soll die Technische Arbeitsgruppe, eines der Organe des Regimes, bis zur vierten Konferenz der Vertragsparteien im Herbst 1997 leisten. Erst wenn dies in zufriedenstellender Weise gelungen ist und die Mitgliedstaaten absehen können, welche Abfälle tatsächlich von dem Exportverbot betroffen sind, wird die Ratifizierung der Vertragsänderung in Gang kommen.

4. Wirkungen des Regimes

Für die Beurteilung der Wirksamkeit des Baseler Abfallregimes ist es eigentlich noch zu früh, weil es dem Problem der Giftmülltransporte in weniger entwickelte Länder erst mit dem allgemeinen Exportverbot regulativ entgegentritt, das durch die 1995 verabschiedete Vertragsänderung eingeführt wurde. Und auch wenn das allgemeine Exportverbot wirksam wird, werden Unsicherheiten bestehen bleiben, da letztlich niemand verläßlich einzuschätzen vermag, welche Mengen gefährlicher Abfälle durch private Abfallvermittlungsfirmen illegal die Grenzen passieren.

Dennoch können bereits Aussagen über die Wirkungen des Regimes gemacht werden. So halten sich die Vertragsstaaten weitgehend an dessen Normen. Sie beachteten etwa das Rückführungsgebot der Konvention in Fällen aufgedeckter illegaler Abfallverbringungen, indem sie auf diese Weise in Nicht-OECD-Staaten gelangte Abfälle entweder zurücknahmen oder mit dem Importland eine beiderseitig befriedigende Lösung aushandelten. Bekannt gewordene Vertragsverletzungen gehen entweder auf illegale Aktivitäten Krimineller zurück oder stehen im Zusammenhang mit der technischen Komplexität der Baseler Konvention. Angesichts der ständig fortschreitenden Diskussionen in der Technischen Arbeitsgruppe können Staaten ihren Notifikationspflichten letztlich nur nachkommen, wenn sie über neue Entwicklungen ständig informiert sind. Damit die Normeinhaltung angesichts der raschen Änderungen des Normenbestandes überhaupt eingefordert werden kann, muß der institutionelle Apparat der Vertragsstaaten also ständig „mitwachsen". Gerade das aber hat sich bei Abfallverbringungen in weniger entwickelte Länder als schwierig erwiesen. Durch eine gezielte Umbenennung der Behandlungsart von „Beseitigung" in „Recycling" gelang es zunächst, die Kontroll- und Notifikationsprozeduren der Baseler Konvention und später das mit der Entscheidung I/22 empfohlene teilweise Exportverbot zu unterlaufen.

Dies veränderte den internationalen Handel mit gefährlichen Abfällen. Von den 693 geplanten Giftmülltransporten von OECD- in Nicht-OECD-Länder, die Greenpeace zwischen 1989 und März 1994 bekannt wurden, sollten die Abfälle in 556 Fällen einer Form der weiteren Nutzung zugeführt werden (Greenpeace 1994: II-2). Die weniger entwickelten Staaten reagierten auf diese Wirkung des Regimes mit der Forderung nach Einführung eines Exportverbotes, das auch recyclierbare Abfälle umfaßte und initiierten selbst Verhandlungen über regionale Abkommen, die explizit oder implizit durch die Abfalldefinition ein erweitertes Importverbot beinhalteten. Unterstützt durch national verhängte Importverbote und gepaart mit einer populären Politik vieler Regierungen gegen den internationalen Abfallhandel führte dies zu einer Verschiebung der Giftmüllströme. Während Afrika sowie Lateinamerika und die Karibik zwischen 1989 und 1991 noch wichtige Zielgebiete für Abfallexporte darstellten, sank die Bedeutung dieser Regionen ab 1991. Die Giftmüllexporte gingen nun verstärkt nach Ost- und Zentraleuropa einschließlich der baltischen Staaten sowie in den gesamten asiatischen Raum. Auf diese Regionen entfielen 1992 bereits 82 Prozent aller geplanten Giftmülltransporte von OECD-Mitgliedstaaten in andere Länder (Greenpeace 1994: II-4).

Viele der nunmehr von Importen betroffenen Länder waren jedoch keine Entwicklungsländer im Sinne der Baseler Konvention. Um dieser neuen Problematik zu begegnen, wurde das Schutzgebiet des Regimes mit der Entscheidung I/22 durch die erste Konferenz der Vertragsstaaten über den Kreis der Entwicklungsländer hinaus auf den Nicht-OECD-Raum erweitert.

Erst mit der Entscheidung II/12, den Export gefährlicher und gefährlicher recyclierbarer Abfälle außerhalb der OECD-Welt zu verbieten, und dem Beschluß von 1995, diese Regelung im Vertrag selbst zu verankern, wurde jedoch ein allgemeines Exportverbot verwirklicht. Die Auswirkungen dieser Vereinbarungen sind noch nicht absehbar. Allerdings geben sie den relevanten gesellschaftlichen Gruppen das politische Signal, daß der Handel mit gefährlichen Abfällen in Zukunft noch strengeren Einschränkungen unterliegen wird als heute. Insgesamt geben die völkerrechtlich nicht verbindlichen Beschlüsse im Rahmen des Regimes gemeinsam mit anderen Faktoren wie beispielsweise einer zunehmenden Sensibilisierung der Öffentlichkeit für dieses Thema Anlaß zu der Annahme, daß sich der legale, in Übereinstimmung mit internationalem Recht ausgeführte Export gefährlicher Abfälle aus Industrieländern in weniger entwickelte Länder deutlich verringert. Durch die völkerrechtlich verbindliche Verankerung des allgemeinen Exportverbots sollte der anzunehmende positive Trend der Verringerung der Abfallströme in weniger entwickelte Länder in Zukunft gefestigt werden. Ungelöst ist damit allerdings weiterhin das Problem der illegalen Abfallverbringungen. Inwieweit ein durch die internationale Staatengemeinschaft etabliertes Netz von Aus- und Einfuhrkontrollen auch die illegal operierenden Abfallvermittler von ihren kriminellen Machenschaften abschrecken kann, wird sich zeigen.

5. Fazit

Die Baseler Konvention über die Kontrolle des grenzüberschreitenden Handels mit gefährlichen Abfällen, die bei ihrem Abschluß 1989 von fast allen Seiten Kritik erfuhr, hat sich seither entscheidend weiterentwickelt. Nach ihrem Inkrafttreten 1992 wurde noch im selben Jahr zunächst eine Empfehlung verabschiedet, den Export gefährlicher Abfälle zur Beseitigung außerhalb der westlichen Industrieländer zu unterlassen. 1994 folgte dann der Beschluß, den Giftmüllexport zur endgültigen Beseitigung in Nicht-OECD-Länder direkt zu verbieten. Dieses Verbot wurde 1995 in die Form einer Vertragsänderung überführt, die nach Ratifikation durch die Vertragsstaaten in Kraft treten wird. Innerhalb weniger Jahre ist es so gelungen, den Regelungsansatz grundlegend zu verändern: Von einem Regime zur Kontrolle des Giftmüllhandels entwickelte sich die Baseler Konvention zu einem Instrument des grundsätzlichen Verbots der Ausfuhr gefährlicher Abfälle aus den westlichen Industrieländern.

Maßgeblich für diese Entwicklung war nicht zuletzt der Abschluß von regionalen Abkommen. Verschiedene Gruppen weniger entwickelter Länder begannen Verhandlungen über oder verabschiedeten regionale Importverbote. Die Verursacher schlossen dagegen ein regionales Abkommen über recyclierbare Abfälle ab. Beide Akteursgruppen nutzten dabei schon bestehende Foren (z.B. OAU, OECD, regionale Umweltübereinkommen). Diese regionalen Ereignisse beeinflußten den Aushandlungsprozeß zur Baseler Konvention entscheidend. Eine grundlegende Voraussetzung dafür war, daß national verhängte Importverbote und regionale Abkommen außerhalb des globalen Regimes auf der Grundlage der Informationspflichten der Vertragsstaaten (Art. 4 und 11) weltweit wahrgenommen wurden. Die nicht zuletzt durch regional und national verhängte Importverbote ausgelöste Verschiebung der internationalen Giftmüllströme führte schließlich zu einer breiten Unterstützung der Einführung eines allgemeinen Exportverbots durch alle Nicht-OECD-Länder, dem sich die OECD-Länder nicht länger verschließen konnten.

Weiterhin wurden die national und regional beschlossenen Einfuhrverbote für gefährliche Abfälle immer wieder von Greenpeace in den Verhandlungsprozeß der Baseler Konvention eingebracht. Mit einem sich vergrößernden Teil der Entwicklungsländer bildete Greenpeace eine einflußreiche Koalition, die breite öffentliche Unterstützung in den von Giftmülltransporten betroffenen Staaten fand und durch Instrumente wie die genannten Einfuhrverbote das „Gesicht" des internationalen Abfallhandels verändern konnte.

In der Folge des internationalen Regimes ist es in den vergangenen Jahren nicht nur zu einer internationalen Verschiebung der Giftmüllströme gekommen. Es ist darüber hinaus auch anzunehmen, daß sich die aus den westlichen Industrieländern exportierten Mengen verringert haben. Inwieweit dies durch das internationale Regime allein oder durch andere Faktoren wie nationale und regionale Importverbote oder die zunehmende Sensibilisierung der Öffentlichkeit für dieses Thema verursacht wurde, kann hier nicht eindeutig beantwortet werden. Auch ist das Problem des Giftmüllexports mit dem Abschluß eines allgemeinen Exportverbots noch keineswegs endgültig gelöst. Darauf weisen nicht nur immer wiederkehrende Meldungen illegaler Giftmüllverbringungen hin. Wie wirksam solchen illegalen Aktivitäten begegnet werden kann, wird nicht zuletzt von der aktiven Implementation des beschlossenen allgemeinen Exportverbots in den kommenden Jahren abhängen.

Grundlegende Literatur

Bartram, Berit/Engel, Bruno 1989: Ende des „Giftmüllkolonialismus"? Zur Baseler Konvention und ihrem Hintergrund, in: Vereinte Nationen 4, 115-121.
Grefe, Christiane/Bernstorff, Andreas 1991: Zum Beispiel Giftmüll, Göttingen.

Kummer, Katharina 1994: Transboundary Movements of Hazardous Wastes at the Interface of Environment and Trade, Geneva.
Lang, Winfried 1991: The International Waste Regime, in: Lang, Winfried/Neuhold, Hanspeter/ Zermanek, Karl (Hrsg.): Environmental Protection and International Law, London, 147-167.
Rublack, Susanne 1993: Der grenzüberschreitende Transfer von Umweltrisiken im Völkerrecht, Baden-Baden.

Weiterführende Literatur

Basel Convention on the Control of Transboundary Movements of Hazardous Wastes and their Disposal (FINAL ACT) (Hrsg. United Nations Environment Programme), 1989.
Bernstorff, Andreas 1991: Der neue Müllkolonialismus, in: Wechselwirkung 52, 24-31.
Bernstorff, Andreas/Puckett, Jim 1990: Poland: The Waste Invasion (Hrsg. Greenpeace International), Amsterdam.
Clapp, Jennifer 1994: Africa, NGOs, and the International Toxic Waste Trade, in: Journal of Environment and Development 2, 17-46.
Greenpeace 1994: Database of Known Hazardous Waste Exports from OECD to non-OECD-Countries. 1989 – March 1994, prepared for the Second Conference of Parties to the Basel Convention, Geneva, 21-25 March (Greenpeace International).
Hilz, Cristoph 1992: The International Toxic Waste Trade, New York.
Kummer, Katharina/Rummel-Bulska, Iwona 1990: The Basel Convention on the Control of Transboundary Movements of Hazardous Wastes and Their Disposal, Nairobi.
Lemke, Hans H. 1991: Umwelt in den Nord-Süd-Beziehungen. Machtzuwachs im Süden, Öko-Diktat des Nordens oder Globalisierung der Verantwortung? (Hrsg. Deutsches Institut für Entwicklungspolitik), Berlin.
OECD (Organization for Economic Cooperation and Development) 1993: Monitoring and Control of Transfrontier Movements of Hazardous Wastes, Paris.
Puckett, Jim 1992: Dumping on Our World Neighbours, in: Green Globe Yearbook 1992, Oxford, 93-106.
Puckett, Jim 1994: Disposing of the Waste Trade. Closing the Recycling Loophole, in: The Ecologist 24: 2, 53-58.
Puckett, Jim/Johnston, Paul/Stringer, Ruth 1992: When Green is not: The OECD's „Green" List as an Instrument of Hazardous Waste De-Regulation. A Critique and Scientific Review 1992 (Hrsg. Greenpeace International), Amsterdam.
Rosencranz, Armin/Eldridge, Christopher L. 1992: Hazardous Wastes: Basel after Rio, in: Environmental Policy and Law 22, 318-322.
Tolba, Mustafa K. 1990: Foreword, in: Kummer/Rummel-Bulska 1990, 3-5.
UNEP (United Nations Environment Programme) 1987: Cairo Guidelines and Principles for the Environmentally Sound Management of Hazardous Wastes, Nairobi.
Vallette, Jim/Bernstorff, Andreas 1989: Der internationale Müllhandel. Eine Bestandsaufnahme von Greenpeace ausgearbeitet für das United Nations Environment Programme (UNEP) (Hrsg. Greenpeace), Hamburg.
Vallette, Jim/Spalding, Heather 1990: The International Trade in Wastes (Hrsg. Greenpeace USA), Washington, D.C.

5. Routinemäßige Ölverschmutzung durch Tanker (OILPOL/MARPOL)

Sebastian Oberthür

Nicht durch Unfälle, sondern im Normalbetrieb haben Tanker traditionell den größten Teil zur Ölverschmutzung der See beigetragen. Nach dem Zweiten Weltkrieg machte die routinemäßige Ölverschmutzung durch Tanker insgesamt weit über die Hälfte der schiffahrtsbedingten Ölverschmutzung der See aus (vgl. Mitchell 1994a: 72). Nicht nur Fische, Meeresvögel und Strände wurden dadurch beeinträchtigt. Die andauernde Ölverschmutzung schädigt die marinen Ökosysteme möglicherweise auch langfristig und hat über die Nahrungskette Einfluß auf die menschliche Gesundheit (vgl. zum Wissensstand GESAMP 1993).

Die routinemäßige Ölverschmutzung ergab sich dabei zunächst aus den Erfordernissen des Öltransportgeschäfts: Tanker müssen auf der Leerfahrt vom Ölentlade- zum Ölladehafen einen gewissen Tiefgang haben, um seetüchtig und manövrierfähig zu sein. Deshalb nahmen sie traditionell nach dem Löschen der Ladung in etwa ein Drittel der Frachttanks Ballastwasser auf, das sich dann mit den dort zurückgebliebenen Ölresten mischte. Ein weiteres Drittel der Tanks wurde auf der Leerfahrt gereinigt, das Meer dabei als „Abfalleimer" benutzt. Indem anschließend sauberes Wasser in die gereinigten Tanks aufgenommen und das verschmutzte Ballastwasser abgelassen wurde, konnte das Schiff im Ladehafen den geforderten sauberen Ballast ablassen, wenn es neue Ladung aufnahm. Das letzte Drittel der Tanks konnte unbehandelt bleiben, wenn die folgende Fracht mit der vorhergehenden kompatibel war, oder wurde ebenfalls mit Meerwasser gereinigt. 0,3 bis 0,4% jeder Ladung eines Rohöltankers gelangten so durchschnittlich ins Meer. Im Falle von „Produktentankern", die raffinierte Ölprodukte wie etwa Benzin transportierten, waren es aufgrund der leichtflüssigeren Ladung ca. 0,1% (vgl. Kirby 1968: 202; M'Gonigle/Zacher 1979: 16-20).

Erste politische Maßnahmen und Initiativen zur Bekämpfung schiffahrtsbedingter Ölverschmutzung wurden bereits in der ersten Hälfte des 20. Jahrhunderts ergriffen. Sowohl eine 1926 in Washington ausgehandelte Konvention zur Bekämpfung der Ölverschmutzung als auch ein weiteres Übereinkommen, das 1935 im Rahmen des Völkerbundes entstand, traten allerdings nie in Kraft (vgl. Pritchard 1987: 1-70). Erst 1954 kam es zum Abschluß eines internationalen Übereinkommens, durch das das Regime zur Verhütung routinemäßiger Ölverschmutzung durch Tanker begründet wurde (1). Dieses wurde bis zur Mitte der 90er Jahre in vier Verhandlungsrunden weiterentwickelt, die die Phasen der Regimeentwicklung kennzeichnen (2) und hat erheblich dazu beigetragen, daß die routinemäßige Ölverschmutzung durch Tanker heute nur noch einen geringen Anteil an der gesamten Umweltbelastung der See hat (3).[1]

1. Das OILPOL-Übereinkommen von 1954

Nach dem Zweiten Weltkrieg ergriff Großbritannien die Initiative und lud für 1954 zu einer internationalen Konferenz über Meeresverschmutzung nach London ein. Unter dem Druck von Küstenbewohnern und Tierschützern forderte die britische Regierung, das Ablassen von Flüssigkeiten mit einem Ölgehalt von mehr als 100 ppm (parts per million) völlig zu verbieten. Die Ölabfälle der Tanker sollten statt dessen in Auffanganlagen in den Häfen entsorgt werden, mit denen Großbritannien vergleichsweise gut ausgerüstet war.

Gegen den britischen Vorschlag formierte sich 1954 alsbald eine Bremserkoalition großer Schiffahrtsnationen unter Führung der USA. Zwar befand sich ein Großteil der amerikanischen wie der britischen Tankerflotte im Besitz der großen Ölkonzerne (Exxon, Shell, BP, Mobil, Texaco, Standard Oil of California, Gulf), die als Hauptauftraggeber im Öltransportgeschäft nicht fürchten mußten, daß ihre Schiffe durch internationale Vorschriften ihre Konkurrenzfähigkeit einbüßen würden. Wie in den meisten anderen Industriestaaten mit großen Tankerflotten (unter anderem Norwegen, Griechenland) bestand aber auch in den USA kaum öffentlicher Druck. Die USA hielten folglich sogar – unabhängig vom Inhalt – den Abschluß eines internationalen Übereinkommens an sich für unangebracht.

Unterstützung fand das völlige Verbot des Ölablassens so nur bei einigen Industriestaaten ohne bedeutende Tankerflotten (unter anderem UdSSR, Australien, Deutschland), denen daraus kaum Kosten entstanden wären. Die wenigen anwesenden Entwicklungsländer – von den 32 teilnehmenden Staaten waren 22 Industrieländer – traten kaum aktiv in Erscheinung. Selbst Staaten wie Liberia und Panama, deren Tankerflotten anwuchsen, weil sie als sogenannte „Staaten mit billiger Flagge" relativ günstige Bedingungen in Form

---

1   Es wird im folgenden der relevanten Literatur darin gefolgt, die einzelnen Abkommen und ihre Überarbeitungen dadurch kenntlich zu machen, daß an die Vertragsbezeichnungen die jeweiligen Jahreszahlen angehängt werden. OILPOL 54 bezeichnet demnach das OILPOL-Übereinkommen von 1954, OILPOL 54/62 das gleiche Übereinkommen in seiner 1962 überarbeiteten Fassung. Entsprechendes gilt für OILPOL 54/62/69, MARPOL 73 und MARPOL 73/78.

niedriger Gebühren, schwacher Vorschriften und Kontrollen etc. boten, beeinflußten die Geschehnisse nicht tatkräftig.

Unter diesen Umständen waren gegen den Widerstand der großen Seefahrernationen weder das völlige Verbot des Ölablassens noch die britische Rückfallposition, 100 Meilen breite Verbotszonen vor den Küsten, durchsetzbar (vgl. insgesamt Pritchard 1987: 85-105; M'Gonigle/Zacher 1979: 85-91; Mitchell 1994a: 82-86). Durch das schließlich 1954 gegen den Willen der USA mit einfacher Mehrheit verabschiedete und von 20 Staaten unterzeichnete „Internationale Übereinkommen zur Verhütung der Verschmutzung der See durch Öl" (OILPOL, in: BGBl. 1956 II: 381) wurden deshalb nur Schutzzonen einer Breite von 50 Seemeilen vor den Küsten eingerichtet, in denen Schiffen der Vertragsstaaten das Ablassen von Rohöl in einer Konzentration über 100 ppm untersagt war. Über die Umsetzung der Vereinbarungen sollte jede Vertragspartei dem Sekretariat Bericht erstatten, das bis zur Gründung der „Zwischenstaatlichen Beratenden Seeschiffahrts-Organisation" (Intergovernmental Maritime Consultative Organization, IMCO) die britische Regierung stellte.

Während so entgegen dem postulierten Ziel die Ölverschmutzung keineswegs verhütet wurde, konnte dieses Defizit prinzipiell zu einem späteren Zeitpunkt behoben werden: Änderungen des Übereinkommens konnten auf einer Konferenz der Vertragsstaaten mit Zweidrittelmehrheit angenommen werden und traten anschließend nach Ratifikation durch zwei Drittel der Vertragsparteien in Kraft. Änderungen der Anlage des Übereinkommens, in der eine schmalere Schutzzone für die Adria sowie breitere Verbotszonen für die Nordsee, den Atlantik und die Ostküste Australiens festgeschrieben waren, konnten gar nach Vorschlag durch einen Vertragsstaat automatisch verbindlich werden, sofern kein anderer Vertragsstaat innerhalb von vier Monaten Einspruch einlegte. Dieses Verfahren wurde jedoch nie angewandt.

Indem die Teilnehmer der Konferenz von 1954 in einer von insgesamt acht Resolutionen eine Nachfolgekonferenz innerhalb von drei Jahren in Aussicht nahmen, erkannten sie weiteren Handlungsbedarf an. Die britische Regierung nahm von der Einberufung einer Nachfolgekonferenz allerdings 1957 zunächst Abstand, da OILPOL zu diesem Zeitpunkt noch nicht in Kraft war: Es wurde ein Jahr nach der erforderlichen Ratifikation durch zehn Staaten, von denen wie in Artikel 15 des Übereinkommens gefordert fünf je mindestens 500.000 Bruttoregistertonnen (BRT) Tankertonnage besaßen, am 26. Juli 1958 rechtskräftig. Damit war erstmals die Errichtung eines internationalen Regimes zur Verhütung routinemäßiger Ölverschmutzung durch Tanker gelungen, und es bestand nun eine institutionelle Grundlage für die weitere Problembearbeitung – nicht mehr, aber auch nicht weniger.

2. Regimeentwicklung: Von OILPOL zu MARPOL

2.1. OILPOL 54/62

Erst als die IMCO mit ihrer Gründung 1959 an ihrem Sitz in London die Sekretariatsfunktion von OILPOL übernommen hatte, wurde die 1954 avisierte Überarbeitung in die Wege geleitet. IMCO lud zur „International Conference on Prevention of Pollution of the Sea by Oil" nach London ein, an der vom 26. März bis zum 13. April 1962 41 zumeist industrialisierte Staaten teilnahmen. Die Entwicklungsländer spielten wiederum keine entscheidende Rolle. Großbritannien modifizierte nun seinen radikalen Vorschlag von 1954, indem es die sehr viel moderatere Forderung erhob, nur das Ölablassen durch neu gebaute Tanker über 20.000 BRT gänzlich zu verbieten. Geradezu revolutionär war ein weiterer Vorschlag zur verbesserten Durchsetzung der Vorschriften: Verdächtige Schiffe sollten über die nationalen Hoheitsgewässer hinaus inspiziert und durch nicht direkt geschädigte Hafenstaaten untersucht werden dürfen („Drittstaatenuntersuchung"). Dies hätte eine Kehrtwende gegenüber der damaligen Situation bedeutet: Bis dahin blieb die Durchsetzung der vereinbarten Vorschriften dem jeweiligen *Flaggenstaat* vorbehalten, dem Vergehen eines Schiffes lediglich angezeigt werden konnten – entweder durch einen Staat, vor dessen Küste das Schiff verkehrte (*Küstenstaat*), oder durch einen Staat, in dessen Häfen es festmachte (*Hafenstaat*; vgl., auch für das folgende, Pritchard 1987: 119-141; M'Gonigle/Zacher 1979: 91-96, 220-223).

Unterstützung fand die vorgeschlagene Kehrtwende bei einigen Staaten mit langen Küsten (z.B. Frankreich), die an den damit einhergehenden größeren Vollmachten in den küstennahen Gewässern interessiert waren. Auch die USA hatten nichts dagegen einzuwenden. Breiter Widerstand formierte sich aber erwartungsgemäß in den Reihen der Staaten mit großen (von den Ölkonzernen) unabhängigen Tankerflotten und teilweise großen Ölimporten (Norwegen, Griechenland, Italien, Japan). Diese lehnten jede Regelung ab, die zu Erschwernissen und Verteuerungen des Öltransports führen konnte. Sie fanden Unterstützung durch die unter Umweltschutzaspekten verrufenen Staaten mit billiger Flagge, die bei erweiterten Inspektionsrechten eine gezielte Benachteiligung ihrer Schiffe fürchten mußten. Ausschlaggebend war letztlich der erbitterte und kompromißlose Widerstand der sowjetischen Delegation, die sogar damit drohte, die Konferenz zu verlassen, falls dieser Eingriff in ihre Souveränitätsrechte nicht vom Tisch komme. Dies hätte den Verlust einer wichtigen Unterstützung für das völlige Verbot des Ölablassens durch neugebaute Tanker über 20.000 BRT bedeutet. Nach Diskussionen „hinter den Kulissen" wurde deshalb der Vorschlag erweiterter Durchsetzungsrechte für Küsten- und Hafenstaaten zurückgezogen.

Während so die Unterstützung der UdSSR für den modifizierten britischen Vorschlag des völligen Verbots gesichert wurde, bildete sich erneut eine breite Bremserkoalition unter der Führung der USA, die behaupteten, ein solches Verbot sei technisch nicht verläßlich zu realisieren. Bündnispartner fanden die USA wie 1954 bei den Staaten mit bedeutenden unabhängigen Tankerflotten und/oder hohen Ölimporten, in denen sich trotz steigender Ölverschmutzung kaum Betroffenheit darüber regte. Für die großen Ölimporteure bedeutete die britische Forderung eine Verteuerung des Öltransports, die unabhängigen Tankerbetreiber mußten anders als die Ölkonzerne auf einem hochkompetitiven Markt bestehen und konnten deshalb erhöhte Kosten schwerer kompensieren oder an ihre Kunden weitergeben.

Da Großbritannien wiederum von verschiedenen Industrieländern ohne große Tankerflotten unterstützt wurde, standen sich ähnliche Blöcke wie 1954 gegenüber. Weil jedoch nur Tankerneubauten über 20.000 BRT vom britischen Vorschlag betroffen waren und die Ölverschmutzung zudem infolge des steigenden Öltransport zunahm, traf das völlige Verbot des Ölablassens keineswegs auf genauso scharfe Ablehnung wie bei der vorausgegangenen Konferenz. Die Annahme des Verbotes mit der notwendigen Zweidrittelmehrheit als Bestandteil der „Änderungen des Internationalen Übereinkommens zur Verhütung der Verschmutzung der See durch Öl" in London 1962 (BGBl. 1964 II: 751-771) war trotzdem nur um den Preis einer Aufweichung der Verbotsbestimmung zu erreichen: Dem Kapitän eines Schiffes wurde ein Ermessensspielraum zugestanden, Ölreste trotz des grundsätzlichen Verbots abzulassen, wenn es „infolge besonderer Umstände unzweckmäßig oder undurchführbar" war, diese an Bord zu behalten (neuer Art. 3).

Darüber hinaus wurden für Mittelmeer, Rotes und Schwarzes Meer, Persischen Golf und Ostaustralien erweiterte Schutzzonen vereinbart. Nord- und Ostsee wurden vollständig zu Verbotszonen erklärt. Unstrittig war auch die Gewährung einer erweiterten Schutzzone von 100 Seemeilen für Küstenstaaten, die dies einforderten. Um Nichtvertragsstaaten einen Anreiz zum Beitritt zu geben, wurde allerdings explizit ein Reziprozitätselement in das Vertragswerk eingeführt. Schiffe unter der Flagge von Vertragsstaaten mußten die erweiterte 100-Meilen-Schutzzone erst beachten, wenn der entsprechende Küstenstaat Mitglied von OILPOL wurde und sich damit selbst zur Einhaltung der Verbotszonen wie auch der anderen Regelungen verpflichtet hatte.

Mit der Einführung einer zusätzlichen Möglichkeit zur Vertragsänderung wurde OILPOL zudem sehr viel stärker an die IMCO angebunden. Demnach konnte nun die IMCO-Versammlung das Vertragswerk mit Zweidrittelmehrheit ändern, wenn dies vom „Maritime Safety Committee" (MSC) der IMCO mit Zweidrittelmehrheit vorgeschlagen worden war. Alle diese Beschlüsse wurden, wie vor der Konferenz abgesprochen, zunächst von allen anwesenden Staaten gefaßt und anschließend formal von den OILPOL-Vertragsstaaten angenommen.

Neben den erwähnten institutionellen Änderungen wurde damit erstmals ein Beschluß gefaßt, der auf eine spürbare Verringerung der routinemäßigen Ölverschmutzung durch Tanker zielte. Dementsprechend nahmen die auf der

Konferenz anwesenden Staaten zwar nicht an, das Problem endgültig gelöst zu haben, waren aber zuversichtlich, einen wichtigen Schritt dahin getan zu haben (Pritchard 1987: 140-141). Weitere Schritte wurden vorerst nicht ins Auge gefaßt.

2.2 OILPOL 54/62/69

Die Beschlüsse von 1962 traten am 18. Mai 1967 für alle Mitgliedstaaten in Kraft. Die im Tanker verbleibenden Ölreste waren nun bei großen Neubauten in einen eigens zu installierenden „Sloptank" zu pumpen, mitzuführen und im Zielhafen in Auffanganlagen zu entsorgen. Bereits in der ersten Hälfte der 60er Jahre hatten allerdings die großen Ölkonzerne ein anderes, sehr viel kostengünstigeres Verfahren zur Verminderung der routinemäßigen Ölverschmutzung durch Tanker entwickelt und eingeführt. Bei diesem wurden die Ölreste im Tank belassen und die neue Ladung obenauf geladen („Load on Top", LOT; vgl. dazu Pritchard 1978: 199-212; Kirby 1968).

Durch LOT wurde die kostenträchtige Ausrüstung neuer Tanker mit speziellen Sloptanks unnötig, und eine Verringerung der routinemäßigen Ölverschmutzung um mehr als 90% war erreichbar. Allerdings war LOT nicht mit der nunmehr rechtskräftigen Vereinbarung von 1962 vereinbar: Beim Betrieb von LOT war es erforderlich, die weniger verschmutzten Teile des nach Ballastaufnahme und Tankwaschen entstehenden Öl-Wasser-Gemischs abzupumpen, wobei der 1962 festgesetzte Grenzwert für das Ablassen ölhaltiger Flüssigkeiten von 100 ppm am Ende kurzzeitig überschritten wurde.

Nachdem 1968 die Ergebnisse einer im Rahmen der IMCO eingesetzten Arbeitsgruppe zur Untersuchung von LOT eine Änderung von OILPOL nahegelegt hatten, wurde das Vertragswerk deshalb 1969 an das neue Verfahren angepaßt, ohne daß dadurch für die institutionelle Entwicklung des Regimes neue Akzente gesetzt worden wären. Das völlige Verbot des Ölablassens für neue große Tanker sowie der bisherige Grenzwert von 100 ppm Öl wurden ersatzlos gestrichen. Statt dessen durften Tanker nun nicht mehr als 60 Liter pro Meile und insgesamt nicht mehr als 1/15.000 ihrer gesamten Ladekapazität an Öl ins Meer leiten. Dadurch wurde der Betrieb von LOT legalisiert. Angesichts der augenscheinlichen Vorteile des neuen Verfahrens herrschte über die genannten Änderungen weitgehende Einigkeit in den Beratungen, die sich im mittlerweile gebildeten Unterausschuß der IMCO für Meeresverschmutzung vollzogen. Es gab einzig einige geringfügige Auseinandersetzungen darüber, ob zusätzliche Schutzmaßnahmen vorsichtshalber beibehalten werden sollten. Letztlich wurde eine generelle Schutzzone von 50 Meilen bis zur nächsten Küste vereinbart, in der nur das Einleiten von sauberem Ballastwasser erlaubt war (Art. 3.c). Die bisher gültigen Schutzzonen wurden abgeschafft, der diesbezügliche Anhang des Übereinkommens gestrichen. Gemäß dem 1962 neu eingeführten Änderungsverfahren wurden „die Änderungen des

Ölverschmutzung durch Tanker

Internationalen Übereinkommens von 1954 zur Verhütung der Verschmutzung der See durch Öl und seiner Anlagen" von 1969 (BGBl. 1978 II: 1495) vom MSC der IMCO ohne Gegenstimme vorgeschlagen und anschließend in der IMCO-Versammlung angenommen (zu den Verhandlungen M'Gonigle/ Zacher 1979: 212-216).

2.3 MARPOL 73

Obwohl durch LOT das Problem der routinemäßigen Ölverschmutzung durch Tanker weitgehend gelöst zu werden schien, wurden unmittelbar nach Annahme der Änderungen von 1969 im Rahmen der IMCO (vor allem im Unterausschuß für Meeresverschmutzung) Beratungen über eine weitere Revision des Regimes aufgenommen. Dabei ging es im Einklang mit einem um sich greifenden umfassenderen Umweltschutzdenken darum, das Regime in ein größeres Regelwerk zum Schutz der Meeresumwelt vor verschiedenen Arten der Verschmutzung von Schiffen aus einzupassen. Die Beratungen über die Ölverschmutzung wurden dennoch getrennt von anderen Themenbereichen (etwa Chemikalien) geführt und dazu genutzt, das OILPOL-Regime grundsätzlich zu überarbeiten. Sie mündeten in die vierwöchige Internationale Konferenz über Meeresverschmutzung in London Ende 1973, bei der die Entwicklungsländer erstmals die Mehrheit der 71 teilnehmenden Staaten stellten.

Die Führungsrolle übernahmen nun die USA, nach deren Vorstellungen nicht nur neue Rohöl-, sondern auch neue Produktentanker über 20.000 Tonnen Tragfähigkeit („tons deadweight", tdw, eine tdw entspricht etwa 0,5 BRT) mit separaten Ballasttanks (SBT) ausgerüstet werden sollten. Derartige Tanks mußten ein separates Pumpensystem besitzen und durften nur zur Aufnahme von Ballastwasser genutzt werden, nicht aber zur Beförderung von Öl. Dadurch sank die Ladekapazität von SBT-Tankern. Alle nicht mit SBT ausgerüsteten Tanker sollten verschärfte Betriebsstandards für das Ablassen ölhaltiger Flüssigkeiten beachten. Ein erneuter Anlauf wurde auch zur Durchsetzung erweiterter Inspektionsrechte für Hafenstaaten und des Drittstaatenuntersuchungsrechts gemacht. Zudem sollte nicht standardgemäßen, umweltgefährdenden Schiffen das Einlaufen in bzw. das Auslaufen aus Häfen untersagt werden können (Mitchell 1994a: 94-95; zum folgenden M'Gonigle/ Zacher 1979: 107-122, 206-218, 226-238). Die amerikanische Tankerflotte mußte dadurch kaum Wettbewerbsnachteile fürchten, weil sie sich zum großen Teil im Besitz der großen Ölkonzerne befand, die zusätzliche Kosten des Öltransports relativ leicht tragen konnten. Gleichzeitig hatten die amerikanischen Rohölimporte einen Tiefstand erreicht (Mitchell 1994a: 279). Die Umsetzung ihrer Vorschläge verursachte den USA selbst also keine hohen Kosten. Dagegen hatte sich der innenpolitische Druck im Gefolge des in den 60er Jahren erwachenden Umweltbewußtseins erheblich erhöht.

Nachdruck verliehen die USA ihren Vorschlägen, indem sie ankündigten, sie würden notfalls im Alleingang eine SBT-Vorschrift erlassen und diese auch auf fremdbeflaggte Schiffe anwenden. Dadurch wäre die von der Tankerindustrie geschätzte internationale Einheitlichkeit der Schiffahrtsregeln zerstört worden. Angesichts dessen zeigten sich die anderen Industrieländer nach anfänglicher Ablehnung in der Frage der SBT-Vorschrift kompromißbereit. Insbesondere die UdSSR mit ihrer relativ kleinen Tankerflotte und Großbritannien, dessen Tankerflotte von den belastbaren großen Ölkonzernen dominiert war, näherten sich der amerikanischen Position an. Das größte Hindernis auf dem Weg zu strengeren Vorschriften stellten die Staaten mit großen unabhängigen Tankerflotten und/oder hohen Ölimporten (Japan, Norwegen, Griechenland, Westeuropa) dar. Vor allem die Staaten der „Alten Welt" setzten sich zudem dagegen zur Wehr, den Produktentransport, der sich zum größten Teil in Westeuropa vollzog, in das neue Regelwerk einzubeziehen.

Entscheidend gestützt wurde der SBT-Vorschlag durch die Staaten mit billiger Flagge, die traditionell enge Beziehungen zu den USA pflegten, sowie durch die erstmals in großer Zahl anwesenden Entwicklungsländer. Letztere zeigten sich weniger an der SBT-Vorschrift als vielmehr an den erweiterten Rechten der Küsten- und Hafenstaaten interessiert, die sie im Verein damit durchzusetzen hofften. Dies sollte ein Schritt zur Verwirklichung ihres auch bei der Dritten Seerechtskonferenz der Vereinten Nationen (1973-1982) erhobenen Anspruchs sein, die Souveränitätsrechte grundsätzlich auf die küstennahen Gewässer auszuweiten. In diesem Punkt sahen sich damit die Gegner erweiterter Rechte zur Durchsetzung des Übereinkommens – weiterhin die UdSSR, die Länder mit bedeutenden unabhängigen Tankerflotten sowie die Staaten mit billiger Flagge, die in diesem Punkt anders als bei der SBT-Vorschrift zu den Bremsern zählten – einer sehr viel stärkeren und größeren Koalition gegenüber als 1962.

Das letztlich von 63 Staaten mitgetragene „Internationale Übereinkommen von 1973 zur Verhütung der Meeresverschmutzung durch Schiffe" (MARPOL 73, BGBl. 1982 II: 4) stellte vor diesem Hintergrund ein komplexes Lösungspaket da, bei dem die unterschiedlichen Interessen mit Hilfe eines zweistufigen Abstimmungsverfahrens sorgfältig ausgewogen worden waren: Der technische Ausschuß entschied zunächst mit einfacher Mehrheit, das Plenum anschließend mit Zweidrittelmehrheit. Die Akteure konnten sich bei den einzelnen Verhandlungspunkten in unterschiedlichem Maß durchsetzen, so daß mit MARPOL 73, das das OILPOL-Übereinkommen im Verhältnis seiner Mitglieder ersetzte, ein breit akzeptierter Kompromiß entstand.

Die routinemäßige Ölverschmutzung machte nur die erste von fünf Anlagen von MARPOL aus, die wie Anlage II über die Einleitung von Chemikalien bei der nationalen Ratifikation mit dem Übereinkommen angenommen werden mußte. Die Regelungen über gefährliche Stoffe (Anlage III), Schiffsabwässer (Anlage IV) und Schiffsabfälle (Anlage V) waren dagegen fakultativ. Zusätzlich wurden zwei Protokolle über die Meldung ungeplanter Schadstoffeinleitungen und über ein Schiedsverfahren vereinbart, das bis heute keine Anwendung gefunden hat.

Mit knapper Mehrheit wurden Produktentanker dem Übereinkommen unterworfen. Die schließlich vereinbarte SBT-Vorschrift für neugebaute Tanker ab einer Größe von 70.000 tdw hatte dennoch für den Produktentransport faktisch keine Bedeutung, da die hierfür verwandten Tanker zumeist kleiner sind. Auch Produktentanker mußten aber mit einem Überwachungs- und Kontrollsystem für das Einleiten von Öl sowie mit einem Ölabscheider ausgestattet werden, sobald diese Geräte verfügbar wurden. Das Mittelmeer, die Ostsee, der Persische Golf, das Rote und das Schwarze Meer wurden zu Sondergebieten erklärt, in denen das Ablassen von Öl vollständig verboten war, sofern ausreichende Auffanganlagen bereit standen. Dies sollte in einigen Fällen bis 1977, in anderen „sobald wie möglich" durch die Anrainerstaaten gewährleistet werden.

Im Bereich der Durchsetzung des Übereinkommens wurde vereinbart, umweltgefährdenden Schiffen das Einlaufen in und das Auslaufen aus einem Hafen zu untersagen. Gestattet wurden die direkte Inspektion verdächtiger Schiffe durch den Hafenstaat sowie die Drittstaatenuntersuchung von Verstößen. Wie bei sonstigen Anzeigen hatte der Flaggenstaat nach Eingang der Untersuchungsergebnisse über die eingeleiteten Schritte an IMCO und an die beteiligten Staaten Bericht zu erstatten.

Der Abschluß von MARPOL 73 kennzeichnete so (1) substantiell den Übergang von zuvor vorherrschenden Betriebs- zu nun angewandten Ausrüstungsstandards (SBT), (2) im Bereich der Rechte zur Durchsetzung eine Gewichtsverlagerung vom Flaggen- zum Hafenstaat, (3) auf grundsätzlicher Ebene den Übergang zu einem umfassenden Meeresschutz und (4) institutionell sowohl eine Stärkung der IMCO, die nun in MARPOL ein ihr eindeutig zugewiesenes erweitertes Betätigungsfeld fand, als auch die Einführung eines neuen Modells: Statt alle substantiellen Bestimmungen in den Text des Übereinkommens selbst zu integrieren wie bei OILPOL, wurden die relevanten Regelungen nun erstmals in der Anlage zum eigentlichen Vertrag niedergelegt. Für die Änderung dieser Anlagen durch die zuständigen IMCO-Gremien oder eine außerordentliche Vertragsstaatenkonferenz konnte ein vereinfachtes „Opting-out"-Verfahren Anwendung finden, wonach solche Änderungen nach sechs Monaten für alle Vertragsparteien rechtsverbindlich wurden, die keinen Einspruch einlegten. Dadurch gewann das Regime – nach Inkrafttreten von MARPOL – erheblich an Flexibilität (zur detaillierten juristischen Analyse der Konvention Timagenis 1980).

2.4 MARPOL 73/78

MARPOL erreichte in der 1973 ausgehandelten Form niemals die zum Inkrafttreten erforderliche Ratifikation durch 15 Staaten, die zusammen mindestens 50% der Welthandelsflotte repräsentierten (Art. 15). Ein entscheidender Grund dafür war, daß zusammen mit Anlage I über den Öltransport Anlage II über den Seetransport von gefährlichen Chemikalien akzeptiert werden mußte. Da Anlage II jedoch eine Verpflichtung zur Bereitstellung von kostspieligen Auffanganlagen enthielt, ratifizierten noch nicht einmal die USA als Initiator MARPOL 73 (vgl. M'Gonigle/Zacher 1979: 122; Sielen/McManus 1983: 152-153).

Als sich 1976 und 1977 eine Reihe von Tankerunglücken vor der amerikanischen Küste ereignete, ergriffen die USA die nach ihrem damaligen Präsidenten benannte „Carter-Initiative": Sie schlugen vor, *alle* Tanker über 20.000 tdw mit SBT auszustatten (vgl. auch für das folgende Sielen/McManus 1983; M'Gonigle/Zacher 1979: 126-140). In den bald beginnenden Verhandlungen konnten sie sich auf eine überraschende Allianz mit gewichtigen früheren SBT-Gegnern stützen: Mehrere westeuropäische Staaten mit großen unabhängigen Tankerflotten (z.B. Norwegen, Griechenland, Schweden) regten zusätzlich an, für die Übergangszeit bis zum Einbau von SBT normale Frachttanks ausschließlich für die Ballastwasseraufnahme zu bestimmen (Clean Ballast Tanks, CBT). Ein erheblicher Teil der Tankerflotte dieser Staaten lag nach der Ölpreiserhöhung von 1973/74 und dem nachfolgenden Einbruch des Öltransportmarktes still. Durch die Einführung von CBT/SBT konnten die entstandenen Überkapazitäten auf einen Schlag um 10-20% verringert werden. Darüber hinaus versprachen die notwendigen Umbauarbeiten und eine frühere Belebung des Tankerneubaus Aufträge für die schlecht ausgelasteten Werften (Waters et al. 1980: 152-153).

Da die Tankerflotte unter der billigen Flagge Liberias ebenfalls unter der Flaute auf dem Öltransportmarkt litt, die japanischen Werften Auftragsmangel zu beklagen hatten und die Sowjetunion im „Tauwetter" der Ost-West-Beziehungen kein Porzellan zerschlagen wollte, zeigten sich diese Staaten kompromißbereit. Die Entwicklungsländer, die in ihrer Mehrzahl erst bei der abschließenden "International Conference on Tanker Safety and Pollution Prevention" im Februar 1978 in London eingriffen, waren in erster Linie darauf bedacht, scharfe Auflagen für ihre meist älteren und kleineren Tanker abzuwenden.

So blieb nur eine Gruppe von Industrieländern unter der Führung Großbritanniens, die den amerikanischen SBT-Vorschlag entschieden ablehnte. Sie brachte als Alternative das nur beim Rohöltransport anwendbare Waschen der Tanks mit der Ladung (Crude Oil Washing, COW) in die Verhandlungen ein, das in den zurückliegenden Jahren von den großen Ölkonzernen entwickelt worden war. Die Ölverschmutzung konnte dadurch in ähnlichem Maße verringert werden wie durch SBT. Im Vergleich zu SBT war COW aber kostengünstiger, weil die notwendige Installation von Waschanlagen relativ preiswert war, kein Frachtraum verloren ging und ein großer Teil der Ölreste in den Tanks verwertbar wurde (vgl. Waters et al. 1980: 117-121, 132-147).

Letztlich waren aber auch diese Staaten kompromißbereit – nicht zuletzt, weil die USA wie schon 1973 mit einem nationalen Alleingang drohten. In zahlreichen Treffen loteten die Akteure die Verhandlungsspielräume aus und schnürten insgesamt wie 1973 ein weithin akzeptables Kompromißpaket. Dabei glichen die formalen Entscheidungsregeln zwar denen von 1973. Es wurde aber nicht jede strittige Regelung einzeln zur Abstimmung gestellt, sondern über das Kompromißpaket am Ende in seiner Gesamtheit entschieden.

Das „Protokoll von 1978 zu dem Internationalen Übereinkommen von 1973 zur Verhütung der Meeresverschmutzung durch Schiffe" (in: BGBl. 1982 II: 24) wurde so letztlich ohne Gegenstimme angenommen, 58 Staaten unterzeichneten die Schlußakte der Konferenz. Das Protokoll bildete einen integralen Bestandteil des Übereinkommens von 1973 und änderte dieses ab (zusammen: MARPOL 73/78). Alle neuen Rohöltanker über 20.000 tdw und alle neuen Produktentanker über 30.000 tdw waren danach mit separaten Ballasttanks auszurüsten. Existierende Produktentanker über 40.000 tdw mußten ab Inkrafttreten der Vereinbarung mit SBT oder mit CBT betrieben werden. Auf existierenden Rohöltankern über 40.000 tdw sollte nach Inkrafttreten CBT, SBT oder COW Anwendung finden. Vier Jahre nach Inkrafttreten erlosch dabei die CBT-Option, für Rohöltanker über 70.000 tdw bereits nach zwei Jahren. In begleitenden Resolutionen befürworteten die Vertragsstaaten ausdrücklich die Umsetzung der Beschlüsse schon vor ihrem Inkrafttreten und forderten die IMCO-Gremien auf, Richtlinien und Spezifizierungen für COW und SBT zu entwickeln (vgl. insgesamt Sielen/McManus 1983).

Um das Inkrafttreten der Beschlüsse zu erleichtern, wurde die Anwendung der ungeliebten Anlage II von MARPOL zur Regelung der Meeresverschmutzung durch Chemikalientanker zunächst für drei Jahre nach Inkrafttreten des Protokolls ausgesetzt. Die Entscheidungsbefugnis über das weitere Vorgehen in diesem Punkt übertrugen die anwesenden Staaten dem 1973 gegründeten Marine Environment Protection Committee (MEPC) der IMCO. Anlage II erlangte schließlich im April 1987 dreieinhalb Jahre nach dem verspäteten Inkrafttreten von MARPOL 73/78 im Oktober 1983 Rechtskraft.

Die Beschlüsse von 1978 hatten letztlich für die Regimeentwicklung vor allem in zweierlei Hinsicht große Bedeutung. Erstens verschoben sie den Schwerpunkt der Regelungen weiter von Betriebsstandards hin zu Ausrüstungsstandards. Zweitens wurde MARPOL verstärkt in den institutionellen Rahmen der IMCO (seit 1982: International Maritime Organization, IMO) eingebunden. Fragen der Implementation wie auch der Weiterentwicklung von MARPOL wurden in der Folge von den Regimemitgliedern in einem speziell für dieses Regime zuständigen Ausschuß, dem MEPC, beraten und entschieden.

Bis 1992 verabschiedeten die Vertragsstaaten im Konsens sieben Änderungen der Anlage I von MARPOL 1973/78 mit Bezug zur routinemäßigen Ölverschmutzung, die nach dem 1973 vereinbarten vereinfachten Verfahren in Kraft traten. Es wurden weitere Sonderzonen im Golf von Aden (1987) sowie in der Antarktis (1990) eingerichtet und technische Regelungen ausgearbeitet. Außerdem werden aufgrund eines Beschlusses von 1992 die Anforderungen für separaten Ballast in Zukunft nicht mehr in der Form von SBT zu erfüllen sein, sondern durch die Konstruktion von neu vorgeschriebenen doppelten Schiffswänden, die ansonsten dazu dienen sollen, die Auswirkungen von Tankerunfällen zu reduzieren.

3. Wirkungen

Im Bereich der Regimewirkungen sind hier insbesondere *problemrelevante Verhaltensänderungen* sowie dadurch ausgelöste *Rückwirkungen auf die Akteursinteressen* zu unterscheiden. Die Wirkungen – und folglich auch die Rückwirkungen – von OILPOL 54 blieben insgesamt sehr begrenzt. 1960 hatte das Übereinkommen 12 meist europäische Mitglieder, die rund die Hälfte der Welttankerflotte repräsentierten. In der ersten Hälfte der 60er Jahre erhöhte sich dieser Anteil mit den Beitritten der USA, Liberias, Panamas und Japans auf rund 80%. Das Übereinkommen forderte allerdings nur eine Problemverschiebung außerhalb der küstennahen Verbotszonen von 50 Meilen. Dementsprechend ließen viele Tanker, wie von den Ölkonzernen offen zugegeben, auf der Haupttransportroute vom Nahen Osten nach Nordwesteuropa nun ihre Ölreste nicht wie bisher entlang der Atlantikküsten, sondern in der Mitte des Mittelmeeres ab (vgl. Kirby 1968: 203; Sielen/McManus 1983: 144). Davon abgesehen blieb die Mißachtung der vereinbarten Verbotszonen, die, wenn etwa Tanks bei Nacht ausgewaschen wurden, kaum nachzuweisen war, durchaus üblich (vgl. Pritchard 1987: 111-113). Vergehen außerhalb der Küstengewässer führten so bis 1961 in keinem einzigen Fall zu einer Bestrafung durch den dafür zuständigen, aber keineswegs daran interessierten Flaggenstaat (Mitchell 1994a: 150). Die Ölverschmutzung der See durch routinemäßige Tankeroperationen ging somit insgesamt nicht etwa zurück, sondern verdoppelte sich bis zum Beginn der 60er Jahre in etwa parallel zum Wachstum des auf See transportierten Öls (vgl. Pritchard 1987: 119).

Dieser Trend wurde durch die Vereinbarungen von 1962 gebrochen, obwohl das vereinbarte völlige Verbot des Ölablassens für neue, größere Tanker überhaupt nicht eingehalten wurde (vgl. M'Gonigle/Zacher 1979: 99). Der Grund dafür war das oben erwähnte LOT-Verfahren: Als Folge der scheinbar durchweg positiven Effekte der Alternative LOT wurde OILPOL 54/62 schon vor seinem Inkrafttreten von den Vertragsstaaten im allgemeinen Einvernehmen stillschweigend außer Kraft gesetzt (vgl. Pritchard 1987: 141). Die Anwendung von LOT führte auch tatsächlich zu einer erheblich geringeren routinemäßigen Ölverschmutzung. Allerdings offenbarten zunächst unter Verschluß gehaltene Untersuchungen der großen Ölkonzerne zu Beginn der 70er

Jahre, daß das Verfahren nicht, wie behauptet, zu 80%, sondern allenfalls zur Hälfte effektiv angewandt wurde (vgl. Pritchard 1978: 214, 222-223; M'Gonigle/Zacher 1979: 110-111). Da sich der Öltransport auf See in den 60er Jahren erneut mehr als verdoppelte, verringerte sich die Menge des dabei routinemäßig abgelassenen Öls absolut also nicht (Oberthür 1997: Kap. 4.3).

Daß die durch LOT erzielten Effekte trotz der Mißachtung der 1962 vereinbarten Vorschriften zu großen Teilen OILPOL 54/62 zuzuschreiben sind, hat seinen Grund wiederum darin, daß die Einführung von LOT ohne die Beschlüsse von 1962 kaum zu erwarten gewesen wäre. LOT verursachte durchaus Kosten, etwa einen höheren Brennstoffverbrauch und eine höhere Arbeitsbelastung der Besatzung. Der Gewinn durch die zurückbehaltenen und damit verwertbaren Ölreste war für die unabhängigen Tankerbetreiber aufgrund der üblichen Form der Frachtverträge nicht zu realisieren und deckte auch bei den Ölkonzernen nur die unmittelbaren Kosten von LOT, etwa für notwendige Anpassungen der Raffinerien (vgl. M'Gonigle/Zacher 1979: 96-98; Waters et al. 1980: 85-89; Abecassis 1978: 12-13). Die „freiwillige" Einführung von LOT war somit indirekt den Vorschriften von 1962 geschuldet, da sie für die Tankerindustrie nur im Vergleich mit diesen Vorteile brachte: Kostspielige Installationen auf neuen großen Tankern konnten vermieden werden, weder ging wertvoller Frachtraum im zu installierenden Sloptank noch Zeit zum Löschen der Ölreste verloren. Außerdem verringerte sich nun mangels Bedarfs der Druck auf die Ölkonzerne, neue Auffanganlagen für Ölreste in den Häfen bereitzustellen (vgl. Pritchard 1978: 207-209, 216-218; 1987: 145-151).

Die somit indirekt auf das Regime zurückzuführende Einführung von LOT hatte Rückwirkungen auf die Akteursinteressen, da das Verfahren das Interesse der Tankerindustrie an niedrigen Kosten mit dem der Umweltschützer an einer wirksamen Verhütung von Ölverschmutzung weitgehend zu versöhnen schien. Als Folge änderte sich die internationale Interessenkonstellation, und es kam zu einer Rückkoppelung auf die Regimeentwicklung: Alle maßgeblichen Akteure billigten die folgende Anpassung von OILPOL, so daß die Änderungen von 1969 ohne große Auseinandersetzung vorgenommen werden konnten.

Allerdings folgte aus dieser Rückkoppelungsschleife keine weitere. Die Regimemitgliedschaft stieg zwar weiter an und repräsentierte seit dem Ende der 60er Jahre über 90% der Welttankerflotte. Durch die Änderungen des Übereinkommens von 1969 wurde aber nur das bereits praktizierte LOT-Verfahren legitimiert, ohne daß dadurch weitere Verhaltensänderungen angeregt worden wären. Ohne Verhaltenswirksamkeit konnte jedoch die Vereinbarung von 1969 nicht erneut auf die Interessensgrundlagen der Akteure zurückwirken. Immerhin verhinderte die Annäherung der internationalen Normen an das tatsächliche Verhalten den Zusammenbruch des Regimes und stellte so die Voraussetzungen für eine weitere politische Steuerung durch das Regime erst wieder her.

Daß LOT trotz der Wirkungslosigkeit von OILPOL 54/62/69 in den 70er Jahren wirksamer angewandt wurde, muß in erster Linie den beiden „Ölpreisschocks" von 1973 und 1978 zugeschrieben werden. Dadurch erhöhte sich der Wert der zuvor als Abfall ins Meer entsorgten Ölreste so erheblich, daß die Kosten von LOT zunehmend ausgeglichen werden konnten. Vor allem bei Tankern der großen Ölkonzerne, die als Eigentümer der Fracht direkt davon profitieren konnten, verbesserte sich die Situation (Mitchell 1994a: 246). Dadurch verringerte sich die routinemäßige Ölverschmutzung erstmals auch absolut: Die erzielten Fortschritte wurden aufgrund des ab Mitte der 70er Jahre stagnierenden Öltransports auf See nicht mehr durch Mengeneffekte ausgeglichen. Unter Berücksichtigung der verbesserten Anwendung von LOT dürften so in der zweiten Hälfte der 70er Jahre zwischen einer und zwei Millionen Tonnen Rohöl und Ölprodukte jährlich routinemäßig von Tankern ins Meer abgelassen worden sein (Oberthür 1995: 187). Allerdings hielt kaum ein Tanker die Betriebsstandards von 1969 vollständig ein, was nur selten entdeckt, noch seltener verfolgt und fast nie ernsthaft bestraft wurde (Dempsey 1984).

Diese positive Entwicklung wurde durch die Umsetzung von MARPOL verstärkt. Sowohl die USA als auch Japan und die europäischen Staaten nutzten in den 80er Jahren die 1973 vereinbarten erweiterten Rechte zur Hafenstaatskontrolle insbesondere zu vermehrten Inspektionen in den Häfen, die aufgrund des damit verbundenen, ausdehnbaren Zeitverlusts an sich bereits eine Sanktion darstellten. Einige Staaten machten zudem von der Möglichkeit Gebrauch, in umweltgefährdendem Zustand befindliche Schiffe in ihren Häfen festzuhalten (Mitchell 1994a: 179-180). 14 europäische Staaten koordinierten dabei ab 1982 ihre Aktivitäten unter dem Pariser „Memorandum of Understanding on Port State Control", wodurch das allgegenwärtige Problem schwacher Kontrollen aus Gründen der Hafenstaatenkonkurrenz in Europa einer Lösung zugeführt wurde. Inspektionen konnten in der Folge auf Tanker konzentriert werden, die eines Verstoßes verdächtig waren. Das europäische Beispiel machte in den 90er Jahren Schule, als ähnliche Kooperationsvereinbarungen für den lateinamerikanischen und den asiatisch-pazifischen Raum getroffen wurden (vgl. Kasoulides 1993; Plaza 1994).

Noch größere Bedeutung hatten allerdings die *Ausrüstungsstandards* von MARPOL 73/78, deren Mißachtung kaum möglich war, da schon bloßer Augenschein ausreichte, um festzustellen, ob ein Tanker mit SBT und/oder Anlagen zum Betrieb von COW ausgerüstet war. Die Vorschriften für *neue* Tanker entfalteten ihre Wirkung sogar vor dem Inkrafttreten, da für ihre Anwendung feste Daten vereinbart worden waren. Die SBT-Vorschrift von 1973 galt demnach, wenn der Bauauftrag nach 1975 erteilt, der Kiel nach Juni 1976 gelegt oder das Schiff nach 1979 ausgeliefert wurde. Die Vorschriften für neue Tanker von 1978 waren zu beachten, wenn der Bauauftrag nach dem 1. Juni 1979 erging, der Kiel nach 1979 gelegt wurde oder die Auslieferung nach dem 1. Juni 1982 stattfand. In beiden Fällen mußten die Betreiber also

Ölverschmutzung durch Tanker

fürchten, daß „neue", aber nicht standardgemäße Tanker nach dem Inkrafttreten von MARPOL nicht mehr verkehrsfähig sein würden.

Alle Ausrüstungsstandards wurden weltweit fast vollständig eingehalten (Mitchell 1994a; 1994b). Allerdings hatten die nur auf Neubauten bezogenen Regelungen von 1973 aufgrund der Flaute auf dem Welttankermarkt, die mit den Ölpreissteigerungen einsetzte, zunächst nur sehr begrenzte Folgen. Nach 1978 wurde dann bis heute die Welttankerflotte vorschriftsgemäß nahezu vollständig mit COW und/oder SBT ausgestattet (Mitchell 1994a: 267-274; Drewry 1985). Als Folge hat sich die routinemäßige Ölverschmutzung der Meere durch Tanker ganz erheblich auf unter eine halbe Million Tonnen reduziert (vgl. Oberthür 1997: Kap. 4.6). Die halboffiziellen Zahlen, die dieser Einschätzung zugrunde liegen, sind zwar auf Kritik gestoßen (Peet 1994), werden aber von wissenschaftlichen Untersuchungen der Teerkonzentrationen in Meerwasser entlang der Hauptschiffahrtsstraßen gestützt (vgl. etwa GESAMP 1993).

Diese vor allem der Ausrüstung der Welttankerflotte mit COW und SBT geschuldete umweltpolitisch insgesamt positive Entwicklung muß zu einem großen Teil dem Regime gutgeschrieben werden, da sie durch andere Faktoren nicht (vollständig) erklärt werden kann. An der Ausrüstung ihrer Tanker mit separaten Ballasttanks konnten die Betreiber wegen der damit verbundenen Konkurrenznachteile (Installationskosten und Verlust an Frachtkapazität; vgl. Drewry 1981: 19) kein unmittelbares eigenes Interesse haben. COW erbrachte zwar den Vorteil einer erhöhten Ölauslieferung. Wegen der ebenfalls erheblichen Investitionskosten war es aber nur für sehr große neue Tanker wirtschaftlich selbsttragend (vgl. Drewry 1981: 45; Waters et al. 1980: 95-102). Mit dem Absinken der Ölpreise in den 80er Jahren schwächte sich der wirtschaftliche Anreiz zum Betrieb von COW zudem ab. Kaum weiter trägt die alternative Erklärung durch eine „Umwelthegemonie" der USA (Grolin 1988). Den angekündigten einseitigen Maßnahmen der USA hätte die Tankerindustrie durch eine Umrüstung von kaum mehr als 20% der Welttankerflotte gerecht werden können. Daß andere wichtige Küsten- und Hafenstaaten den USA gefolgt wären, scheint angesichts der von ihnen vertretenen Positionen und der harten Konkurrenzsituation von Tankerbetreibern und Häfen insbesondere in Europa wenig plausibel, zumal durch solche unkoordinierten Maßnahmen die angestrebte Einheitlichkeit der Schiffahrtsregeln nicht herzustellen war. Die erzielten Fortschritte sind somit in ganz erheblichem Maße auf das internationale Regime zurückzuführen (vgl. insgesamt Mitchell 1994a; 1994b; Oberthür 1997: Kap. 4.6).

Die vom Regime ausgelöste Ausstattung von Tankern mit SBT und COW hatte zudem Rückwirkungen auf die Akteursinteressen, indem für die Tankerindustrie der Anreiz verschwand, die entsprechenden internationalen Normen wieder abzuschaffen: Sonst hätten sie ihre eigenen Investitionen in neue kostspielige Ausrüstung abschreiben müssen. Folgerichtig traten sowohl die Tankerindustrie als auch die deren Interessen vertretenden Staaten – also die

Gegner der 1973 vereinbarten SBT-Vorschrift – 1978 keineswegs für deren Abschaffung ein (für die Verhandlungen M'Gonigle/Zacher 1979). Nachdem die Ausrüstungsvorschriften von 1978 akzeptiert worden waren, gab es wiederum nie eine Initiative zu deren Aufweichung.

In einem stabilisierenden Rückkoppelungsmechanismus wurde somit die Aufrechterhaltung von MARPOL 73/78 unterstützt. Nach der Implementation der Regimevorschriften gingen die Kosten der Aufrechterhaltung des Status quo tendenziell gegen Null, und dadurch verschwand der Anreiz zur Abschaffung der bestehenden Vorschriften für die Akteure. Zugleich wurde aber auch keine Weiterentwicklung angestoßen. Angesichts des starken Rückgangs der routinemäßigen Ölemissionen von Tankern in der Folge der Umsetzung der internationalen Vorschriften war eine entscheidende Verbesserung der Umweltsituation durch weitere, kostspielige Maßnahmen nicht zu erreichen. Ohne Aussicht auf einen Umweltnutzen bestand kein Anreiz, die Verhütung der routinemäßigen Ölverschmutzung weiter voranzutreiben. Der Erfolg des Regimes machte seine dynamische Weiterentwicklung überflüssig (vgl. Oberthür 1996: 26-27).

4. Zusammenfassung

Das internationale Regime zur Verhütung routinemäßiger Ölverschmutzung durch Tanker hat sich bis heute in fünf Phasen entwickelt. Nach dem Abschluß des OILPOL-Übereinkommens von 1954 kam es 1962 und 1969 zu zwei Überarbeitungen. 1973 erhielt das Regime mit der Vereinbarung von MARPOL eine neue Grundlage, die 1978 bereits vor ihrem Inkrafttreten modifiziert wurde. Die Beratungen waren vor dem Hintergrund gezielten politischen Drucks durch typische Aushandlungstechniken des Gebens und Nehmens geprägt, mit deren Hilfe Paketlösungen geschnürt wurden. Die wissenschaftliche Konsensfindung spielte dagegen nie eine große Rolle. Dies kommt nicht zuletzt darin zum Ausdruck, daß vom Zeitpunkt der Entstehung des Regimes bis heute durchgehend kein reguläres wissenschaftliches Beratungsgremium vorhanden war.

Im Verlauf der Regimeentwicklung, die zunächst von Großbritannien, ab 1959 von der neugegründeten IMCO (später „IMO") getragen wurde, ist es bis heute zu einer erheblichen Verminderung der routinemäßigen Ölverschmutzung gekommen. Gelangten traditionell durchschnittlich 0,3 bis 0,4% der Ladung eines Rohöltanker ins Meer, so sind es heute kaum mehr als 0,01% (vgl. Oberthür 1997: Kap. 4.6). An der dafür insbesondere verantwortlichen Ausrüstung der Welttankerflotte mit SBT und COW in den 80er und 90er Jahren wie auch an der Einführung des LOT-Verfahrens in den 60er Jahren hatte das Regime entscheidenden Anteil.

Ölverschmutzung durch Tanker 97

Folgten aus der Einführung von LOT fast unmittelbar die Änderungen von 1969, so wurde das Regime in einer Rückkoppelung der Umsetzung von MARPOL 73/78 stabilisiert: Weder die Tankerindustrie noch die sie beheimatenden Staaten haben bis heute ein Interesse an der Abschwächung der international vereinbarten Schutzstandards gezeigt, da die in die Ausrüstung der Tankerflotten mit SBT und COW geflossenen Investitionen dann verloren wären. Obwohl die Regimemitglieder derzeit keine weitere Verschärfung der Regelungen anstreben, werden alte Tanker auch zukünftig allmählich durch Neubauten ersetzt werden, die den schärferen Auflagen unterliegen. Dadurch ist in den kommenden Jahren ein weiterer Rückgang der routinemäßigen Ölverschmutzung zu erwarten. Schon heute lassen Tanker betriebsbedingt weniger Öl in die Meere ab, als aus natürlichen Quellen dorthin gelangt.

Grundlegende Literatur

M'Gonigle, R. Michael/Zacher, Mark W. 1979: Pollution, Politics, and International Law. Tankers at Sea, Berkeley, Cal.
Mitchell, Ronald B. 1994a: Intentional Oil Pollution at Sea. Environmental Policy and Treaty Compliance, Cambridge, Mass.
Oberthür, Sebastian 1997: Umweltschutz durch internationale Regime. Interessen, Verhandlungsprozesse, Wirkungen, Opladen.
Sielen, Alan B./McManus, Robert J. 1983: IMCO and the Politics of Ship Pollution, in: Kay, David A./Jacobson, Harold K. (Hrsg.): Environmental Protection. The International Dimension, Totowa, N.J., 140-183.

Weiterführende Literatur

Abecassis, David W. 1978: The Law and Practice Relating to Oil Pollution from Ships, London.
Dempsey, Paul Stephen 1984: Compliance and Enforcement in International Law. Oil Pollution of the Marine Environment by Ocean Vessels, in: Northwestern Journal of International Law and Business 6, 459-561.
Drewry 1981: The Impact of New Tanker Regulations (Drewry Shipping Consultants Ltd.), London.
Drewry 1985: Tanker Regulations: Enforcement and Effects (Drewry Shipping Consultants Ltd.), London.
GESAMP 1993: Impact of Oil and Related Chemicals and Wastes on the Marine Environment, IMO/ FAO/UNESCO/WMO/WHO/IAEA/UN/UNEP Joint Group of Experts on the Scientific Aspects of Marine Pollution (GESAMP) (Reports and Studies No. 50), London.
Grolin, Jesper 1988: Environmental Hegemony, Maritime Community and the Problem of Oil Tanker Pollution, in: Michael A. Morris (Hrsg.): North-South Perspectives on Marine Policy, Boulder, Col., 13-44.
Kasoulides, George C. 1993: Port State Control and Jurisdiction. Evolution of the Port State Regime, Dordrecht.

Kirby, James H. 1968: The Clean Seas Code. A Practical Cure of Operational Pollution, in: International Conference on Oil Pollution of the Sea. 7-9 October 1968 at Rome. Report of Proceedings, Winchester o.D. (1968), 201-212.

Mankabady, Samir 1986: The International Maritime Organization. Volume I: International Shipping Rules, London.

Mitchell, Ronald B. 1994b: Regime Design Matters: Intentional Oil Pollution and Treaty Compliance, in: International Organization 48, 425-458.

Oberthür, Sebastian 1996: Die Reflexivität internationaler Regime. Erkenntnisse aus der Untersuchung von drei umweltpolitischen Problemfeldern, in: Zeitschrift für internationale Beziehungen 3, 7-44.

Peet, Gerard 1994: International Co-operation to Prevent Oil Spills at Sea: Not Quite the Success it Should Be, in: Green Globe Yearbook 1994, 41-54.

Plaza, Fernando 1994: Port State Control: Towards Global Standardization, in: IMO News 1994: 4, 13-20.

Pritchard, Sonia Zaide 1978: Load on Top. From the Sublime to the Absurd, in: Journal of Maritime Law and Commerce 9: 2, 185-224.

Silverstein, Harvey B. 1978: Superships and Nation-States. The Transnational Politics of the Intergovernmental Maritime Consultative Organization, Boulder, Col.

Timagenis, Gregiorius J. 1980: International Control of Marine Pollution, 2 Bd., New York.

Waters, William G./Heaver, Trevor D./Verrier, T. 1980: Oil Pollution from Tanker Operations. Causes, Costs, Controls, Vancouver.

6. Das internationale Regime zur zivilrechtlichen Haftung für Ölverschmutzungsschäden

Jens Kellerhoff

Mitte Februar 1996 lief der Supertanker „Sea Empress" vor der britischen Westküste auf Grund. 73.000 Tonnen Rohöl verschmutzten Küste und Meer. Die Havarie setzt eine unrühmliche Folge spektakulärer und oft ökologisch katastrophaler Schiffsunfälle fort. Solche Ölschäden sind zwar nicht die ökologisch schädlichsten Eingriffe des Menschen in die Meere; für die betroffene Küstenregion haben sie jedoch große ökonomische, ökologische und ästhetische Konsequenzen. Politisch zählen Ölunfälle daher zu den drängendsten Umweltproblemen. Als Reaktion auf derartige Katastrophen ist auf internationaler Ebene in den vergangenen 25 Jahren ein sehr flexibles System der Opferkompensation entstanden. Es besteht, stark vereinfacht, aus zwei Stufen: einer Gefährdungshaftung mit fester Höchstgrenze und dazu einer durch Entschädigungsfonds finanzierten Aufstockung. Das Ölhaftungsregime beruht auf vier Kontrakten, die eng miteinander verflochten sind; zwei von ihnen sind völkerrechtliche Konventionen, die beiden anderen private Verträge.

Die These dieses Beitrags ist, daß diese vier Verträge als *einheitliches, zweistufiges Regime* aufgefaßt werden müssen. Nur wenn man die *Zusammenarbeit* zwischen der „privaten" und der „öffentlichen" Sphäre dieses Regimes berücksichtigt, wird man der hier geschaffenen institutionellen Verflechtung gerecht, denn erst die zwischen beiden Sphären bestehende Kooperation hat zu dem heute sichtbaren Ergebnis einer flexiblen Abwicklungsagentur für Ölschadensfälle geführt. Die beiden privaten Verträge, einstmals initiiert als „fait accompli" (Gehring/Jachtenfuchs 1988: 166) mit dem Ziel der „Schadensbegrenzung", haben seitdem immer wieder das durch die Konventionen geschaffene System korrigiert und ergänzt. Zugleich öffneten sie das Regime für Neuerungen.

Im folgenden wird ein Überblick über die vier miteinander verflochtenen Verträge gegeben, die das Regime bilden. Daran schließt sich eine Skizze seiner Entwicklung seit 1978 an. Im dritten Abschnitt schließlich werden die Wirkungen des internationalen Ölhaftungsregimes analysiert.

1. Die Entstehung des Ölhaftungsregimes

1.1 Strukturelle Merkmale des Problemfeldes

Vier strukturelle Faktoren bestimmten von Beginn an die Entwicklung des Ölhaftungsregimes: das *Flaggenstaatsprinzip*, die traditionelle *Regelungsfeindlichkeit* in der Seefahrt, das Ziel der *Wettbewerbsgleichheit* und schließlich der Wunsch nach *Haftungsbeschränkung*.

Das *Flaggenstaatsprinzip* ist das Grundprinzip des internationalen Seerechts; danach übt der Staat, in dem ein Schiff angemeldet ist, grundsätzlich die Hoheitsgewalt über dieses Schiff aus[1]. Für die Regulierung unfallbedingter Ölverschmutzung hat sich dieses Prinzip jedoch als zweischneidiges Schwert erwiesen. Zwar ist die Kombination von flaggenstaatlicher Jurisdiktion und international festgesetzten Standards einer ausschließlich küstenstaatlichen Jurisdiktion überlegen. Andererseits jedoch fördert das Flaggenstaatsprinzip den Gegensatz zwischen beiden Staatengruppen, weil die negativen Folgen laxer Regelung durch die Flaggenstaaten bei den Küstenstaaten anfallen. Deshalb muß der Interessenkonflikt zwischen Flaggen- und Küstenstaaten regelmäßig neu ausbalanciert werden.

Das zweite Strukturmerkmal ist die *Regelungsfeindlichkeit* der traditionellen Seefahrtsinteressen. Jahrhundertelang vertraute der Handel vollständig auf Selbstregulierung der beiden beteiligten Interessengruppen, nämlich einerseits der Fracht- und andererseits der Reederseite. Vor allem britische Gerichte zeigten nur geringe Neigung, in die Ausbalancierung dieser gegensätzlichen Interessen einzugreifen. So ist die privatrechtliche Haftung im Seerecht lange von staatlicher Intervention nahezu frei geblieben. Deshalb wuchs der Widerstand massiv, als mit der Statuierung von Haftung für Schäden nach Ölunfällen sich nicht nur eine internationale Organisation in die privatrechtliche Haftung einschaltete, sondern darüber hinaus mit der Einbeziehung von Drittinteressen auch noch den Kreis der bisher an der Regelsetzung Beteiligten erweiterte. Trotz dieser Neuerungen hat sich jedoch der Gegensatz von Fracht- und Befördererinteressen als der zweite gewichtige, regelmäßig neu auszubalancierende Konflikt erhalten.

Staatliche Regulierung lehnt der Seehandel unter anderem ab, weil sie stets einen Eingriff in bestehende Marktstrukturen darstellt, die im Idealfall weltweite *Wettbewerbsgleichheit* garantieren. Wettbewerbsgleichheit liegt aber nicht nur im Interesse der beteiligten Handelskreise, sondern hat auch einen ökologischen Nutzen, denn unterschiedliche Sicherheitsstandards führen zu jenen hinlänglich bekannten Problemen, die der „symbolische Antichrist der Umweltbewegung, de[r] Supertanker unter Billigflagge" (Bier-

---

1 Ausführlich zum Flaggenstaatsprinzip und seinen Nachteilen für den internationalen Umweltschutz König (1990: 65-80).

mann 1995: 586), versinnbildlicht: überalterte Schiffe, schlecht ausgebildete Crews, mangelnde Aufsicht durch den Flaggenstaat. Zwar ist das Argument der Wettbewerbsgleichheit periodisch auch instrumentalisiert worden mit dem Ziel, staatliche Regelung gar nicht erst zuzulassen (M'Gonigle/Zacher 1979: 261). Das ändert jedoch nichts daran, daß ein allzu pflichtbewußtes Vorpreschen *einzelner* Staaten unter den gegebenen Umständen eher nachteilige Wirkung hätte.

Die *Haftungsbegrenzung* des Schiffseigentümers schließlich ist in der internationalen Seeschiffahrt traditionell fest verankert. Obwohl dieses Prinzip inzwischen – vor allem angesichts einer sehr viel strikteren Regelung in den Vereinigten Staaten – als Anachronismus kritisiert wird, hat das Ölhaftungsregime es trotz grundsätzlicher Einführung von Gefährdungshaftung bis heute beibehalten. Hier zeigen sich die Schwierigkeiten, statt der traditionell bestehenden Haftungsbegrenzungen eine umfassende Haftung für Drittrisiken durchzusetzen. Die alten Strukturen waren das Haupthindernis für die rasche Etablierung einer Haftungskonvention, und bis heute ist bei allen Verhandlungen die Kardinalfrage geblieben: Wie weit soll diese Haftpflicht ausgeweitet und wie sollen die Kosten zwischen den beiden wirtschaftlich belasteten Parteien aufgeteilt werden? Nachdem alle vier Verträge das zunächst nur durch einen von ihnen vorgegebene Prinzip der Gefährdungshaftung übernommen hatten, verschoben sich die rechtlichen Probleme weitgehend: Ging es einst um die Frage, *ob* überhaupt gehaftet werden sollte und, wenn ja, durch *wen*, so hat sich die Schwierigkeit heute auf die Entwicklung und Anerkennung von *Schadenstypen* und auf die Quantifizierung der Ansprüche verlagert.

1.2 Vier Verträge

Ausgangspunkt für die internationale Kooperation war der katastrophale Unfall des Tankers „Torrey Canyon" im März 1967. Angesichts einer empörten Weltöffentlichkeit und unter hohem politischen Druck setzte sich besonders Großbritannien dafür ein, durch internationale Regelungen Havarien dieses Ausmaßes künftig zu vermeiden. In diesem Zusammenhang sollte eine internationale Konvention auch die Haftung bei Ölunfällen regeln. Doch schon die Wahl des angemessenen Forums für die Ausarbeitung eines Entwurfs war umstritten; deshalb wurden sowohl in der Internationalen Seeschiffahrtsorganisation (IMCO, seit 1982 IMO), einer Sonderorganisation der Vereinten Nationen, als auch durch das Comité Maritime International (CMI), einen privaten Verein von Schiffahrtsinteressen, Entwürfe ausgearbeitet. Während der eigens gegründete Rechtsausschuß der IMCO zunächst durch die gegensätzlichen Interessen der Reeder- und der Frachtseite blockiert wurde, begann das private Forum CMI bereits mit der Ausarbeitung konkreter Vorschläge für eine künftige Konvention (hierzu und zum folgenden Gehring/Jachtenfuchs 1988: 146-159). Der IMCO-Rechtsausschuß brachte zwei alternative Modelle hervor, die die wichtigsten Streitfragen – nach dem Träger, der Berechnung und der Begrenzung der Haftung – einer zwischenstaatlichen Konferenz zur Entscheidung übertrug.

In dieser Phase wurde der CMI-Entwurf bestimmend, denn auf seiner Grundlage schlossen die Ölgesellschaften ein erstes Übereinkommen. Es konnte den noch verhandelnden Staatenvertretern just in dem Moment als Entgegenkommen der Industrie präsentiert werden, da in der IMCO noch die Frage zur Entscheidung anstand, ob ein sachlich begrenztes Ölhaftungsmodell oder eine sachlich sehr viel weitere Generalhaftung für Seeverschmutzung angestrebt werden sollte. In diesem Vertrag, dem „Tanker Owners Voluntary Agreement Concerning Liability For Oil Pollution" (TOVALOP) übernahm die *Reeder*seite freiwillig damals als weitreichend empfundene Verpflichtungen: Sie akzeptierte eine Verschuldenshaftung mit Beweislastumkehr, die jedoch durch eine Haftungshöchstsumme begrenzt und ausschließlich auf *Öl*verschmutzung beschränkt wurde (siehe den umfangreichen Überblick von Becker 1973). Grund für dieses Entgegenkommen war in erster Linie, daß die privaten Interessen angesichts des politischen Drucks wenigstens „erträgliche Bedingungen" in der Haftungsregelung sicherstellen wollten. Damit war der erste der vier Verträge geschaffen, die heute das Ölhaftungsregime bilden; TOVALOP trat im Januar 1969 in Kraft (ursprüngliche Fassung abgedruckt in ILM 1969: 497). Die zunächst von den Reedern selbst getragenen Kosten wurden bald durch ihre P&I-Versicherungen[2] übernommen.

Die IMCO lud für November 1969 zu einer zwischenstaatlichen Konferenz nach Brüssel ein, die vor allem von zwei Kontroversen beherrscht wurde. Umstritten war einerseits, ob die Reeder- oder die Frachtseite Träger der zu schaffenden Haftung sein sollte, und andererseits, ob die Haftung ihrer Form nach als Gefährdungs- oder als Verschuldenshaftung ausgestaltet werden sollte (Gehring/Jachtenfuchs 1988: 160-163). Erst ein Kompromißvorschlag legte den Streit bei; die Zivilhaftung der Reeder wurde an die Verpflichtung gekoppelt, möglichst rasch der Frachtseite eine vergleichbare Verpflichtung aufzuerlegen. Die Konferenz verabschiedete schließlich das „Internationale Übereinkommen über die zivilrechtliche Haftung für Ölverschmutzungsschäden" (BGBl. 1975 II: 305, im folgenden der englischen Abkürzung entsprechend als „CLC" zitiert). Kernpunkte der CLC waren die Übernahme der Gefährdungshaftung durch den Reeder, eine Zwangsversicherung der Ladung sowie eine Haftungsbegrenzung, deren Höhe der Versicherungsmarkt diktieren sollte (ausführlich zu den Ergebnissen der Konferenz Abecassis/ Jarashow 1985: Kap. 10).

---

2 P&I-Clubs (Protection and Indemnity Clubs) sind von den Schiffseigentümern getragene Versicherungen auf Gegenseitigkeit, deren Hauptunterschied zu „normalen" Versicherungen in der unterschiedlichen Deckungsstruktur besteht: Jeder Schiffseigentümer hat aufgrund der Gegenseitigkeitsstruktur ein (Eigen-) Interesse daran, daß die Schäden anderer Schiffseigentümer ebenfalls gering ausfallen. Siehe generell die kurze Einführung bei M'Gonigle/Zacher (1979: Appendix II).

Der in der Konferenz erzielte Kompromiß legte den Grundstein für ein weiteres, später als Fondskonvention (FC) bekanntgewordenes Übereinkommen. Die ökonomisch wichtigste Regelung war, daß den Reedern Zahlungen, die sie nach der CLC zu leisten hatten, durch einen Fonds teilweise erstattet werden sollten. In einer noch während der CLC-Konferenz eingesetzten Arbeitsgruppe waren einige wichtige Entscheidungen für die konkrete Ausgestaltung des künftigen Fonds bereits gefallen. Doch herrschte noch Unklarheit sowohl über die Trägerschaft des Fonds – sollte ein privatrechtlicher Verein oder eine internationale Organisation die täglichen Geschäfte führen? – als auch über Einzelheiten der genauen Arbeitsweise.

Die großen Ölgesellschaften wollten den von ihnen nicht betriebenen Teil der Welttankerflotte möglichst stark an der Haftung beteiligen und zugleich durch ein erneutes Entgegenkommen Einfluß auf die Delegierten der kommenden Konferenz ausüben. So schlugen sie vor, die verfügbaren Kompensationsleistungen zu erhöhen und den Kreis der ersatzfähigen Schäden zu erweitern. Vor der Schaffung der Fondskonvention griffen die Ölgesellschaften deshalb wieder zum Mittel der freiwilligen Selbstverpflichtung und verabschiedeten den „Contract Regarding an Interim Supplement to Tanker Liability for Oil Pollution" (CRISTAL, die Grundfassung in ILM 1971: 137).

Der internationale Ölhaftungsfonds wurde schließlich im Dezember 1971 dank der Vorarbeiten relativ reibungslos durch eine Konvention (BGBl. 1975 II: 320) errichtet, deren rechtliche Charakteristika das Ziel der Opferentschädigung, die enge Verzahnung mit der CLC und eine Haftungsbegrenzung des Fonds waren. Organe des Fonds sind: die einmal jährlich tagende Versammlung, die sich aus Vertretern aller Mitgliedstaaten zusammensetzt und alle wichtigen Entscheidungen der Organisation fällt; der Exekutivausschuß, bestehend aus einem Drittel der Vertreter der Mitgliedstaaten, der vor allem für die Genehmigung solcher Entschädigungsansprüche verantwortlich ist, die die Kompetenzen des Fondsdirektors übersteigen; schließlich das für die tägliche Arbeit verantwortliche Sekretariat, das vom Direktor des Fonds geleitet wird. Die Fondsbeiträge werden von allen Personen oder Firmen (zumeist großen Ölgesellschaften) erhoben, die in einem der Mitgliedstaaten des Fondsabkommens Öl beziehen, das auf dem Schiffswege eingeführt worden ist. Die Höhe der Beiträge wird jährlich neu von der Versammlung des Fonds je nach der Menge der angefallenen Entschädigungszahlungen festgelegt. Schlagwortartig läßt sich der Ölhaftungsfonds als „eine von Regierungen errichtete und von Ölinteressen finanzierte Versicherung auf Gegenseitigkeit" bezeichnen (Jacobsson 1993: 55).

Im konkreten Schadensfall verteilt sich die Haftung folgendermaßen: Auf der ersten Stufe sind der Reeder oder sein P&I-Club für den laut CLC zu zahlenden Betrag verantwortlich; diese Grenze liegt zur Zeit bei 19,6 Millionen US-$. Höhere Schäden werden aus Mitteln des Ölhaftungsfonds bestritten – hier galt bis Mitte 1996 eine Haftungsobergrenze von 84 Millionen US-$. Darüber hinausgehende Schäden werden den Opfern aus dem zwischenstaatlichen Entschädigungssystem nicht ersetzt. TOVALOP als Ergänzung zur CLC und CRISTAL als Ergänzung zur Fondskonvention sorgen jedoch für eine finanzielle „Aufstockung" der aus den Konventionen herrührenden Entschädigungssummen. Die erste Stufe des Ölhaftungsregimes besteht somit aus Ersatzleistungen nach der CLC, die durch TOVALOP finanziell aufgestockt werden. Die zweite Stufe betrifft Ersatzleistungen auf der Grundlage der Fondskonvention, die durch CRISTAL aufgestockt werden.

Drei Gründe sprechen dafür, diese vier Verträge als ein einheitliches Haftungsregime anzusehen. Erstens wird die auf der jeweiligen Stufe erhältliche Kompensation durch die beiden privaten Verträge aufgestockt, und es existiert zwischen ihnen ein periodisch angepaßter Verrechnungsmodus. Damit stellen die vier Verträge – aus der Sicht der beteiligten Industrien – ökonomisch *ein* Haftungsgesamtsystem dar. Zweitens erfüllen die beiden privaten Verträge die Funktion der geographischen Substitution, haben also den Zweck, Opfer auch in jenen Staaten zu entschädigen, die nur der CLC oder keinem der beiden internationalen Abkommen beigetreten sind. Die beiden privaten Verträge sind somit Teil einer seit Anfang der 70er Jahre verfolgten unternehmerischen Strategie, die sich durch den Übergang von der Konfrontation zur „Verzögerung durch Kooperation" auszeichnet. Schließlich spricht für die Einheitsthese auch die zwischen allen vier Verträgen bestehende einheitliche, kooperative Funktionsweise. Im Sinne eines solchen einheitlichen Abwicklungsmechanismus hat jedoch die rechts- und politikwissenschaftliche Literatur diese Verträge bisher nicht interpretiert. Entweder wurde ihr *Zusammenspiel* nicht weiter problematisiert oder aber die Verträge wurden – in einigen wenigen Arbeiten – als zwei getrennte Regime verstanden. Die Trennlinie sahen die Autoren regelmäßig zwischen den beiden zwischenstaatlichen Konventionen einerseits und den beiden privaten Verträgen andererseits. Obwohl dabei die zweistufig gestaltete Haftung häufig zum Ausdruck kommt, bleibt der Aspekt der einheitlichen Funktionsweise der privaten und zwischenstaatlichen Abkommen damit zumeist verdeckt.

2. Die Entwicklung des Ölhaftungsregimes

In der Entwicklung des Ölhaftungsregimes kann man drei Phasen unterscheiden. In jeder dieser Phasen ist das Regime enger zusammengewachsen, und die Verzahnung der Verträge untereinander hat sich entsprechend verstärkt.

2.1 Die Frühphase des Ölhaftungsregimes: 1978-1981

In der Anfangsphase, also *vor* Inkrafttreten der beiden internationalen Konventionen, stellten die beiden privaten Verträge TOVALOP und CRISTAL die einzige Quelle zivilrechtlicher Haftung für Ölverschmutzungsschäden dar. Mit dem Inkrafttreten der CLC 1976 und der Fondskonvention 1978 trat ein Prozeß des Umdenkens ein, an dessen Ende eine Neufassung der beiden privaten Verträge als Spiegelbild der beiden Konventionen stand. Dies war der wohl wichtigste Schritt auf dem Weg zu einem *gemeinsamen* Regime von öffentlichen Konventionen und privaten Verträgen. Obwohl ursprünglich als Interimsmaßnahmen geplant, wurden die beiden privaten Verträge nun zur Dauerlösung. Die Industrie hatte erkannt, daß mit ihrer Hilfe nicht nur potentielle Signatarstaaten vom Beitritt zu den zwischenstaatlichen Konventionen abgehalten werden konnten, sondern die Politik des Ölhaftungfonds auch noch beeinflußbar wurde. Wären die privaten Verträge – und mit ihnen die zusätzlich garantierten Haftungssummen – dagegen entfallen, so wäre die Gefahr einer Aufstockung der Haftungssummen der zwischenstaatlichen Konventionen gewachsen. Konkurrenz zwischen den privaten Verträgen und den internationalen Konventionen wäre also wirtschaftlich nachteilig gewesen und hätte auch rechtlich zu unabsehbaren Komplikationen führen können. So blieben die beiden privaten Verträge mit einer Doppelfunktion neben dem aus CLC und Fondskonvention bestehenden zwischenstaatlichen System erhalten. Sie leisteten Entschädigung für in solchen Teilen der Welt auftretende Ölverschmutzungsschäden, in denen die Konventionen nicht in Kraft waren. Daneben dienten sie zur Aufstockung der Haftung jenseits der Haftungsbeschränkungen der Konventionen.

Im Oktober 1978 nahm der Fonds seine Arbeit auf. Bis dahin hatten P&I-Clubs und Geschädigte Klagen stillschweigend und geschäftsmäßig durch außergerichtliche Streitbeilegung abgewickelt. Nun wandelte sich die Abwicklung von Streitfällen nach Ölunfällen, denn im Kernbereich der Fälle (CLC/FC) trat eine internationale Organisation auf. Obwohl das Ziel der Opferkompensation durch den Fonds schon relativ klar definiert war, blieb anfänglich noch völlig offen, wie es im Rahmen dieser Organisation in die Tat umgesetzt werden sollte. Der Fonds besaß zunächst nur ein geringes Know-how über die technischen Umstände großer Ölunfälle, die Abwicklung der Verhandlung mit den Parteien und die Umsetzung in Rechtsregeln. Durch eine besonders in dieser Anfangsphase sehr enge Kooperation mit der privaten International Tanker Owners Pollution Federation (ITOPF), deren Hauptaufgabe im Rahmen von TOVALOP die technische Betreuung und Schadensevaluierung nach Ölunfällen ist, sowie mit der internationalen Gruppe der P&I-Clubs konnte dieses Defizit rasch ausgeglichen werden[3]. Auf diese Weise wurden zwei für die weitere Entwicklung des Fonds und des gesamten Ölhaftungsregimes unerläßliche Voraussetzungen geschaffen: die Integration technischen Wissens in den Fonds sowie die enge Kooperation mit den P&I-

---

3 Generell zur Frühphase der Arbeit des Fonds Brown (1983), zur späteren Phase Ganten (1989). Zur Fondsfinanzierung und zu Klagemöglichkeiten gegen den Fonds auch Wu (1994: Rdn. 350-389). Zur Arbeit von ITOPF Bussek (1993: 69-72).

Clubs. In dieser Phase zeichnete sich schon ab, was später zur generellen Politik des Regimes werden sollte: kooperative statt antagonistischer Bearbeitung der Fälle. Grundsätzlich besteht nämlich das gemeinsame Interesse von Fonds und P&I-Clubs, die entstehenden Kosten so gering wie möglich zu halten.

Die zunächst informelle und nur fallweise Kooperation der beteiligten Organisationen erhielt in der Folgezeit durch den Abschluß von Kooperationsverträgen mit der internationalen Gruppe der P&I-Clubs eine festere Grundlage. Die aus der konkreten Schadensregulierung des Fonds resultierenden Entscheidungen basierten noch nicht auf einer ausgearbeiteten Rechtsdogmatik; vielmehr war jede Entscheidung ein noch relativ unausgereiftes, einzelfallbezogenes Tasten nach einer adäquaten Lösung. Erst ab Mitte der 80er Jahre entwickelte sich eine eigenständige Fondsdogmatik.

2.2 Die Wachstumsphase des Ölhaftungsregimes: 1981-1990

Bereits relativ kurze Zeit nach Inkrafttreten der Fondskonvention und der Aufnahme der Arbeit des internationalen Ölhaftungsfonds erwiesen sich die erst kurz zuvor geschlossenen Übereinkommen aus drei miteinander zusammenhängenden Gründen als mangelhaft. Zunächst waren selbst die in einer Revisionskonferenz zur CLC 1976 heraufgesetzten Haftungsgrenzen zu niedrig. Das zeigte sich bei der Havarie der *Amoco Cadiz*, die 1978 vor Frankreich gestrandet war und eine verheerende Ölverschmutzung an der Küste herbeigeführt hatte. Außerdem war durch die hohe Inflation der reale Wert der TOVALOP-Haftungshöchstgrenze stark gesunken; das hatte zu einer höheren Belastung der Frachtseite durch die stärkere Inanspruchnahme von CRISTAL geführt. Damit war das 1971 sorgsam austarierte Gleichgewicht zwischen Fracht- und Reederseite gestört worden. Schließlich hatte sich die Rolle des Ölhaftungsfonds angesichts gestiegener Kosten für Aufräumarbeiten gewandelt. Seine Ursprungsfunktion, die Entschädigung des Schiffseigentümers, konnte immer weniger erfüllt werden, denn es mußten zunehmend höhere Kompensationsleistungen an Geschädigte ausgezahlt werden. Alle drei Faktoren erhöhten den finanziellen Bedarf des zwischenstaatlichen Systems und gaben den Anstoß zur Revision der bestehenden Konventionen und Verträge.

1984 verabschiedeten die Vertragsstaaten Änderungsprotokolle zur CLC und zur Fondskonvention (BGBl. 1988 II: 707, 726), die die Konventionen in einigen wesentlichen Punkten modifizierten. Sie erweiterten den Kreis der unter der CLC ersatzfähigen Schäden um Maßnahmen vor einem Unfall, bezogen Schäden innerhalb der 200-Meilen-Wirtschaftszone ein und erhöhten die Haftungshöchstbeträge aufgrund der stark angestiegenen Kosten für die Beseitigung von Ölschäden (zum Inhalt der Revision Ganten 1985). Die Ratifikation der Protokolle durch eine ausreichende Anzahl von Staaten schei-

Haftung für Ölverschmutzungsschäden

terte jedoch. Insbesondere gelang es nicht, die USA zum Beitritt zu bewegen, deren Teilnahme implizit (vermittelt über die Mindestmenge des „beitragspflichtigen" Öls) eine Voraussetzung für das Inkrafttreten darstellte.

Auch auf Seiten der Industrie traf das Verhandlungsergebnis nicht auf ungeteilte Zustimmung. Insbesondere die Frachtseite hielt es für eine Neuauflage der bereits in der Ausgangsfassung von CLC/FC verfehlten Lastenverteilung zwischen den beiden beteiligten Industriezweigen. Nachdem ein Versuch der Frachtseite gescheitert war, TOVALOP durch ein neues privates Abkommen namens PLATO[4] zu ersetzen, wurden die privaten Verträge 1987 in anderer Weise der veränderten Lage angepaßt. Die beiden Ausgangsverträge blieben bei dieser Revision erhalten. Ein Sonderabkommen zu TOVALOP, das sogenannte TOVALOP Supplement, führte jedoch einen neuen Mechanismus zur Ausbalancierung der aus den beiden Verträgen entstehenden Lasten ein.

Immer deutlicher zeichnete sich zu dieser Zeit die gewachsene Bedeutung des Ölhaftungsfonds innerhalb des Regimes ab. Hierfür gab es zwei Gründe. Zunächst hatten die P&I-Clubs, die ITOPF als Verwalterin von TOVALOP und CRISTAL ihre bereits alltäglich praktizierte Kooperation in sogenannten „claims handling guidelines" formalisiert und dem Ölhaftungsfonds damit indirekt ein noch stärkeres Gewicht im Geflecht der Organisationen zugewiesen. Zweitens stieg die Bedeutung des Fonds aufgrund des Umstandes, daß sich die privaten Organisationen nicht gegen Rechtsentscheidungen des Fonds wehren können. Die Bedeutung einer solchen Rechtskonstruktion war wohl nicht vorhergesehen worden, weil die tragende Rolle des Ölhaftungsfonds auf den Konferenzen von 1969 und 1971 weder geplant noch erwartet worden war. Angesichts dieser faktischen Abhängigkeit mußten die Privatinteressen daher versuchen, Entscheidungen bereits im Vorfeld zu beeinflussen. Ein getrenntes Vorgehen der beteiligten Organisationen wäre in dieser Lage ein Verstoß gegen die eigenen Interessen gewesen. Damit übernahm der Ölhaftungsfonds eine Bündelungsfunktion für Klagen.

Das eigentlich Neue besteht darin, daß der Ölhaftungsfonds als internationale Organisation die Arbeitsweise der privaten Organisationen im Lauf dieser Kooperation weitgehend übernommen und innerhalb seiner Grenzen umgesetzt hat. So konnten zunächst im Sekretariat des Ölhaftungsfonds spezielle Verfahren entwickelt werden, die seinen außergewöhnlichen Steuerungsbeitrag verdecken und zugleich ein hohes Maß an Zusammenarbeit mit den privaten Organisationen erlauben. Zweitens hat die Entwicklung von Regulierungsstrukturen in Anlehnung an P&I-Praktiken dem Fonds gestattet,

---

4 PLATO war der Versuch der Ölindustrie, das aufgrund wachsender Kompensationsleistungen angestiegene Niveau der Entschädigung und die ihrer Ansicht nach inzwischen ungerechtfertigte Entlastung des Schiffseigners durch Fondsleistungen zu korrigieren (Wu 1994: Rdn. 783-787; auch Abecassis/Jarashow 1985: 12.44-12.56). Das Abkommen ist aufgrund zu geringer Unterstützung niemals in Kraft getreten.

große Erfahrung in der zügigen Behandlung und Beilegung von Klagen der Geschädigten gegen das Fondsvermögen zu sammeln. Wie die P&I-Clubs kann auch das Sekretariat des Ölhaftungsfonds mittlerweile hohe Zahlungen unbürokratisch und ohne vorherige Zustimmung des Exekutivkomitees leisten. Dadurch wurde es ihm möglich, eine eigenständig gestaltende Rolle zu spielen.

Die Umsetzung von Praktiken der Privaten in Streitbeilegungsformen des Ölhaftungsfonds ist jedoch nicht vollständig gelungen. Ein gewichtiger Unterschied zwischen dem Ölhaftungsfonds und privaten Schadensregulierern wie den P&I-Clubs besteht nämlich darin, daß der Fonds in seiner Entscheidungspraxis weitgehend konsistent bleiben muß. Die Selbstverpflichtung des Fonds steigt deshalb mit der wachsenden Zahl von Entscheidungen, die ihn als Präzedenzfälle in der weiteren Entscheidungspraxis binden. Allerdings greifen alle beteiligten Organisationen heute nahezu vollständig auf das hochspezialisierte Wissen der ITOPF zurück, um die Gegebenheiten einzelner Schadensfälle sachgerecht beurteilen und in Entscheidungsgrundlagen des Fonds „übersetzen" zu können. Dieser Prozeß der wissenschaftlich-technischen Konsensfindung und der fortwährenden Beurteilung neuer Schadensfälle nimmt somit großen Einfluß auf die Entwicklung einer eigenständigen, das Regime „weiterschreibenden" Rechtsdogmatik.

Besonders deutlich zeigte sich die zentrale Rolle des Ölhaftungsfonds in der Vorbereitung weiterer, 1992 verabschiedeter Ergänzungsprotokolle (BGBl. 1994 II: 1152, 1169) zur Modifikation der Protokolle von 1984, die wegen des Nichtbeitritts der Vereinigten Staaten nicht in Kraft getreten waren. Dabei wurden die Voraussetzungen für das Inkrafttreten gesenkt und die Haftungs- und Entschädigungsbeträge angehoben – seither liegt die Höchstsumme laut Fondskonvention bei zunächst ca. 300 Millionen DM (zu den Hintergründen Wilkinson 1993). Wichtig ist daneben, daß weitere Anpassungen bis zum Dreifachen der gültigen Höchstbeträge künftig für beide Abkommen nach einem vereinfachten Verfahren beschlossen werden können, nämlich durch eine Zweidrittelmehrheit der Vertragsstaaten mit daran gekoppelter Möglichkeit des „opting out". Daß diese Revision relativ unproblematisch war, lag zum einen daran, daß sie einen bereits erzielten Kompromiß wiederholte. Zum anderen haben aber auch die Vorarbeiten durch den Ölhaftungsfonds dazu geführt, daß die Konferenz praktisch nur noch eine andernorts längst ausgehandelte Lösung bestätigte.

2.3 Die Entwicklung seit 1990: Das Ölhaftungsregime in Bedrängnis

In den 90er Jahren zeichnet sich eine neue und bis heute weitgehend offene Entwicklung ab, die das internationale Haftungssystem unter Druck setzt. Intern sieht sich das System aufgrund einer Reihe schwerer Schadensfälle bedrängt, die neuartige Rechtsprobleme aufwerfen und zudem teilweise vor den jeweiligen Gerichten der Mitgliedstaaten verhandelt werden. Das ist für das Ölhaftungsregime problematisch, weil hierdurch potentiell neue, bisher als nicht ersatzfähig abgelehnte Klagemöglichkeiten eröffnet werden, die die Gesamtkosten des zwischenstaatlichen Systems indirekt erhöhen (zu Einzelheiten der neueren Entwicklung Renger 1994: 443-448).

Der externe Grund sind von den USA ausgehende Veränderungen, die sich indirekt als Spannungen im Ölhaftungsregime bemerkbar machen. Die Vereinigten Staaten hatten bisher bei Maßnahmen gegen Ölverschmutzung der Meere meist eine Sonderrolle eingenommen und nationale Alleingänge bevorzugt (zum Hintergrund Pritchard 1987). Der CLC waren sie nicht beigetreten; aufgrund ihres Fernbleibens waren die 1984er Protokolle zur CLC nicht in Kraft getreten. Als Reaktion auf die Havarie der „Exxon Valdez" im März 1989 wurde in den USA eine im internationalen Vergleich ausgesprochen scharfe Regelung, der „Oil Pollution Act" von 1990, erlassen. Dieser Sonderweg wirkt sich mehrfach auf das zwischenstaatliche System aus. Die abweichende Haftungsregelung in den USA verteuert nicht nur den Ölhandel mit den Vereinigten Staaten, sondern hat auch das Versicherungsrisiko drastisch erhöht. Indirekt wirkt sich die US-amerikanische Gesetzgebung schließlich im Rechtssystem dadurch aus, daß besonders in Entwicklungsländern rechtliche Hilfe von amerikanischen Anwälten wohlfeil angeboten und in Anspruch angenommen wird, was das Niveau der Forderungen auch unter dem CLC/FC-System erhöht. Jede dieser Ausweitungen führt innerhalb des Systems nicht nur zu *rechtlichen* Komplikationen bei Definition und Interpretation. Auch die *wirtschaftlichen* Spannungen zwischen Reeder- und Frachtseite leben wieder auf, sobald sich die Last zu stark auf eine der beiden Seiten verschiebt. Damit wachsen die *politischen* Spannungen innerhalb des Fondssystems.

Die Veränderungen der Kooperation zwischen privater und öffentlicher Seite werden durch zwei weitere Entwicklungen unterstrichen. Zum einen wurden in jüngerer Zeit in verschiedenen Fällen sogenannte „claims offices" eingerichtet, in denen technische Spezialisten und Versicherungsfachleute vor Ort Klagen vorsortieren und strukturieren, Konflikte erkennen und nach Möglichkeit schon im Vorfeld gütlich beilegen. Selbst wenn es sich hier wohl noch nicht um eine eigenständige Auslagerung von Kompetenz handelt, zeigt die Einrichtung einer weiteren Organisationsebene eine neue Qualität der Kooperation, die die hergebrachten Entscheidungsstrukturen zur Anpassung zwingt. Zum anderen wurde die bisher entwickelte Rechtsdogmatik des Fonds 1994 systematisiert und kodifiziert. Bei dieser Neufassung und Ergänzung ist es der Industrieseite gelungen, viele ihrer Vorstellungen zu integrieren.

Ende 1996 befindet das zwischenstaatliche System sich in einer Phase des Übergangs zu einer „erwachsenen" internationalen Institution. Zunächst wird das aus CLC und Fondskonvention bestehende zwischenstaatliche System mit dem Inkrafttreten der Protokolle von 1992 institutionell auf eine neue Basis gestellt werden. Zugleich aber laufen die beiden privaten Verträge TOVALOP und CRISTAL im Februar 1997 aus. Dennoch kann die These vom einheitlichen Ölhaftungsregime jedenfalls bis zu diesem Zeitpunkt aufrechterhalten werden, denn die seit Anfang der 70er Jahre verfolgte Strategie der Industrie, die Verantwortung für das zwischenstaatliche System langfristig in die Hände der Staatengemeinschaft zu legen, dabei aber ein „maßvolles" Entschädigungsniveau sicherzustellen, ist aufgegangen. Bei einer Revision der Fondsdogmatik im Jahre 1994 und in der Praxis der Schadensbereinigung konnten die Privaten ihre Vorstellungen so umfassend in die Entscheidungsprogramme des zwischenstaatlichen Systems einflechten, daß es ihrer direkten Beteiligung an der Schadensregulierung nicht mehr bedarf.

3. Die Wirkungen des Regimes

3.1 Die Eigenleistung des Regimes: Entwicklung einer responsiven Rechtsdogmatik

Im Laufe seines Bestehens hat der internationale Ölhaftungsfonds in insgesamt 73 Fällen Streitigkeiten erfolgreich außergerichtlich beigelegt. In zahlreichen weiteren Fällen war er anfangs mit Verhandlungen befaßt, wurde aber später nicht für Zahlungen in Anspruch genommen[5]. Anfänglich versuchte der Fonds, tastend und noch nicht an feste Rechtsprinzipien gebunden, einzelfallbezogene Kriterien der Haftung zu entwickeln. Im weiteren sah er sich dann mit der typischen Aufgabe eines Gerichts konfrontiert: Er mußte sicherstellen, daß die einmal gefällten Entscheidungen zu Präzedenzfällen wurden, aus denen Rechtsanwendungsprinzipien formuliert werden konnten. Die kooperative Schadensabwicklungspraxis der verschiedenen Organisationen ähnelt insofern der Tätigkeit spezifischer Gerichte. Es trifft daher nicht das eigentlich Neue dieses Regimes, wenn Gehring feststellt, „[d]as zwischenstaatliche Regime [sei] nicht auf die Übertragung der Rechtsanwendungsfunktion auf bestehende (gerichtliche) Institutionen *angewiesen*," (Gehring 1993: 242, Hervorhebung hinzugefügt). Entscheidend ist vielmehr, daß es aufgrund der vorherigen außergerichtlichen Einigung meist *erst gar nicht dazu kommt,* daß nationale Gerichte sich in die komplizierten Verträge und die Zusammenhänge dieses Regimes einarbeiten müßten.

Eine solche Quasigerichtsbarkeit auf internationaler Ebene zu etablieren, wirft jedoch in zweierlei Hinsicht komplizierte Rechtsquellenprobleme auf. Zunächst ist dies natürlich ein Problem des von Klägern unmittelbar in

---

5 Eine Übersicht über die Fälle, in denen der Fonds Zahlungen geleistet hat (Stand 31. Dezember 1994), finden sich in IOPCF (1994: 102-115).

Haftung für Ölverschmutzungsschäden 111

Anspruch genommenen Ölhaftungsfonds: Ob und in welchem Umfang etwa Umweltschäden, Sachschäden oder reine Vermögensschäden[6] im Rahmen dieses Regimes ersatzfähig sind, ergab sich jedenfalls nicht aus der Definition des Schadensbegriffs in den beiden Konventionen. Da gewohnheitsrechtliche Kriterien ebenfalls noch nicht entwickelt waren, stellte sich die Frage, welche der national oft sehr unterschiedlichen Regelungen für eine spezifische Rechtsfrage des Ölhaftungsfonds als Modell dienen sollte. Solche Entscheidungen mußten fallweise in der umfangreichen Regulierungstätigkeit des Fonds getroffen werden.

Zum anderen entsteht diese Schwierigkeit bei der Überprüfung einer Entscheidung des internationalen Ölhaftungsfonds vor einem nationalen Gericht. Die Fondskonvention eröffnet jedem Geschädigten den Rechtsweg zu nationalen Gerichten. Zwar kommt es meist nicht zur gerichtlichen Auseinandersetzung. Wenn sich Geschädigte jedoch nicht mit der außergerichtlichen Beilegung zufriedengeben, ist es wahrscheinlich, daß nationale Gerichte die innerhalb des Regimes entwickelte Schadensdefinition durch eine eigene ersetzen. In den 90er Jahren ist es zu verschiedenen Fällen dieser Art gekommen – meist ging es um Umweltschäden. Die internen Regeln des Ölhaftungsregimes haben seit jeher zwar den Ersatz derartiger Schäden ausgeschlossen; Entscheidungen italienischer Gerichte in zwei Prozessen haben jedoch Schadensersatz zugesprochen. Derartige Entscheidungen gefährden die Interpretationshoheit des internationalen Ölhaftungsfonds und stellen die Autonomie der hier errichteten Rechtsordnung in Frage.

3.2 Wirkungen des Regimes auf Unfallfrequenz und Sicherheitsstandards

Die Wirkungen des Regimes auf Unfallfrequenz und Sicherheitsstandards sind schwer zu beurteilen. Das spärliche statistische Material zu Ölunfällen zeigt – jedenfalls für Havarien mit einem Verlust von über 700 Tonnen Öl –

---

6 Als *Umweltschäden* werden hier Schäden an der Meeresumwelt verstanden, soweit sie in niemandes Eigentum steht. Hieran knüpfen sich dann die bei ökologischen Schäden typischen Zurechnungsprobleme (Erichsen 1993: 141-149). Diese Art von Schäden wird im Rahmen des Ölhaftungsregimes grundsätzlich nicht ersetzt. *Sachschäden* sind Beeinträchtigungen des Eigentums von Personen, z.B. die Verschmutzung von Fischerbooten; *reine Vermögensschäden* hingegen sind Schäden von Personen, die zwar keine Eigentumseinbuße, aber dennoch einen ökonomischen Nachteil aufgrund der Ölverschmutzung erlitten haben. Hierzu zählen z.B. Einkommenseinbußen örtlicher Hoteliers, die natürlich vom Tourismus abhängig sind, und der (geldwerte) „Imageverlust" örtlicher Fischfarmen (sofern nicht direkt betroffen durch Ölverschmutzung). Insbesondere diese letztgenannte Fallgruppe wirft schwierige juristische Abgrenzungsfragen auf: Kann man ein Dorf als betroffen bezeichnen (mit der Konsequenz, daß Schadensersatz gefordert werden kann), das zwar in keiner Weise durch Ölpest *tatsächlich* bedroht ist, dessen Sommergäste aber ausbleiben, weil es nach *Mediendarstellung* „im Unfallgebiet" liegt?

signifikante Unterschiede im Zeitraum 1970-1979 gegenüber den Jahren 1980-1989. Vor dem Inkrafttreten des internationalen Regimes gab es weltweit durchschnittlich 24,5 solcher Unfälle. In den 80er Jahren, als das Ölhaftungsregime voll funktionierte, fiel dieser Wert auf 8,8. Außerdem nahm die Gesamtmenge der durch Unfälle verlorenen Ladung, also nicht nur der auf Mengen über 700 Tonnen Verlust beschränkte Wert, stark ab (ITOPF 1993: 4). Dies sieht zunächst nach einem eindrucksvollen Steuerungserfolg aus.

Betrachtet man aber den Trend im Kontext, kommen weitere Faktoren ins Spiel, die nicht einfach konstant bleiben. Zunächst haben die Menge des transportierten Öls und die schwankende Zahl der Transporte einen Einfluß auf die Häufigkeit von Unfällen (ITOPF 1995: 4). Außerdem gibt es signifikante Unterschiede zwischen verschiedenen Unfallursachen bei unterschiedlichen Mengen von auslaufendem Öl. Diese unterschiedlichen Verlustmengen lassen sich auch nicht eindeutig bestimmten Schiffstypen zuordnen. Auf-Grund-Laufen etwa ist eine sehr viel häufigere Unfallursache bei Ölunfällen von über 700 Tonnen Verlust als etwa bei Unfällen unter 7 Tonnen (ITOPF 1993: 5). Der Löwenanteil der durch Schiffsunfälle verlorenen Ladung wird zudem durch wenige Großunfälle verursacht.

Um die *haftungsinduzierte* Wirkung des Regimes festzustellen, müßte man diese Daten in Beziehung setzen zur Schiffszuverlässigkeit in Abhängigkeit von Schiffseigentümern und Schiffsmanagement sowie zu den jeweils geltenden Frachtraten. Alle diese Daten wären weiterhin zu beziehen auf Daten wie Alter des Schiffes, Größe der Handelsflotte, zu der es gehört, Unfallstatistik des betroffenen Reeders usw. Außerdem sind nur wenige Informationen über die finanziellen Folgen von Unfällen veröffentlicht, da die relevanten Daten oft als Unternehmensgeheimnis behandelt werden. Falls dieses Material also überhaupt existiert, ist es jedenfalls zur Zeit nicht öffentlich zugänglich. Bisher existiert keine Studie, die auch nur einen Teil der genannten Fragen beantwortet. Inwiefern Versicherungsprämie und Fondsbeiträge zur Unfallvermeidung beitragen, oder ob nicht die gesunkene Unfallfrequenz eher das Resultat strengerer Sicherheitsvorschriften auf der Grundlage anderer internationaler Vereinbarungen und somit nicht direkt haftungsindiziert ist, muß daher offen bleiben. Die meisten bisherigen Untersuchungen beschränken sich infolgedessen auf Schätzungen und die Anwendung ökonomischer Modelle. Diese Arbeiten kommen im wesentlichen zu dem Ergebnis, daß der – bei Gefährdungshaftung modellintern üblicherweise angenommene – Anreiz für den potentiellen Schädiger, Unfallverhütung zu betreiben, im Falle des Ölhaftungsregimes *nicht* besteht (zusammenfassend Hartje 1983: 421-425; Hartje 1984: 48-52).

Nimmt man jedoch die verbesserte Schadensregulierung im Interesse der Opfer als vorrangigen Indikator für die Wirkung des Regimes, so stellt es eine bedeutende Weiterentwicklung dar: Erst durch seine Regelungen gelang es, den direkt von Unfällen Betroffenen schnell und weitgehend unbürokratisch Kompensation zu verschaffen (Brown 1983; Ganten 1989).

Außerdem hat das Regime als Modell der Interessenbündelung und -verwaltung durch eine internationale Organisation wie den Ölhaftungsfonds bereits Pate gestanden für umfangreichere Regelungsprojekte. Das wichtigste dieser Projekte ist sicher die seit vielen Jahren innerhalb der IMO verhandelte und im Mai 1996 verabschiedete umfassende Konvention über die Haftung bei unfallbedingter Einleitung gefährlicher Stoffe ins Meer, die sogenannte HNS-Konvention. Teil dieses Projekts ist es, eine dem Ölhaftungsfonds nachgebildete Steuerungsorganisation zur Abwicklung von Geschädigtenklagen einzusetzen. Die Etablierung einer weiteren gerichtsähnlichen internationalen Institution in einem wichtigen Bereich des internationalen Umweltrechts könnte so den Prozeß der internationalen Verrechtlichung weiter vorantreiben.

4. Ausblick

Das Ölhaftungsregime muß für die Zeit zwischen 1978 und 1997 als *ein gemeinsames Regime* verstanden werden. Dafür sprechen zunächst die Parallelität der rechtlichen Charakteristika der Konventionen und der privaten Verträge, die sich seit 1978 immer mehr aneinander angenähert haben. Zudem gewähren die beiden privaten Verträge dem zwischenstaatlichen System finanzielle Unterstützung bei der Opferkompensation und unterstützen damit indirekt sein Hauptanliegen. Außerdem ziehen die Beteiligten im Kernbereich der CLC am selben Strang. Bei diesem privat-öffentlichen Zusammenwirken steht der Ölhaftungsfonds im Mittelpunkt. Verstünde man das System als zwei getrennte Regime, ließe man somit einen wichtigen Aspekt außer acht: In der alltäglichen Arbeit stimmen die beteiligten Personen die Anwendung der verschiedenen Verträge genau ab. Für die These *eines* Regimes spricht aber schließlich vor allem, daß jedenfalls zur Zeit sowohl die hinter den privaten Verträgen stehenden Interessen wie die allgemeine Fondspolitik *einmütig* darauf gerichtet sind, bestimmte rechtliche Entwicklungen nicht in das bestehende System eindringen zu lassen. So sollen insbesondere „Exzesse" wie unsubstantiierte Klagen aufgrund reiner Vermögensschäden oder die Ersatzfähigkeit ökologischer Schäden (die in beiden Fällen weitgehend als ein Resultat des Einflusses des amerikanischen Rechtssystems angesehen werden) vermieden und aus dem zwischenstaatlichen System herausgehalten werden. Die mit Hilfe der beiden privaten Verträge praktizierte Taktik des „Verzögerns durch Entgegenkommen" ist dafür ein probates Mittel. Ein wichtiges Resultat des Regimes ist weiterhin eine entwickelte Rechtsdogmatik, die gegenüber dem ursprünglich vorgesehenen Klageweg den Vorzug hat, das Interpretationsmonopol an das Regime zu binden.

Angesichts dieser inzwischen relativ gefestigten institutionellen Formen scheint es, daß das Ölhaftungsregime den Weg, der durch die Entschädigungstätigkeit der fast zwanzig Jahre seiner Existenz vorgezeichnet ist, fortsetzen wird. Sicher ist, daß die enge Kooperation mit den P&I-Clubs – und damit die Beteiligung der privaten Interessen – für die jetzige Arbeit des Regimes essentiell ist. Wie sich diese Kooperation entwickeln wird, sobald die bisher von den P&I-Clubs getragene Reederhaftung aus TOVALOP entfällt, ist indes ungewiß. Der Rückzug aus dem Regime dürfte der Industrie leicht gefallen sein: Immerhin verbindet sie mit der inzwischen relativ ausgearbeiteten und in ihrem Sinne gestalteten Rechtsdogmatik des Ölhaftungsfonds die Hoffnung, daß die bestehende Entscheidungspraxis berechenbar bleibt. Abzuwarten bleibt jedoch, ob diese Hoffnung trägt oder trügt. Angesichts eines gestiegenen Umweltbewußteins und der gewachsenen Gefahren großer Havarien ist es wahrscheinlich, daß erneute Ölkatastrophen nicht nur zur weiteren Erhöhung der allgemeinen Schiffssicherheitsbestimmungen, sondern auch zu Verschärfungen der Haftungsbestimmungen führen werden.

Grundlegende Literatur

Bussek, Axel 1993: Haftung, Strafe und besondere Pflichten durch nationale und internationale Verantwortungsregelungen, Baden-Baden.
Ganten, Reinhard 1989: Die Regulierungspraxis des internationalen Ölschadensfonds; in: Versicherungsrecht 40, 329-334.
Rue, Colin de la (Hrsg.) 1993: Liability for Damage to the Marine Environment, London.

Weiterführende Literatur

Abecassis, D. W./Jarashow, R. L. 1985: Oil Pollution from Ships, 2. Aufl., London.
Becker, Gordon L. 1973: A Short Cruise on the Good Ships TOVALOP and CRISTAL, in: Journal of Maritime Law and Commerce 5, 609-632.
Biermann, Frank 1995: Seerecht und Umweltverschmutzung. Dimensionen eines vernachlässigten Umweltproblems, in: Blätter für deutsche und internationale Politik, 585-594.
Brown, E. D. 1983: The International Oil Pollution Compensation Fund: An Analytical Report on Fund Practice; in: Oil and Petrochemical Pollution 1, 269-284.
Erichsen, Sven 1993: Der ökologische Schaden im internationalen Umwelthaftungsrecht. Völkerrecht und Rechtsvergleichung, Frankfurt a.M.
Ganten, Reinhard H. 1985: Oil Pollution Liability. Amendments Adopted to Civil Liability and Fund Conventions; in: Oil and Petrochemical Pollution 2, 93-107.
Gehring, Thomas 1993: Haftung für Umweltschäden infolge des Seetransports von Öl. Ein Fall transnationaler Verregelung; in: Wolf, Klaus Dieter (Hrsg.): Internationale Verrechtlichung, Jahresschrift für Rechtspolitologie, Band 7, Pfaffenweiler, 227-247.

Gehring, Thomas/Jachtenfuchs, Markus 1988: Haftung und Umwelt: Interessenkonflikte im internationalen Weltraum-, Atom- und Seerecht, Frankfurt a.M.
Gourlay, Ken A. 1991: Mord am Meer. Bestandsaufnahme der globalen Zerstörung, München.
Hartje, Volkmar J. 1983: Theorie und Politik der Meeresnutzung. Eine ökonomisch-institutionelle Analyse, Frankfurt a.M.
Hartje, Volkmar J. 1984: Oil Pollution Caused by Tanker Accidents: Liability versus Regulation, in: Natural Resources Journal 24, 41-60.
IOPCF (International Oil Pollution Compensation Fund) 1994: Annual Report, London.
ITOPF 1993: Ocean Orbit. Newsletter of the International Tanker Owners Pollution Federation Ltd., April 1993.
ITOPF 1995: Ocean Orbit. Newsletter of the International Tanker Owners Pollution Federation Ltd., May 1995.
Jacobsson, Måns 1993: The International Conventions on Liability and Compensation for Oil Pollution Damage and the Activities of the International Oil Pollution Compensation Fund, in: Rue, Colin de la (Hrsg.): Liability for Damage to the Marine Environment, London, 39-55.
König, Doris 1990: Durchsetzung internationaler Bestands- und Umweltschutzvorschriften auf hoher See im Interesse der Staatengemeinschaft, Berlin.
M'Gonigle, R. Michael/Zacher, Mark W. 1979: Pollution, Politics, and International Law. Tankers at Sea, Berkeley.
Pritchard, Sonia Zaide 1987: Oil Pollution Control, London.
Renger, Reinhard 1994: Zur Haftung und Entschädigung bei Gefahrgut- und Ölverschmutzungsschäden auf See, in: Hübner, Ulrich u.a. (Hrsg.): Recht und Ökonomie der Versicherung; Festschrift für Egon Lorenz, Karlsruhe, 433-448.
Wilkinson, David 1993: Moving the Boundaries of Compensable Environmental Damage Caused by Marine Oil Spills: The Effect of two New International Protocols, in: Journal of Environmental Law 5, 71-90.
Wu, Chao 1994: La pollution du fait du transport maritime des hydrocarbures. Responsabilité et indemnisation des dommages, Paris.

7. Abfallentsorgung auf See: Die Londoner Konvention von 1972

Doris König

Internationale Übereinkommen zur Verhütung der Meeresverschmutzung regelten in den 50er und 60er Jahren zunächst nur die Verschmutzung des Meeres durch das absichtliche Einleiten oder unfallbedingte Auslaufen von Öl (vgl. Oberthür, Kellerhoff, in diesem Band). Die schon seit Jahrzehnten gebräuchliche Beseitigung von Abfällen jeglicher Art auf See erregte dagegen erst Ende der 60er Jahre die Aufmerksamkeit der Öffentlichkeit. Angesichts der begrenzten Fähigkeit des Meeres, Abfälle aufzunehmen und Schadstoffe abzubauen, entschloß sich eine Reihe von Staaten, ein internationales Abkommen zur Regelung der Abfallbeseitigung auf See (Dumping) auszuhandeln. Am 29. Dezember 1972 wurde das „Übereinkommen über die Verhütung der Meeresverschmutzung durch das Einbringen von Abfällen und anderen Stoffen" (im folgenden: Londoner Konvention, BGBl. 1977 II: 180) zur Zeichnung aufgelegt. Es trat am 30. August 1975 in Kraft. Zur Zeit gehören ihm 74 Vertragsparteien an, von denen etwa die Hälfte Entwicklungsländer sind (Stand Ende 1995).

1. Regimeentstehung

1.1 Dumping als Quelle der Meeresverschmutzung

Die Abfallbeseitigung auf See trägt nur mit etwa 10% zur gesamten Meeresverschmutzung bei, während nahezu 80% auf landseitige Verschmutzungsquellen und die restlichen 10% auf die routinemäßige Ölverschmutzung durch Schiffe zurückzuführen sind (IMO-Bericht 1991: 44). Zu den wichtigsten Stoffen, die auf See entsorgt werden, zählen Baggergut,[1] industrielle Abfälle,[2]

---

[1] Baggergut macht 80-90% aller auf See beseitigten Stoffe aus; ca. 10% des Baggerguts sind schwer kontaminiert, z.B. durch Schwermetalle, Ölrückstände, Pestizide und Nährstoffe wie Stickstoff und Phosphor.

[2] Dazu zählen z.B. Säuren, Laugen, Rückstände aus der Rauchgasentschwefelung, Kohlenasche, Metallschrott und Abfälle aus der industriellen Fischverarbeitung.

Klärschlämme und radioaktive Abfälle[3]. Die Versenkung oder Verklappung dieser Stoffe führt zu einer Reihe von Problemen. So kann es durch die übermäßige Zufuhr von Nährstoffen zu einem „Absterben des Meeres" kommen. Darüber hinaus können Vergiftungen der Meeresorganismen im Wege der Bioakkumulation in der Nahrungskette auch Gesundheitsschäden beim Menschen hervorrufen. Und schließlich ist es möglich, daß Nutzungskonflikte entstehen, insbesondere im Hinblick auf die Fischerei und marine Freizeitaktivitäten (IMO-Bericht 1991: 61).

Die Gründe für die zunehmende Abfallbeseitigung auf See waren vielfältig. Erstens betrachteten viele Menschen die Ozeane als bequeme, unbegrenzt aufnahmefähige Müllhalde. Zweitens hatte die Entsorgung an Land angesichts des Wachstums von Müllbergen, aber auch von industriellen und nuklearen Abfallprodukten zunehmend mit Kapazitätsproblemen zu kämpfen. Drittens war die Beseitigung auf See die kostengünstigste Entsorgungsalternative. Und viertens waren die schädlichen Auswirkungen der Abfallentsorgung auf See in der Öffentlichkeit weniger sichtbar, so daß diese Art der Abfallbeseitigung zunächst weniger Widerspruch hervorrief als die Entsorgung an Land (Kindt 1986: 1087).

Dennoch protestierten bereits in den 60er Jahren Umweltschutzgruppen gegen das durch die Versenkung von Baggergut und Klärschlämmen verursachte „Absterben" der New Yorker Bucht. In Reaktion darauf beauftragte der amerikanische Präsident Nixon 1969 den „Council on Environmental Quality" mit der Erarbeitung eines Berichts zu den Risiken des Dumping (Letalik 1981: 218; Kindt 1986: 1110). Dieser empfahl in seinem Bericht von 1970 den Abschluß eines völkerrechtlichen Vertrages, um das Problem auf internationaler Ebene einheitlich zu regeln. Daraufhin ergriff die US-Regierung im Rahmen des Vorbereitungsprozesses für die 1972 in Stockholm stattfindende Konferenz der Vereinten Nationen über die menschliche Umwelt die Initiative zur Aushandlung eines internationalen Dumping-Abkommens.

1.2 Die Vertragsverhandlungen

Im Juni 1971 legten die USA bei dem ersten Treffen der „Zwischenstaatlichen Arbeitsgruppe über die Meeresverschmutzung" („Intergovernmental Working Group on Marine Pollution", IWGMP), die die Stockholmer Konferenz vorbereitete, den Entwurf für ein globales Übereinkommen vor. Die amerikanische Regierung verfolgte dabei das Ziel, auf der Stockholmer Umweltschutzkonferenz schnell zu einem konkreten Verhandlungserfolg zu gelangen, um den Protesten von Umweltschützern die Grund-

---

3 Dazu zählen z.B. Abfälle und gebrauchte Arbeitskleidung aus Krankenhäusern oder Forschungszentren sowie Abfälle aus Atomkraftwerken und militärischen Einrichtungen.

lage zu entziehen. Vermutlich wollte sie auch einem kurz zuvor präsentierten norwegischen Entwurf für eine Regionalkonvention entgegenwirken, der ein Dumpingverbot für bestimmte Substanzen vorsah.

Diese Anstrengungen zur Errichtung eines regional auf die Nordsee und den Nordostatlantik begrenzten Regimes führten noch vor dem Ende der Verhandlungen über ein weltweites Abkommen zum Abschluß einer Konvention. Die norwegische Regierung ergriff die Initiative und lud eine Reihe europäischer Staaten, darunter alle Anrainerstaaten der Nordsee, nach Oslo ein, um eine regionale Konvention zur Regelung der Abfallbeseitigung auf See auszuhandeln. Diese Initiative war eine Reaktion auf den Bau eines britischen Spezialschiffes, das Abfälle aus britischen Fabriken auf der Nordsee entsorgen sollte, sowie auf die Absicht der niederländischen Regierung, 600 Tonnen giftiger Abfälle in der Nordsee oder im Atlantik zu versenken (Timagenis 1980: 124; Letalik 1981: 219). Die im Oktober 1971 in Oslo abgehaltene Regierungskonferenz führte zum Abschluß des „Übereinkommens zur Verhütung der Meeresverschmutzung durch das Einbringen durch Schiffe und Luftfahrzeuge" (im folgenden: Osloer Konvention, BGBl. 1977 II: 165), das am 15. Februar 1972 unterzeichnet wurde. Es gliedert sich in den eigentlichen Vertragstext und 3 Anlagen, die erstmals das sogenannte Listensystem enthalten. In einer „Schwarzen Liste" sind die Stoffe aufgeführt, deren Entsorgung auf See verboten ist, und in einer „Grauen Liste" sind gefährliche Stoffe enthalten, die nur mit einer besonderen Erlaubnis auf See beseitigt werden dürfen.

Dieser Regelungsansatz, d.h. die Zweiteilung in Vertragstext und Anlagen sowie das Listenprinzip, sollte für die weltweiten Verhandlungen über ein Abkommen zur Verhütung der Abfallentsorgung auf See Vorbildfunktion erhalten. Der oben erwähnte amerikanische Entwurf wurde nämlich von einigen Staaten heftig kritisiert und vom kanadischen Delegierten sogar als „eine Lizenz zum Verschmutzen" bezeichnet, weil er den nationalen Verwaltungen einen weiten Ermessensspielraum bei der Genehmigung des Dumping beließ. Deshalb legte Norwegen auf der zweiten Sitzung der IWGMP im November 1971 Änderungsvorschläge vor, die auf der zwischenzeitlich in Oslo ausgehandelten Regionalkonvention basierten und entscheidenden Einfluß auf das letztlich erzielte Verhandlungsergebnis hatten.

Auf Empfehlung der Stockholmer Konferenz vom Juni 1972 berief schließlich die britische Regierung eine Staatenkonferenz ein, die vom 30. Oktober bis zum 13. November 1972 in London abgehalten wurde und zur Verabschiedung der Londoner Konvention führte. An dieser Konferenz nahmen Vertreter aus 82 Staaten sowie Beobachter verschiedener internationaler Organisationen teil.

Bei den hier geführten Verhandlungen waren insbesondere zwei Konflikte zu bearbeiten: Der erste entwickelte sich innerhalb der Gruppe der Industriestaaten und betraf den Regelungsansatz, auf dem das Abkommen beruhen sollte. Während die skandinavischen Staaten und Kanada das Dumping von Abfällen grundsätzlich verbieten und nur in Ausnahmefällen zulassen wollten, beabsichtigten z.B. die USA, Großbritannien, Frankreich und Deutschland, sich die Entsorgung von Abfällen auf See als reguläre Option der Abfallbeseitigung zu erhalten und sie lediglich bestimmten internationalen Mindeststandards zu unterwerfen. Die zuletzt genannten Staaten konnten sich weitgehend durchsetzen. Der zweite Konflikt entwickelte sich zwischen den Industriestaaten und den Entwicklungsländern. Diese forderten für sich mit Rücksicht auf ihren Entwicklungsstand weniger strenge Anforderungen bei der Beschränkung des Dumping. Außerdem beanspruchten sie mit Blick auf die 1973 beginnenden Verhandlungen der Dritten UN-Seerechtskonferenz Regelungs- und Durchsetzungskompetenzen in einer weit über die Territorialgewässer[4] hinausgehenden Zone. Es gelang ihnen, die allgemeine Verpflichtung der Vertragsparteien zur Verhütung der Meeresverschmutzung durch Dumping unter den Vorbehalt „ihrer jeweiligen wissenschaftlichen, technischen und wirtschaftlichen Möglichkeiten" zu stellen (Art. II). In bezug auf die Reichweite der küstenstaatlichen Kompetenzen einigte man sich darauf, diese Frage bis zu einer Regelung im zukünftigen Seerechtsübereinkommen offen zu lassen (Timagenis 1980: 187-188). Nach den 14-tägigen Verhandlungen wurde der Konventionstext einschließlich der drei Anlagen schließlich im Konsens angenommen.

1.3 Das Vertragssystem

1.3.1 Grundsätze und Verpflichtungen der Vertragsstaaten

Da der Londoner Konvention die Entscheidung zugrunde liegt, daß Dumping bei Erfüllung bestimmter Voraussetzungen grundsätzlich zulässig ist, enthält sie unter Verweis auf die Anlagen I bis III Regelungen für die Genehmigung der Abfallentsorgung auf See (Art. IV). Die Aufgabe, die Genehmigungen zu erteilen, ihre Einhaltung zu überwachen und Verstöße zu ahnden, kommt ausschließlich den nationalen Verwaltungen der Vertragsstaaten zu, die entsprechende Behörden einrichten müssen (Art. VI). Der Anwendungsbereich der Konvention erstreckt sich auf alle Seegebiete mit Ausnahme der inneren Gewässer[5] (Art. III Ziff. 3). Während das globale Abkommen die Mindeststandards setzt, werden die Vertragsstaaten aufgefordert, unter seinem Dach re-

---

4   Die Territorialgewässer (anderer Ausdruck: Küstenmeer) sind Teil des Hoheitsgebietes des Küstenstaates; die Schiffe anderer Staaten haben in ihnen ein Recht auf friedliche Durchfahrt. Ihre Breite war jahrzehntelang umstritten. In den 70er Jahren hatten viele Staaten noch Territorialgewässer von 3 Seemeilen Breite. Inzwischen haben die meisten Staaten ihr Küstenmeer auf 12 Seemeilen Breite ausgedehnt.
5   Die inneren Gewässer sind die landwärts von der sogenannter Basislinie, von der aus sich seewärts die Territorialgewässer erstrecken, gelegenen Gewässer. Zu ihnen zählen insbesondere Häfen, Buchten, Fjorde und Flußdeltas.

gionale Übereinkommen zu schließen, die charakteristische regionale Besonderheiten berücksichtigen (Art. VIII). Zudem steht es den einzelnen Staaten frei, das Dumping zusätzlicher Stoffe zu verbieten (Art. IV Abs. 3) und strengere Voraussetzungen für eine Genehmigung festzulegen (Art. VI Abs. 4).

Unter den Begriff „Dumping" fällt (1) jede vorsätzliche Beseitigung auf See von Abfällen oder sonstigen Stoffen von Schiffen, Flugzeugen, Plattformen oder anderen auf See errichteten Bauwerken aus, und (2) jede Beseitigung auf See von Schiffen, Flugzeugen, Plattformen und sonstigen Bauwerken selbst (Art. III Ziff. 1a). Ausdrücklich ausgenommen sind Abfälle, die normalerweise auf Schiffen etc. anfallen, und Abfallstoffe, die von der Erdöl- und Erdgasgewinnung auf dem Festlandsockel herrühren (Art. III Ziff. 1b und c). Zudem gilt das Abkommen nicht für militärische Schiffe und Flugzeuge (Art. VII Abs. 4). Die radioaktiven Abfälle aus militärischer Nutzung sowie chemische oder biologische Kampfstoffe werden somit nicht erfaßt, da sie meistens von Kriegsschiffen aus entsorgt werden. Allerdings müssen die Vertragsstaaten zumindest sicherstellen, daß diese Beseitigung auf See dem Sinn und Zweck der Konvention nicht zuwiderläuft.

Die Hauptaufgabe der Vertragsstaaten besteht darin sicherzustellen, daß Abfall nur nach vorheriger Genehmigung auf See beseitigt und das Verbot der Entsorgung bestimmter, besonders gefährlicher Stoffe eingehalten wird (Art. IV). Maßstab für ein Verbot oder die Art der Genehmigung ist die Gefährlichkeit der jeweiligen Stoffe. Dem Übereinkommen sind drei Anlagen beigefügt, denen die Abfallstoffe je nach Gefährlichkeit zugeordnet sind.

In Anlage I, der sogenannten „Schwarzen Liste", sind diejenigen Stoffe aufgeführt, deren Entsorgung auf See verboten ist. Dazu zählen z.B. organische Halogenverbindungen, Schwermetalle, Hydrocarbonate oder beständige Kunststoffe. Zunächst waren auf dieser Liste auch hochgradig radioaktive Abfälle aufgeführt. In Anlage II, der sogenannten „Grauen Liste", sind diejenigen Abfälle aufgelistet, die nur mit einer Sondererlaubnis auf See beseitigt werden dürfen. Dazu zählen etwa Abfälle, die „bedeutende Mengen" bestimmter Schwermetalle oder Giftstoffe enthalten, sowie organische Siliciumverbindungen oder Schädlingsbekämpfungsmittel und ihre Nebenprodukte (Anlage II A), Container, Schrott und sonstige sperrige Abfälle (Anlage II C) und – in der ursprünglichen Fassung bis 1994 – mittel- und schwachradioaktive Abfälle oder sonstige radioaktive Stoffe (Anlage II D). Abfälle und Stoffe, die nicht in den Anlagen I und II aufgeführt sind, dürfen nach Erteilung einer allgemeinen Erlaubnis auf See entsorgt werden. In Anlage III, der sogenannten „Weißen Liste", sind Kriterien enthalten, die bei der Erteilung von solchen Erlaubnissen zu berücksichtigen sind. Anhand dieser Kriterien ist zu entscheiden, ob der Abfall besser an Land beseitigt werden sollte, wo und wie die Entsorgung auf See zu geschehen hat und wie sich der Vorgang auf die Meeresumwelt auswirkt.

Zuständig für die Erteilung von Genehmigungen ist gemäß Artikel VI Absatz 2 in erster Linie die Behörde des Staates, in dessen Hoheitsgebiet die

Abfälle verladen werden (Verladestaat). Findet die Verladung in einem Nichtvertragsstaat statt, so ist die Behörde des Staates zuständig, dessen Flagge das Schiff führt bzw. in dessen Gebiet das Flugzeug registriert ist (Flaggenstaat). Darüber hinaus räumt das 1994 in Kraft getretene Seerechtsübereinkommen der Vereinten Nationen vom 10. Dezember 1982 (BGBl. 1994 II: 1798) in Artikel 210 Absatz 5 den in der Londoner Konvention nicht ausdrücklich erwähnten Küstenstaaten das Recht ein, Dumpingvorgänge in ihren Territorialgewässern, in ihrer ausschließlichen Wirtschaftszone oder auf ihrem Festlandsockel nach angemessener Konsultation mit benachbarten Staaten von einer vorherigen Genehmigung abhängig zu machen und deren Einhaltung zu überwachen.[6] Bei Verstößen haben die genannten Staaten das Recht bzw. die Pflicht, Ermittlungs- und Strafverfahren durchzuführen.

1.3.2 Institutionelle Strukturen und Implementierungskontrolle

In der Londoner Konvention ist – anders als im Osloer Abkommen – keine eigenständige Kommission zur Überwachung ihrer Durchführung und zur Erarbeitung von Änderungsvorschlägen eingerichtet worden. Diese Aufgaben werden vielmehr von der Konferenz der Vertragsparteien auf sogenannten Konsultationssitzungen wahrgenommen, die vom Sekretariat mindestens alle zwei Jahre anberaumt werden müssen (Art. XIV Abs. 3a). Von 1975 bis 1995 haben insgesamt 18 Konsultationssitzungen stattgefunden. Auf der ersten Sitzung 1975 wurden die Sekretariatsfunktionen der Zwischenstaatlichen Beratenden Seeschiffahrts-Organisation (Intergovernmental Maritime Consultative Organization, IMCO) in London übertragen (Art. XIV Abs. 2 und 3), die 1982 in Internationale Seeschiffahrts-Organisation (International Maritime Organization, IMO) umbenannt wurde. Das war ein bedeutender Schritt, um eine regelmäßige, gut vorbereitete Zusammenarbeit der Vertragsstaaten zu gewährleisten.

Diese können sich zur Klärung wissenschaftlicher und technischer Probleme von wissenschaftlichen Gremien beraten lassen (Art. XIV Abs. 4b). Von dieser Möglichkeit haben sie mehrfach Gebrauch gemacht und sich insbesondere in komplexen Fragen der Hilfe der Group of Experts on the Scientific Aspects of Marine Pollution (GESAMP) bedient, die sich aus Experten mehrerer UN-Organisationen zusammensetzt, oder für die Problematik radioaktiver Abfälle Experten der Internationalen Atomenergieagentur (Inter-

---

6 Jeder Küstenstaat hat das Recht, 12 Seemeilen breite Territorialgewässer vor seiner Küste zu beanspruchen, die zu seinem Staatsgebiet zählen. Darüber hinaus kann er eine ausschließliche Wirtschaftszone proklamieren, die sich bis zu 200 Seemeilen von der Küste erstreckt. In dieser Zone steht ihm unter anderem das Recht zu, alle natürlichen Ressourcen für sich zu nutzen und Umweltschutzvorschriften zu erlassen. Außerdem hat er das Recht, auf dem Festlandsockel, der die natürliche Verlängerung des Landgebietes unter Wasser darstellt und im Normalfall ebenfalls 200 Seemeilen weit reicht, die natürlichen Ressourcen wie Erdöl und Erdgas allein auszubeuten.

national Atomic Energy Agency, IAEA) in Wien hinzugezogen. Die bereits frühzeitig einberufene „ad hoc Scientific Group on Dumping" erhielt 1984 permanenten Status und fungiert seither als ständiges Beratungsgremium der Vertragsstaaten für wissenschaftliche und technische Fragen. Zu ihren Aufgaben gehören unter anderem die Erarbeitung von Vorschlägen zur Anpassung der Anlagen an die neuesten wissenschaftlichen Erkenntnisse, die Entwicklung von Richtlinien zur Auslegung und Anwendung des Abkommens und die Beobachtung von Forschungsergebnissen in bezug auf gefährliche Stoffe, den Zustand der Meeresumwelt und die Entwicklung neuer Technologien zur Abfallbeseitigung (IMO-Bericht 1991: 117-118).

An den Konsultationstreffen der Vertragsparteien und den Sitzungen der „Scientific Group" können auch Nichtregierungsorganisationen (NGOs) wie Umweltverbände und Industrievereinigungen als Beobachter teilnehmen. Die Verteilung von Materialien und die Anhörung ihrer Delegierten ist allerdings von einer besonderen Erlaubnis abhängig.

Die Implementationsüberwachung ist problematisch, weil es, wie bereits erwähnt, kein eigenständiges Vertragsorgan gibt, das die Einhaltung der vertraglichen Verpflichtungen durch die Vertragsstaaten überprüfen könnte. Eine Kontrolle findet nur indirekt dadurch statt, daß den Staaten bestimmte Überwachungs-, Mitteilungs- und Berichtspflichten auferlegt worden sind. So müssen sie jedes Jahr Unterlagen über Art und Menge aller mit Erlaubnis eingebrachten Stoffe sowie über Ort, Zeit und Methode des Entsorgungsvorgangs erstellen (Art. VI Abs. 1c) und der IMO diese Daten zuleiten (Art. VI Abs. 4). Außerdem müssen sie jährlich eine Liste zusammenstellen, aus der sich die Gesamtmenge aller mit ihrer Erlaubnis auf See entsorgten Abfälle ergibt. Die IMO erstellt ihrerseits einmal pro Jahr einen Bericht, in dem sie die ihr übersandten Informationen zusammenfaßt. Daneben sind die Vertragsstaaten verpflichtet, den Zustand des Meeres in bezug auf die Auswirkungen des Dumping ständig zu überwachen (Art. VI Abs. 1d). Über die Ergebnisse der Überwachung ist die IMO ebenfalls zu unterrichten (Art. VI Abs. 4).

2. Regimeentwicklung

Die Vertragsparteien haben auf den Konsultationstreffen zum einen zahlreiche Richtlinien für die Durchführung des Abkommens beschlossen, um den nationalen Behörden Entscheidungskriterien an die Hand zu geben, und detaillierte Anforderungen für die Überwachungs- und Berichtspflichten aufgestellt. Solche Richtlinien sind lediglich Empfehlungen, sollen also das Verhalten der Vertragsstaaten steuern, ohne rechtlich verbindlich zu sein. Zum anderen haben die Vertragsparteien mehrmals durch Beschlüsse festgelegt, daß bestimmte Entsorgungsmethoden wie die Einlagerung radioaktiver Abfälle unter dem Meeresboden unter den Begriff des „Dumping" fallen. An solche Auslegungsbeschlüsse sind alle Vertragsparteien gebunden.

Daneben besteht die Möglichkeit, den Vertrag und die Anlagen in einem vertraglich festgelegten Verfahren rechtsverbindlich zu ändern. Die Annahme beider Arten von Änderungen bedarf einer Zweidrittelmehrheit der anwesenden Vertragsparteien. Dabei ist zu bedenken, daß nur rund die Hälfte aller Vertragsparteien regelmäßig an den Konsultationstreffen teilnimmt. Auf diese Art beschlossene Änderungen des Vertrages selbst treten 60 Tage nach dem Zeitpunkt in Kraft, an dem zwei Drittel aller Vertragsparteien eine Annahmeurkunde bei der IMO hinterlegt haben. Sie werden nur für die Staaten rechtsverbindlich, die die Änderung ausdrücklich angenommen haben (Art. XV Abs. 1a). Eine Vertragsänderung ist bisher nur einmal erfolgt, als 1978 ein Verfahren zur Streitbeilegung angenommen wurde, das jedoch bis heute nicht in Kraft getreten ist.

Änderungen der Anlagen treten im Vergleich zu Änderungen des Vertragstextes unter erleichterten Voraussetzungen in Kraft, was dem Erfordernis der schnellen Anpassung an neue wissenschaftliche oder technische Erkenntnisse Rechnung trägt. Sie treten sofort für alle Vertragsparteien in Kraft, die die Änderungen förmlich angenommen haben. Nach Ablauf von 100 Tagen werden sie auch für jede andere Vertragspartei rechtsverbindlich, die innerhalb dieser Frist nicht ausdrücklich die Nichtannahme erklärt hat („Opting-out"-Verfahren; Art. XV Abs. 2). Allerdings haben sich die Vertragsstaaten, denen das vertraglich geregelte Änderungsverfahren zu schnell ging, bereits auf dem 5. Konsultationstreffen 1980 auf ein zweistufiges Verfahren geeinigt, das den Prozeß verlangsamt (IMO-Bericht 1991: 84-85). In einem ersten Schritt werden die Änderungen nur „im Prinzip" angenommen, d.h. sie können von interessierten Staaten auf freiwilliger Basis sofort implementiert werden. In einem zweiten Schritt werden sie auf einem späteren Konsultationstreffen offiziell angenommen und gelten dann rechtsverbindlich für alle Staaten, die ausdrücklich oder stillschweigend zugestimmt haben. Dieses Verfahren soll den Staaten genügend Zeit geben, sich auf die Rechtsänderungen einzustellen und entsprechende Gesetze zu erlassen. Die Anlagen wurden mehrfach geändert. Die wichtigsten Änderungen betraffen die Müllverbrennung auf See, die Beseitigung radioaktiver Abfallstoffe und die Beendigung der Verklappung industrieller Abfälle.

2.1 Die Müllverbrennung auf See

Ab 1969 begannen einige Industriestaaten – darunter auch die Bundesrepublik Deutschland – wegen fehlender Entsorgungsanlagen an Land, von Spezialschiffen aus Giftmüll aus der chemischen Industrie, vor allem hochchlorierte Kohlenwasserstoffe, auf der Nordsee zu verbrennen. Bei der Verbrennung dieser Stoffe entsteht unter anderem Chlorwasserstoff, ein giftiges, stark

Abfallentsorgung auf See

ätzendes Gas, von dem die Entsorger behaupteten, daß es sich unter Bildung von Salzsäure im Wasser lösen und die Salzsäure durch die im Wasser enthaltenen Hydrogencarbonate abgebaut würde (Biermann 1994: 56).

Weil es nicht ausgeschlossen war, daß bei der Verbrennung auch weitere Schadstoffe in die marine Umwelt gelangten, forderten Umweltschützer die Beendigung dieser Entsorgungsmethode. Da es sich bei dieser zum Zeitpunkt des Abschlusses des Londoner Abkommens um eine neue Entwicklung handelte, wurde die Müllverbrennung zunächst nicht einbezogen. In den Folgejahren verbreitete sich diese Technik zur Beseitigung von Abfällen immer weiter. Vor diesem Hintergrund erlangte eine einheitliche internationale Regelung zunehmend große Dringlichkeit. Obwohl die Verbrennung auf See eigentlich nicht unter den Begriff des „Dumping" fiel, entschlossen sich die Vertragsparteien deshalb 1978, die Anlagen I und II der Londoner Konvention entsprechend zu ergänzen (Text in: BGBl. 1983 II: 142). Da die meisten Industriestaaten an der Fortführung der Giftmüllverbrennung auf See als einer „Zwischenlösung zur Beseitigung von Abfällen" interessiert waren, wurde diese nicht verboten, sondern nur von der Erteilung einer vorherigen Sondererlaubnis abhängig gemacht.

Die Haltung der Industriestaaten zur Abfallverbrennung auf See änderte sich erst, nachdem auf der 2. Internationalen Nordseeschutzkonferenz 1987 – rechtlich nicht verbindlich – vereinbart worden war, diese Entsorgungsmethode bis Ende 1994 auslaufen zu lassen. Die Osloer Kommission hatte im Juni 1988 einen entsprechenden rechtsverbindlichen Beschluß für die Nordsee und den Nordostatlantik gefaßt. Diesbezüglich ist besonders zu beachten, daß alle Vertragsparteien der Osloer Konvention zugleich Parteien der Londoner Konvention sind. Auf der 11. Konsultationssitzung im Dezember 1988 folgten die Vertragsstaaten der Londoner Konvention dem Vorbild der Osloer Kommission, soweit es die Verbrennung von Giftmüll betraf (LDC Res. 35(11)). 1993 wurde ein endgültiges Verbot der Verbrennung industrieller Abfälle und Klärschlämme auf See beschlossen, das 1994 in Kraft trat. Die Verbrennung anderer Abfälle wie etwa Haushaltsmüll fällt allerdings nicht unter das Verbot.

2.2 Die Beseitigung radioaktiver Abfälle

Ursprünglich war in der Londoner Konvention nur ein Verbot der Entsorgung „hochgradig radioaktiven Abfalls" auf See vorgesehen, wobei es der IAEA oblag, diesen Begriff zu definieren. Mittel- und schwachradioaktive Stoffe konnten dagegen mit einer Sondererlaubnis weiterhin auf See beseitigt werden. Demzufolge versenkten etwa Belgien, Großbritannien, die Niederlande und die Schweiz bis 1983 schwachradioaktive Abfälle auf Hoher See vor der Küste Spaniens (Biermann 1994: 150). Diese Praxis stieß wegen der damit verbundenen Gefahren für die Meeresumwelt bei Umweltschützern auf Kritik, der sich mehrere Vertragsparteien infolge des wachsenden öffentlichen Protests anschlossen.

Auf dem 7. Konsultationstreffen 1983 beschloß eine Mehrheit der Vertragsstaaten nach kontroverser Diskussion, die Beseitigung radioaktiver Abfälle auf See bis zum Abschluß einer Studie unabhängiger Experten auf freiwilliger Basis auszusetzen (LDC Res. 14(7)). Obwohl die mit der Beseitigung von Atommüll auf See verbundenen Risiken in dieser Studie als gering eingeschätzt wurden, bestätigten die Vertragsparteien 1985 das Moratorium bis zur Vorlage weiterer Studien, die sich neben wissenschaftlichen und technischen Fragen erstmals auch mit den politischen, rechtlichen, wirtschaftlichen und sozialen Aspekten dieses Problems befassen sollten (LDC Res. 21(9)). Frankreich, Großbritannien, Kanada, die Schweiz, Südafrika und die USA stimmten gegen diese Entscheidung, hielten das nicht rechtsverbindliche Moratorium aber trotzdem ein. Vor allem die USA, Frankreich und Großbritannien wollten sich wegen der bevorstehenden Entsorgung atomarer U-Boote und anderer nuklearer Abfallstoffe militärischen Ursprungs das Recht zur Entsorgung auf See vorbehalten, haben davon bisher aber keinen Gebrauch gemacht, weil die Entsorgungskapazitäten an Land ausreichen.

Nicht zuletzt den unermüdlichen Aufklärungskampagnen internationaler Umweltschutzorganisationen ist es zu verdanken, daß die Vertragsparteien schließlich 1993 ein vollständiges Verbot der Beseitigung radioaktiver Abfälle auf See beschlossen (LDC Res. 51(16)). Dieses Verbot ist allerdings nicht endgültig, da sich die Vertragsparteien auf Drängen Frankreichs und Großbritanniens vorbehalten haben, alle 25 Jahre eine wissenschaftliche Studie zur Beseitigung mittel- und schwachradioaktiver Abfälle einzuholen und ihre Entscheidung zu überprüfen (Anlage I, Nr. 12). Die Änderung ist 1994 in Kraft getreten und mit einer Ausnahme für alle Vertragsparteien rechtsverbindlich geworden. Rußland, das zur Zeit weder über die technischen noch über die finanziellen Mittel verfügt, die großen Mengen flüssiger radioaktiver Abfälle aus dem Betrieb seiner Flotte an Land zu entsorgen, hat von der Möglichkeit des „opting out" Gebrauch gemacht und der neuen Regelung ausdrücklich widersprochen. Es ist deshalb nicht an das Verbot gebunden.

Zu Beginn der 80er Jahre wurden die Vertragsparteien schließlich mit einem neuen Problem konfrontiert: Einige Staaten entwickelten Pläne zur Entsorgung radioaktiver Abfälle in Lagerstätten im Meeresboden. Um dem einen Riegel vorzuschieben, legten die Vertragsparteien daraufhin den Begriff „Dumping" auf dem 13. Konsultationstreffen 1990 rechtsverbindlich dahingehend aus, daß er auch eine Lagerung von Abfallstoffen in Kammern unter dem Meeresboden erfaßt, die nur von See aus zugänglich sind. Damit gilt das 1993 beschlossene Verbot auch für diese Art der Entsorgung. Ausgeschlossen vom Anwendungsbereich der Konvention bleiben allerdings solche Lagerstätten unter dem Meeresboden, die von Land aus, z.B. durch Tunnel, erreichbar sind.

2.3 Die Verklappung industrieller Abfälle

Das Problem der Verklappung industrieller Abfälle, insbesondere der sogenannten Dünnsäure, ist in den Nordseeanrainerstaaten in den 80er Jahren vor allem durch die wiederholten Schlauchbootaktionen von Greenpeace in das öffentliche Bewußtsein gelangt. Mit Blick auf den durch diese Aktionen erzeugten öffentlichen Druck vereinbarten die Teilnehmerstaaten der 2. Internationalen Nordseeschutzkonferenz 1987, daß die Verklappung industrieller Abfälle in der Nordsee bis Ende 1989 auslaufen sollte (Cron 1995: 130). Nach dem gleichen Muster wie bei der Müllverbrennung auf See hatte dann auch im Bereich der Verklappung von Abfällen die Entwicklung im Rahmen des regionalen Regimes der Osloer Konvention Schrittmacherfunktion für die Entwicklung des Londoner Abkommens: Zunächst faßte die Osloer Kommission im Sommer 1989 einen entsprechenden rechtsverbindlichen Beschluß, demzufolge die Verklappung in der Nordsee bis Ende 1989 und in den übrigen Seegebieten des Nordostatlantiks bis Ende 1995 eingestellt werden sollte (OSCOM Dec. 89/1, abgedruckt bei Freestone/IJlstra 1991: 119). Ein Jahr später folgten dann die Vertragsparteien des Londoner Abkommens dem Beispiel der Osloer Kommission und beschlossen ebenfalls, die Verklappung industrieller Abfälle auf See bis Ende 1995 auslaufen zu lassen (LDC Res. 43(13)). Die erforderliche Ergänzung der Anlage I wurde auf dem 16. Treffen 1993 angenommen und trat 1994 in Kraft. Zu dem somit ab Januar 1996 geltenden Verbot der Verklappung industrieller Abfälle gibt es aber eine Reihe von Ausnahmen, zu denen vor allem Baggergut und Klärschlämme sowie Schiffe und Plattformen zählen (Anlage I, Nr. 11 a-f).

2.4 Die 1996 beschlossenen Vertragsänderungen

Seit Beginn der 90er Jahre zeichnet sich eine Entwicklung ab, die zu einer Neufassung der Londoner Konvention auf einer Staatenkonferenz im November 1996 geführt hat. Die Systematik des Abkommens ist grundlegend umgestaltet worden. Dabei ist erneut die Vorbildfunktion des regionalen Regimes für den Nordostatlantik von besonderer Bedeutung gewesen. Für diese Region ist 1992 in der Nachfolge des Osloer Abkommens ebenfalls ein neues Übereinkommen zum Schutz der Meeresumwelt des Nordostatlantiks (Bundestagsdrucksache 12/7847) angenommen wurde, das für diese Region eine Umgestaltung in weiten Teilen vorwegnimmt, die nun auch in der Neufassung des weltweiten Abkommens ihren Ausdruck findet. Während die jetzige Londoner Konvention von der grundsätzlichen Zulässigkeit des Dumping ausgeht und nur für bestimmte, besonders gefährliche Stoffe Verbote enthält, sieht die neue Konvention ein grundsätzliches Verbot der Abfallentsorgung auf See vor, von dem nur bestimmte, auf einer sogenannten Positivliste (Anlage 1) aufgeführte Abfälle ausgenommen sind. Die Müllverbrennung auf See ist vollständig verboten worden.

Ein Vorschlag der Bundesrepublik, die Entsorgung von Schiffen, Plattformen und ähnlichem aus der Positivliste zu streichen, fand allerdings keine Mehrheit, weil zahlreiche Offshore-Plattformen in den nächsten Jahren entsorgt werden müssen und die Beseitigung an Land sehr viel teurer ist als auf See. Aus demselben Grund lehnten 1995 über zwei Drittel der 39 Teilnehmerstaaten – angeführt von den besonders betroffenen Staaten Norwegen und Großbritannien – auch den Antrag Dänemarks ab, im Gefolge der unter aktiver Beteiligung von Greenpeace verhinderten Versenkung der Plattform „Brent Spar" des Ölkonzerns Shell ein Moratorium für das Versenken von Ölplattformen zu beschließen.

Moderne Umweltschutzprinzipien wie das Vorsorgeprinzip, demzufolge die Abfallbeseitigung auf See bereits dann untersagt werden kann, wenn nachteilige Folgen für die Meeresumwelt lediglich wahrscheinlich, aber noch nicht nachweisbar sind, oder das Verursacherprinzip, wonach diejenigen, die eine Genehmigung erhalten, die Kosten für Vorsorge- und Überwachungsmaßnahmen zu tragen haben, sind in der neuen Fassung verankert worden. Vor Erteilung einer Erlaubnis müssen die nationalen Behörden ein ausführliches, strenges Prüfungsverfahren anhand eines sogenannten „Handlungsrahmens zur Abfallbeurteilung" (Waste Prevention Audit) durchführen, das in der neuen Anlage 2 geregelt ist. Dabei müssen sie vor allem feststellen, ob es vorrangige Alternativen wie das Recycling oder die Entsorgung an Land gibt. Eine Erlaubnis soll versagt werden, wenn solche Möglichkeiten vorhanden sind und weder unvertretbare Risiken für Mensch und Umwelt noch unverhältnismäßig hohe Kosten für den Entsorger entstehen. Die neue Regelung enthält somit strengere und genauere Vorgaben als die jetzige Anlage III und die dazu ergangenen Richtlinien. Grundsätzlich ändert sich aber an der alleinigen Entscheidungskompetenz der nationalen Behörden nichts. Eine Ausweitung des Anwendungsbereichs auf die inneren Gewässer, in die vor allem kontaminiertes Baggergut versenkt wird, das beim Freihalten der Häfen und Schiffahrtswege anfällt, konnte mangels landseitiger Alternativen in vielen Vertragsstaaten nicht generell vereinbart werden, sondern erfolgt auf freiwilliger Basis. Schließlich ist es gelungen, ein in der neuen Anlage 3 niedergelegtes Schiedsverfahren zur friedlichen Beilegung von Streitigkeiten zwischen den Vertragsparteien zu vereinbaren.

3. Wirkungen des Regimes

Das Vertragsregime der Londoner Konvention wird allgemein als relativ erfolgreich angesehen (Birnie/Boyle 1992: 330-331). Mit ihm ist es erstmals

Abfallentsorgung auf See

gelungen, weltweit die Abfallbeseitigung auf See zu regulieren und zu überwachen. Es hat im Laufe seiner Fortentwicklung trotz des nach wie vor bestehenden Interessenkonfliktes zwischen Befürwortern und Gegnern des Dumping dazu beigetragen, die Gefahr gravierender Meeresverschmutzung zu verringern.

So ist die Gesamtmenge der verklappten Industrieabfälle zwar zunächst von 1976 bis 1979 von 11 auf 17 Millionen Tonnen angestiegen, hat sich danach aber auf 6 Millionen Tonnen im Jahre 1987 reduziert. In der Zeit von 1976 bis 1987 wurden jährlich etwa 100.000 Tonnen Giftmüll auf der Nordsee verbrannt. Danach verringerte sich auch bei dieser Entsorgungsmethode die Menge kontinuierlich. Obwohl das Verbot der Giftmüllverbrennung auf See erst 1994 in Kraft trat, wurde diese Art der Müllentsorgung faktisch schon 1991 beendet, als das letzte Verbrennungsschiff außer Dienst gestellt wurde. In der Bundesrepublik wurde die Giftmüllverbrennung auf See nach dem Auslaufen der letzten Genehmigungen bereits Ende 1989 eingestellt, weil sie sich angesichts inzwischen vorhandener Entsorgungsmöglichkeiten an Land wirtschaftlich nicht mehr rentierte (Sondergutachten 1990: 172-173). Eine ähnliche Entwicklung ist bei der Entsorgung von Klärschlämmen zu verzeichnen. Während die Gesamtmenge von 1976 bis 1980 von 12,5 auf 17 Millionen Tonnen zunahm, verringerte sie sich in den folgenden Jahren kontinuierlich (Boyle et. al. 1992: 154).[7] Dieser Trend wird vermutlich anhalten, da einige Industriestaaten die Verklappung von Klärschlämmen bereits aufgegeben haben. Nur Großbritannien besteht darauf, diese kostengünstige Entsorgungsmethode bis 1998 weiter zu nutzen.

Dafür, daß diese positiven Auswirkungen auf das Londoner Vertragsregime zurückzuführen sind, besteht lediglich eine starke Vermutung, denn entsprechende wissenschaftliche Untersuchungen gibt es bisher nicht. Es spricht aber vieles dafür, daß die innerhalb des Regimes entstandenen Regelungen und Standards, die im Laufe von zwei Jahrzehnten immer strenger geworden sind, zu einem Umdenken in den Industriestaaten beigetragen haben. Die weitgehende Einhaltung der Entsorgungsverbote beruht möglicherweise auch darauf, daß die betroffenen Unternehmen ausreichend Zeit hatten, sich auf die Rechtsänderungen einzustellen. Neue Vorschriften wurden auf den Konsultationstreffen jeweils lange diskutiert und wurden meistens erst rechtsverbindlich, wenn die Entsorgungskapazitäten an Land entsprechend ausgebaut worden waren, so daß auf die Beseitigung auf See verzichtet werden konnte. Beispiele dafür sind die Beendigung der Dünnsäureverklappung und der Giftmüllverbrennung auf See.

---

7   Diese Zahlen sind allerdings nur beschränkt aussagekräftig. Denn nur etwa 60% der Vertragsstaaten kommen ihren Mitteilungspflichten nach. Demgemäß sind die bei der IMO vorliegenden Daten im Hinblick auf die Mengenangaben und die Auswirkungen des Dumping auf den Zustand der Weltmeere unvollständig.

Nicht zuletzt haben auch die jahrelangen Bemühungen einiger Umweltschutzorganisationen großen Anteil an diesem Erfolg, die durch ihre Öffentlichkeitsarbeit ein Meinungsklima geschaffen haben, auf das die Politiker mit neuen Regelungszielen reagierten. Dies wiederum veranlaßte die betroffenen Industrien, sauberere Produktionstechnologien zu entwickeln und umweltfreundlichere Abfallvermeidungs- und -entsorgungsmethoden anzuwenden. Die 1995 vorgelegten Ergebnisse der weltweiten Abfallerhebung haben allerdings gezeigt, daß zwischen den Industriestaaten auf der einen Seite und den Schwellen- und Entwicklungsländern auf der anderen große Unterschiede bei Erlaß und Durchsetzung von Entsorgungsvorschriften bestehen. Letztere bedürfen, um das Verbot des Dumping industrieller Abfälle einhalten und eine Zunahme illegaler Beseitigung auf See verhindern zu können, dringend der finanziellen und technischen Unterstützung.

4. Fazit

Die Londoner Konvention von 1972 ist als Grundlage des internationalen Regimes über die Abfallentsorgung auf See durch eine Zweiteilung in den eigentlichen Vertragstext und die Anlagen, die das Listensystem beinhalten, gekennzeichnet. In den drei Listen sind Stoffe, deren Entsorgung auf See verboten (Anlage I) oder nur mit Sondergenehmigungen erlaubt (Anlage II) sind, sowie Kriterien für die Erteilung einer allgemeinen Entsorgungserlaubnis aufgeführt. Diese 1972 innovative Struktur ermöglichte eine schnellere Anpassung des Regimes an neue technische und wissenschaftliche Erkenntnisse, denn die Anlagen können leichter geändert werden als der eigentliche Vertragstext: Solche Änderungen werden für alle Vertragsstaaten rechtsverbindlich, die nicht vom „Opting-out"-Verfahren Gebrauch machen.

Eine weitere Besonderheit ist der enge Bezug zum regionalen Regime zur Verhütung der Meeresverschmutzung durch das Einbringen von Schiffen und Luftfahrzeugen im Nordostatlantik. Insbesondere das Osloer Abkommen von 1972 hat für die Londoner Konvention Modellcharakter gehabt. In der Osloer Kommission war es aufgrund der geringeren Anzahl von beteiligten Staaten und deren homogenerer Interessenstruktur leichter, Entsorgungsverbote zu vereinbaren. Sie übernahm so eine Schrittmacherfunktion für die Entwicklung des weltweiten Regimes der Londoner Konvention: Galten die Verbote erst einmal auf regionaler Ebene, so folgten die Londoner Vertragsstaaten häufig diesem Beispiel.

Seit Mitte der 80er Jahre verfolgt die Mehrheit der Vertragsstaaten das Ziel, zu einem umfassenden Verbot der Abfallentsorgung auf See zu kommen. In diesem Sinne ist es bereits gelungen, die Entsorgungsverbote durch eine Änderung der Anlagen kontinuierlich zu verschärfen. Bis Ende 1996 wurde die Londoner Konvention vollständig überarbeitet, um diese Entwicklung in einem rechtsverbindlichen Vertragstext festzuschreiben. Zum einen wurden Umweltschutzprinzipien wie das Vorsorge- und das Verursacherprinzip in den Vertrag eingefügt. Zum anderen wurde das Regel-Ausnahme-Verhältnis umgekehrt: Anstelle einer grundsätzlichen Erlaubnis der Abfallbeseitigung auf See wird nun von einem Verbot dieser Form der Müllentsorgung ausgegangen, von dem nur bestimmte Ausnahmen zugelassen werden.

Insgesamt hat sich das Vertragsregime also in den 20 Jahren seines Bestehens dynamisch weiterentwickelt und im Zeitverlauf zu einer Eindämmung der Abfallbeseitigung auf See beigetragen. Während auf der Grundlage des gegenwärtigen Kenntnisstandes nicht eindeutig zu beurteilen ist, inwieweit die Entschärfung des Problems eine Folge des Regimes war, belegen die verfügbaren Zahlen, daß die Abfallentsorgung auf See in den vergangenen Jahren erheblich zurückgegangen ist.

Grundlegende Literatur

Biermann, Frank 1994: Internationale Meeresumweltpolitik, Frankfurt a.M.
Birnie, Patricia W./Boyle, Alan E. 1992: International Law and the Environment, Oxford.
Letalik, Norman G. 1981: Pollution from Dumping, in: Johnston, Douglas M. (Hrsg.): The Environmental Law of the Sea, Berlin, 217-230.
Timagenis, Gregorios J. 1980: International Control of Marine Pollution, Bd. I, Dobbs Ferry, N.Y., 171-289.

Weiterführende Literatur

Boyle, Alan E./Freestone, David/Kummer, Katharina/Ong, David 1992: Marine Environment and Marine Pollution, in: Sand, Peter H. (Hrsg.): The Effectiveness of International Environmental Agreements, Cambridge, 149-248.
Cron, Thomas O. 1995: Das Umweltregime der Nordsee – völker- und europarechtliche Aspekte, Baden-Baden.
Freestone, David/IJlstra, Ton 1991: The North Sea: Basic Legal Documents on Regional Environmental Co-operation, Dordrecht.
IMO-Bericht 1991: The London Dumping Convention, The First Decade and Beyond, London.
Kindt, John Warren 1986: Marine Pollution and the Law of the Sea, Bd. II, Buffalo, N.Y., 1085-1152.
Schachter, Oscar/Serwer, Daniel 1971: Marine Pollution Problems and Remedies, in: American Journal of International Law 65, 84-111.
Sondergutachten 1990: Sondergutachten des Rates von Sachverständigen für Umweltfragen vom September 1990 „Abfallwirtschaft", Bundestagsdrucksache 11/8493, Bonn.

8. Das Regime zum Schutz der Ostsee

Martin List

Das internationale Regime zum Schutz der Ostsee, im folgenden kurz Ostseeregime genannt, ist das weltweit erste Regime zum Schutz eines regionalen Meeres. Ihm kommt insofern Modellcharakter für viele andere mittlerweile entstandene Küsten- und Regionalmeerregime zu. Seine Entwicklung ist sowohl während des Ost-West-Konflikts als auch nach dessen Ende eng an die Beziehungen zwischen Ost und West geknüpft. Obwohl die Teilnehmerschaft naturgemäß auf die Anrainerstaaten begrenzt ist, schwankte die Zahl der teilnehmenden Staaten im Laufe der Jahre erheblich. Von den ursprünglich sieben Vertragsstaaten fiel zunächst in Folge der deutschen Einheit einer weg, dann traten die drei baltischen Staaten hinzu, so daß das Regime heute neun Mitgliedsländer umfaßt (Dänemark, Schweden, Finnland, Estland, Lettland, Litauen, Rußland, Polen, Deutschland). Fünf weitere Staaten (Weißrußland, Ukraine, Tschechien, die Slowakei und Norwegen) liegen an Wasserläufen bzw. Meeresgebieten, die letztlich in die Ostsee münden, und werden an der Kooperation zum Schutz der Ostsee beteiligt, ohne selbst Regimeteilnehmer zu sein. Darüber hinaus ist die EG Mitglied des Regimes, eine Reihe weiterer internationaler Organisationen und Nichtregierungsorganisationen genießen Beobachterstatus. Im folgenden werden die Entstehung, die Entwicklung und die Wirkungen des Ostseeregimes untersucht.

1. Regimeentstehung

Die Ostsee zeichnet sich durch eine sehr spezifische ökologische Problemlage aus. In vieler Hinsicht ähnelt sie einem großen See. Der Salzgehalt des Wassers ist im Vergleich zu offenen Meeresgebieten, etwa der Nordsee, gering. Der Austausch des Wassers mit dem offenen Meer erfolgt nur über die engen Untiefen des Großen und Kleinen Belt sowie des Öresund zwischen Dänemark und Schweden und dauert für die Gesamtwassermasse zwischen 25 und 40 Jahren. Aufgrund einer Schichtung von salzhaltigem Tiefenwasser und salzarmem Oberflächenwasser kommt es bereits unter natürlichen Umständen am Boden zu Sauerstoffknappheit, die zum Absterben von Organismen führen kann. Dieses vergleichsweise sensible Meeresgebiet hatte nun jahrelang die Folgewirkungen starker Industrialisierung und intensiver Landwirtschaft in den Anrainerstaaten sowie eines regen Seeverkehrs zu tragen, ohne daß dem marinen Umweltschutz besondere Beachtung geschenkt worden wäre.

Die Vorgeschichte des Ostseeregimes ist eng mit der inter- bzw. transnationalen wissenschaftlichen Zusammenarbeit verbunden. Im Rahmen des Internationalen Rates für Meeresforschung (ICES) wurden 1964 sowie 1969/70 zwei internationale Schiffsexpeditionen zur Erfassung des Zustands der marinen Umwelt der Ostsee durchgeführt. Die 1970 in einem ICES-Bericht erstmals international dokumentierten Ergebnisse dieser Forschungsanstrengungen ließen den Schluß zu, „daß die Ostsee eines der am meisten verschmutzten Meere der Welt ist" (Graßhoff 1974: 263). Neben dem ICES drängten auch die international organisierten Ozeanographen und Meeresbiologen des Ostseeraumes auf Maßnahmen zum Schutz dieses Binnenmeeres. Sie bildeten die für das hier behandelte Problemfeld wichtige Wissenschaftsgemeinschaft („epistemic community"), die nicht nur die Regimeentstehung vorantrieb, sondern seither auch an den Regimeaktivitäten mitwirkt.

Auf politisch-administrativer Ebene wurde zunächst die engere Frage der Bekämpfung der Ölverschmutzung aufgenommen. Auf zwei nach dem Tagungsort benannten Visby-Konferenzen handelten die Ostseeanrainerstaaten 1969 und 1970 ein diesbezügliches Abkommen aus. Es konnte jedoch nicht in Kraft treten, da Westdeutschland sich gegenüber Ostdeutschland nicht durch einen internationalen Vertrag binden wollte, um jede indirekte Anerkennung des zweiten deutschen Staates zu vermeiden. Am Rande der Stockholmer Umweltkonferenz der Vereinten Nationen 1972 unterbreitete Finnland einen neuen, erheblich weiter gesteckten Vorschlag, mit dem es nicht nur umweltpolitische Ziele verfolgte, sondern durch die Förderung konkreter Ost-West-Kooperation auch entspannungspolitisch wirken wollte. Auf dieser Basis begannen erneute Verhandlungen, die schließlich am 22.3.1974 zur Unterzeichnung des „Übereinkommens über den Schutz der Meeresumwelt des Ostseegebiets" (BGBl. 1979 II: 1230) führten. Zu diesem Zeitpunkt hatten sich die Beziehungen zwischen beiden deutschen Staaten so weit gebessert, daß die Bundesrepublik sich bereit erklärte, mit der DDR vertragliche Beziehungen einzugehen. Das kurz als Helsinki-Konvention bezeichnete Übereinkommen stellt die Rechtsgrundlage des Ostseeregimes dar. Es trat jedoch erst 1980 in Kraft. Die Verzögerung der Ratifikation wurde einerseits durch finanzielle und technische Probleme bei der Umsetzung der Vertragsbestimmungen durch Polen und die UdSSR hervorgerufen, andererseits durch einen politischen Konflikt um den von den östlichen Ländern abgelehnten Beitritt der Europäischen Gemeinschaft, die ihrem eigenen und dem Verständnis Westdeutschlands und Dänemarks nach inzwischen einen Teil der für den Ostseeschutz erforderlichen Kompetenzen von ihren Mitgliedstaaten übernommen hatte. Ungeachtet dessen begann die Zusammenarbeit auf wissenschaftlich-technischem Gebiet jedoch bereits 1975.

Die Konvention selbst galt zum Zeitpunkt ihrer Zeichnung als das fortschrittlichste Dokument zum Meeresumweltschutz. Sie erfaßt im Prinzip alle in Frage kommenden Verschmutzungsquellen und Eintragsmedien, also nicht nur durch Schiffsbetrieb oder Dumping verursachte oder direkt eingeleitete Verschmutzungen, sondern auch vom Land ausgehende, über Fließgewässer oder durch die Luft in die Ostsee gelangende Umweltbelastungen. Der Konvention liegen zwei Prinzipien zugrunde, die in Artikel 3 verankert sind. Zum einen ist sinngemäß das Vorsorgeprinzip niedergelegt, indem die Vertragsstaaten nicht nur die Pflicht übernehmen, die Verschmutzung zu verringern, sondern auch, sie zu verhindern. Zum anderen enthält derselbe Artikel das Prinzip der Nichtverlagerung: Der Schutz der Meeresumwelt der Ostsee soll nicht zu Lasten anderer Umweltgebiete und -medien gehen.

Diese Prinzipien werden durch drei Gruppen von Normen konkretisiert. Verbotsnormen untersagen generell das Einbringen von Abfällen (Dumping) (Art. 9) sowie die Einleitung gefährlicher Stoffe in die Ostsee (Art. 5). Eine Anlage zum Abkommen bestimmt die unter dieses Verbot fallenden Stoffe (z.B. DDT, PCB). Eine zweite Gruppe von Normen (Art. 6) verfolgt einen kombinierten Ansatz. Danach sind die Mitgliedstaaten gehalten, die Verschmutzung der Ostsee auf allen Eintragswegen zu minimieren und zu kontrollieren, insbesondere wenn sie durch die in einer weiteren Anlage aufgeführten schädlichen Stoffe und Gegenstände verursacht wird. Eine dritte Normengruppe (Art. 16) umfaßt im wesentlichen die Verpflichtung zur wissenschaftlichen und technischen Zusammenarbeit.

Den organisatorischen Kern des Regimes bildet die in den Artikeln 12 bis 15 der Helsinki-Konvention vorgesehene „Kommission zum Schutz der Meeresumwelt der Ostsee", kurz Helsinki-Kommission oder HELCOM. Sie umfaßt eine in der Regel jährlich tagende Konferenz der Vertragsstaaten, die in besonderen Fällen auch auf ministerieller Ebene zusammentritt. Unterhalb dieser Ebene hat die HELCOM im Laufe ihres Bestehens Arbeitsgremien eingerichtet, die die inhaltliche Ausweitung und Konkretisierung der Tätigkeit der Kommission zum Ausdruck bringen. Die ursprünglich zwei Ausschüsse für Schiffahrtsfragen und für wissenschaftlich-technische Zusammenarbeit wurden später durch einen Ausschuß zur Bekämpfung von Öl- und anderen Verschmutzungen sowie durch zahlreiche Unterausschüsse und Arbeitsgruppen ergänzt. HELCOM und ihre Ausschüsse stellen somit die institutionelle Infrastruktur für die dynamische Entwicklung des Regimes dar und gewährleisten, daß die Staaten auf Arbeitsebene ständig in Kontakt bleiben.

Zur formellen Vorbereitung und Koordination der zwischenstaatlichen Arbeit umfaßt die HELCOM darüber hinaus ein Sekretariat mit Sitz in Helsinki. Hier wird auch die inzwischen umfangreiche eigene Schriftenreihe des Regimes, die „Baltic Sea Environment Proceedings" (BSEP), redigiert, in der die Kommission gegenüber der Öffentlichkeit über Fortschritte ihrer Arbeit und neue Forschungsergebnisse berichtet.

Im Rahmen der HELCOM arbeiten die Mitgliedstaaten fortlaufend technische „Empfehlungen" zur Umsetzung der Helsinki-Konvention aus, die auf den jährlichen Vertragsstaatenkonferenzen im Konsensverfahren verabschiedet werden. Obwohl diese Vorschriften rechtlich nicht bindend sind, kommt ihnen eine erhebliche politische Bindungswirkung zu. Diese Wirkung wird dadurch gesteigert, daß die Vorbereitung der Empfehlungen in den Arbeitsgremien der HELCOM durch die Mitgliedstaaten selbst erfolgt und daß die dort vertretenen Angehörigen der nationalen Umweltministerien und Verwaltungen zumeist auch maßgeblich an der nationalen Umsetzung beteiligt sind. Allerdings enthalten derartige Empfehlungen dem Wortlaut nach oft nur weiche Verpflichtungen, kenntlich an Formulierungen wie „die Staaten sollten", „bemühen sich", „streben an". Insgesamt können die Empfehlungen wohl als typische Beispiele der Kategorie des „weichen Rechts" (soft law) im Bereich internationaler Umweltpolitik gelten.

2. Regimeentwicklung

Die bisherige Entwicklung des Ostseeregimes läßt sich in drei Phasen einteilen, die die Bedeutung der Ost-West-Beziehungen für das Regime unterstreichen. Die stete Fortentwicklung des Regimes ist insofern nicht nur einer positiven Eigendynamik des Regimes, sondern auch dem Wandel der äußeren Rahmenbedingungen zuzuschreiben. Umgekehrt haben diese Bedingungen der Wirksamkeit des Regimes Grenzen gesetzt.

2.1 Die Übergangsphase (1974-1980)

Die erste Phase der Regimeentwicklung umfaßt den Zeitraum zwischen der Unterzeichnung der Helsinki-Konvention und ihrem formalen Inkrafttreten. In diesem Zeitraum fanden die ersten wichtigen Schritte der Institutionalisierung und der Abstimmung gemeinsamer Arbeitsmethoden statt. Zunächst wurde als Vorläuferin der späteren HELCOM eine „Interimskommission" eingerichtet. Sodann galt es für die kooperationsbereiten Staaten, eine gemeinsame Definition der Problemlage zu erstellen. Die Interimskommission und ihre Arbeitsgruppen befaßten sich dazu etwa mit der Abstimmung von Meßverfahren als Voraussetzung für eine einheitliche Datengrundlage über die Qualität der Meeresumwelt. Es wurden aber auch bereits Empfehlungen etwa für den Bereich des Schiffsverkehrs ausgearbeitet, nachdem die Ausschüsse für wissenschaftlich-technische Zusammenarbeit und für Schiffahrtsfragen 1975 und

Schutz der Ostsee 137

1976 zunächst als Arbeitsgruppen eingerichtet worden waren. Da die internationale Zusammenarbeit noch nicht auf einer völkerrechtlich verbindlichen Grundlage beruhte, wurden diese Empfehlungen jedoch noch nicht formell verabschiedet. Aufgrund der genannten, politisch begründeten Verzögerung der Ratifikation durch die Vertragsstaaten fiel die erste Phase länger aus, als es die sachlich notwendige Vorbereitungsarbeit erfordert hätte.

2.2 Regimetätigkeit unter den Bedingungen der Ost-West-Systemdifferenz (1980-90)

Das Inkrafttreten der Helsinki-Konvention im Jahre 1980 stellt einen deutlichen Einschnitt der Regimeentwicklung dar. Bereits auf der ersten offiziellen HELCOM-Sitzung gelang es den Mitgliedstaaten, 15 vorbereitete Empfehlungen für den Schiffahrtsbereich zu verabschieden, durch die der einschlägige Artikel 7 der Konvention und die zugehörige Anlage IV konkretisiert wurden. Nachdem Mitte 1986 alle Anrainerstaaten der Ostsee dem weltweit gültigen MARPOL-Abkommen (Oberthür, in diesem Band) beigetreten waren, konnte diese Anlage sowie die Anlage VI über die Zusammenarbeit bei der Bekämpfung der Meeresverschmutzung durch Schiffsbetrieb einschließlich der umfangreichen Anhänge zu beiden Anlagen durch einen Verweis auf die Bestimmungen des MARPOL-Abkommens ersetzt werden. Auch dieser Schritt erfolgte im Wege der Empfehlung. Die Zahl der HELCOM-Empfehlungen ist mittlerweile auf über 150 angestiegen, wovon derzeit rund 120 gültig sind[1]. Inhaltlich wurde ihr Gegenstandsbereich schrittweise erweitert und umfaßt heute praktisch alle Verschmutzungsquellen und -wege.

Viele Empfehlungen enthalten periodische Berichtspflichten der Staaten darüber, welche Maßnahmen sie im einzelnen zur Umsetzung ergriffen haben. Allerdings beschränken sich solche Berichte von seiten der östlichen Teilnehmer in der zweiten Phase der Regimeentwicklung vielfach auf die Feststellung, daß Empfehlungen in nationales Recht oder geplante Maßnahmen umgesetzt worden seien, ohne genau über die faktische Implementation zu berichten.

Ein zweites Verfahren, das sich in der zweiten Phase eingespielt hat, sind jährliche Treffen des Kommissionsvorsitzenden sowie der Ausschußvorsitzenden in der Zeit zwischen den HELCOM-Tagungen. Sie finden jeweils in einem der Teilnehmerländer und in enger Kooperation mit den einschlägigen Verwaltungsbehörden des Gastlandes statt. Diese Treffen erleichtern nicht nur die interne Koordination der Kommissionsarbeit, sondern in der zweiten

---

1   Die HELCOM-Empfehlungen werden jeweils in der Schriftenreihe der Kommission (BSEP) abgedruckt, über ihren aktuellen Implementationsstatus informiert die HELCOM über ihre Internetadresse <http://www.helcom.fi>. Hier sind außerdem Informationen über HELCOM und ihre Ausschüsse sowie die elektronische Fassung des Newsletters der HELCOM (HELCOM NEWS) zu finden.

Entwicklungsphase des Regimes dienten sie auch der kontinuierlichen Einbindung der östlichen Staaten auf der Arbeitsebene. Auf diese Weise sollte ein „sozialisierender" Einfluß auf die beteiligten Administrationen ausgeübt werden, um die aktive Gestaltung von Meeresumweltschutzpolitik trotz der eher geringen Kooperationsbereitschaft der politischen Führung dieser Länder voranzubringen. Eine analoge Funktion spielen derartige Treffen heute im Verhältnis zu den jungen Administrationen der neu entstandenen Staaten.

Weiterhin bildeten sich Verfahren zur Gewinnung einer gemeinsamen Wissensbasis heraus. Dazu gehören die Organisation gemeinsamer Feldexperimente etwa zur Schadstoffbekämpfung und die Einrichtung und Unterhaltung eines gemeinsamen Überwachungsprogramms zur Erfassung der Umweltqualität der Ostsee, für dessen Durchführung in Richtlinien einheitliche Meßverfahren festgelegt wurden. Auf der Grundlage der Ergebnisse dieser Datenerhebungen wird die Umweltqualität der Ostsee in Fünfjahresabständen bewertet. Die Bewertungen werden in der Schriftenreihe der HELCOM veröffentlicht (BSEP 5 A und B [1980], 17 A und B [1986/87] und 35 A und B [1990]). Dort sind auch die beiden umfassenden Zusammenstellungen der Umweltbelastungen der Ostsee (BSEP 20 [1987] und 45 [1993]) erschienen.

Ein letzter verfahrensmäßiger Entwicklungsschritt erfolgte gegen Ende der zweiten Phase. Seit 1988 wird internationalen Nichtregierungsorganisationen ein Beobachterstatus gewährt. Greenpeace International profitierte als erste Organisation davon. Heute nehmen darüber hinaus auch der World Wildlife Fund sowie die Coalition Clean Baltic, ein Zusammenschluß von (Meeres-) Umweltschutzgruppen aus allen Anrainerstaaten, als Beobachter an den Regimeaktivitäten teil. Die Zulassung von Nichtregierungsvertretern spiegelte bereits den Wandel in den politischen Systemen der östlichen Regimeteilnehmerländer wider, der sich gegen Ende der zweiten Phase im Zeichen von Gorbatschows Reformpolitik abzuzeichnen begann.

Der beginnende Wandel in den Ost-West-Beziehungen bereitete auch die Voraussetzungen für die Annahme einer zukunftsgerichteten Ministererklärung über den Schutz der Meeresumwelt in der Ostsee. In dieser während der HELCOM-Tagung von 1988 verabschiedeten Erklärung (Text in: BSEP 26: 30) stellen die Teilnehmerstaaten ausdrücklich fest, das Vorsorgeprinzip anwenden zu wollen. Weiterhin setzen sie sich das Ziel, neue Anstrengungen zu unternehmen, um den Eintrag sowohl von besonders schädlichen Substanzen, insbesondere von Schwermetallen und giftigen oder schwer abbaubaren Stoffen, als auch von Nährstoffen, die zur Eutrophierung (Überdüngung) der Ostsee führen, bis 1995 „in der Größenordnung von 50 Prozent" zu verringern. Trotz des vagen Wortlauts der Erklärung konnte dieses Ziel nicht von allen Staaten erreicht werden. Eine genaue Bewertung ist jedoch schwierig, da in einigen Fällen gar keine Spezifikation des Ausgangsniveaus der Belastung vorlag.

Rückblickend zeichnet sich die zweite Phase also durch die formelle Etablierung und institutionelle sowie normative Ausdifferenzierung des Regimes aus. Neben Regelungsfortschritten im Bereich des Schiffsbetriebs sowie in einer Reihe von Einzelfragen wurden dabei vor allem gegen Ende der Phase auch programmatische Fortschritte erzielt, die jedoch zunächst weitgehend auf der verbalen Ebene blieben.

2.3 Kooperation im Zeichen der Angleichung der politisch-ökonomischen Systeme in Ost und West (ab 1990)

Den Ausgangspunkt der dritten, „postsozialistischen" Phase der Regimeentwicklung bildet die Verabschiedung einer gemeinsamen „Ostsee-Erklärung" durch die Regierungschefs der Mitgliedstaaten während ihres Sonderostseegipfels im September 1990 im schwedischen Rønneby. In der Erklärung wurde zu einem erneuten Anlauf aufgerufen, um die Ostsee durch konkrete Maßnahmen ökologisch wiederherzustellen und die Selbstregenerationskraft der marinen Umwelt zu stärken. Diesmal verblieb der Anlauf nicht allein auf der verbalen Ebene. Vielmehr wurde als wichtiger nächster Schritt eine hochrangige Arbeitsgruppe damit beauftragt, ein „gemeinsames umfassendes Umweltaktionsprogramm" für die Ostsee auszuarbeiten. Dies geschah in den Jahren 1990 bis 1992. Dabei arbeiteten Vertreter der Mitgliedstaaten und der EG sowohl mit Repräsentanten der anderen im Einzugsgebiet der Ostsee gelegenen Staaten als auch mit den NGOs, die Beobachterstatus genießen, sowie erstmals mit Vertretern von vier internationalen Finanzinstitutionen (Europäische Investitionsbank, Europäische Bank für Wiederaufbau und Entwicklung, Nordische Investitionsbank und Weltbank) zusammen.

Unter Beteiligung dieser Finanzinstitutionen wurde mit der Bearbeitung eines der bisher größten Hindernisse der effektiven Umsetzung von HELCOM-Beschlüssen begonnen. Insbesondere den östlichen Regimeteilnehmerländern mangelte es an finanziellen Ressourcen für erforderliche Investitionen etwa zum Bau von Kläranlagen. Mit finanzieller Unterstützung der westlichen Anrainer und der EG wurden insgesamt acht Machbarkeitsstudien für konkrete Projekte sowie eine Reihe thematischer Studien erstellt, die sich etwa mit dem Eintrag von schädlichen Stoffen aus der Atmosphäre sowie mit dem diffusen Eintrag aus der Landwirtschaft befaßten. Vor dem Hintergrund dieser Vorbereitungen konnte die Tagung der Umweltminister im April 1992 in Helsinki zur „Geburtsstunde" des neuen Ostseeregimes werden.

Als erster Schritt wurde auf der Tagung der Text einer neuen Ostsee-Konvention unterzeichnet (BGBl. 1994 II: 1397). Sie übernimmt nicht nur den auf Grundlage der alten Helsinki-Konvention entstandenen institutionellen Apparat des Regimes mit der HELCOM in seinem Zentrum, sondern behält auch den alle Medien umfassenden Ansatz bei. Die neue Konvention enthält aber eine Reihe inhaltlicher Neuerungen, die die rechtliche Grundlage des Ostseeregimes auf den heutigen Stand der internationalen umweltpolitischen und umweltrechtlichen Diskussion bringen (Ehlers 1993). Zunächst wird das Konventionsgebiet um die sogenannten „inneren Gewässer" erweitert, die landeinwärts von der Küstenlinie liegen. Diese Erweiterung war jahrelang am Widerstand der östlichen Anrainer gescheitert. Damit können sich Regimeaktivitäten auch auf Buchten, Bodden und Fjorde erstrecken, die für eine Reihe von Belastungskomponenten, etwa diffuse Gewässerverschmutzung, von erheblicher Bedeutung sind. Weiterhin wird das Vorsorgeprinzip, das nach der alten Helsinki-Konvention nur für die Einleitung gefährlicher Stoffe galt, künftig auch für andere Verschmutzungsarten Geltung erlangen (Art. 3, Abs. 2). Hinzu treten zwei neue Grundprinzipien. Zum einen werden die „beste Umweltpraxis" und der „Stand der Technik" als Maßstab für die zu ergreifenden Maßnahmen festgeschrieben. Zum anderen soll nunmehr das Verursacherprinzip für die Zurechnung der Kosten gelten (Art. 3, Abs. 3 und 4).

Für verschiedene Verschmutzungsarten und -wege, etwa für gefährliche Stoffe sowie für Verschmutzung, die vom Lande oder von Schiffen aus erfolgt oder durch Aktivitäten auf dem Kontinentalschelf verursacht wird, werden verbesserte und verschärfte Bestimmungen festgeschrieben. Die Abfallverbrennung auf See wird verboten. Für Vorhaben, die eine Umweltverträglichkeitsprüfung erforderlich machen, gilt zukünftig eine Konsultationspflicht mit möglicherweise betroffenen anderen Regimeteilnehmern (Art. 7). Gleichzeitig sind die Staaten nunmehr zu besserer Information untereinander und gegenüber der Öffentlichkeit verpflichtet (Art. 16 und 17). Schließlich wird der Schutz von Natur und Artenvielfalt als neue Aufgabe festgeschrieben (Art. 15). Nach der Ratifikation durch die neun Mitgliedsländer des Regimes wird die neue Ostseeschutz-Konvention die Helsinki-Konvention von 1974 ablösen und eine erweiterte rechtliche Grundlage für die Zusammenarbeit zum Schutz der Ostsee bilden.

Weiterhin verabschiedeten die Mitgliedstaaten ebenfalls 1992 in Helsinki zunächst in vorläufiger Form ein Gemeinsames Aktionsprogramm (BSEP 48 [1993]) als zweiten, konkreteren Schritt hin zum „neuen" Ostseeregime (zum folgenden vgl. Kindler/Lintner 1993; Umwelt 6/1992: 239-242). Das Programm umfaßt sechs Elemente, nämlich (1) Maßnahmen zur rechtlichen, regulatorischen und Policy-Entwicklung, etwa die Durchsetzung des Verursacherprinzips, die Festlegung realistischer Abwasserabgaben und die Harmonisierung von Vorschriften; (2) Maßnahmen zur institutionellen Festigung und gegebenenfalls zum Ausbau der administrativen Kapazitäten etwa für nationale Umweltqualitätsmeßprogramme; (3) Investitionsmaßnahmen; (4) Managementprogramme für Küstenlagunen und Feuchtgebiete; (5) Forschungsmaßnahmen; sowie (6) Maßnahmen der Öffentlichkeitsarbeit und der „Bewußtseinsbildung".

Im Zentrum des Programms stehen die „Investitionsmaßnahmen". Im Rahmen des Ostseeregimes soll damit erstmals ein internationaler Transfer von Finanzmitteln organisiert werden. Ein solcher Transfer wäre in früheren Phasen der Regimeentwicklung ausgeschlossen gewesen. Er ist auch gar nicht ernsthaft in Erwägung gezogen worden, denn die östliche Seite hätte eine inhaltliche Bindung der Mittel als Einmischung in die inneren Angelegenheiten angesehen und abgelehnt, während der Westen ohne Verwendungsgarantie nicht zur Zahlung bereit gewesen wäre.

Die Arbeitsgruppe, die das Aktionsprogramm vorbereitete, bestimmte 132 Schwerpunkte für prioritäre Maßnahmen (sogenannte „hot spots"), von denen 98 auf dem Gebiet der ehemaligen Sowjetunion, Polens sowie Tschechiens und der Slowakei lagen. Aus dieser Prioritätenliste wurden wiederum 47 Schwerpunkte ausgewählt, die aufgrund besonderer Dringlichkeit zuerst bearbeitet werden sollen. Darunter fallen 26 städtische (z.B. Kläranlagenbau), neun industrielle und zwölf andere Schwerpunkte. Hierfür sind insgesamt 6,5 Mrd. ECU vorgesehen.

Das gesamte Programm ist auf 20 Jahre angelegt und soll in zwei Phasen durchgeführt werden. Für den Zeitraum 1993-97 sind Mittel in Höhe von 5 Mrd. ECU, für die zweite Phase von 1998-2012 weitere 13 Mrd. ECU veranschlagt. Von diesen insgesamt 18 Mrd. ECU ist der Löwenanteil (5,6 Mrd. ECU) für den Bereich gemeinsamer städtisch-industrieller Kläranlagen vorgesehen. Ein zweiter großer Posten (3 Mrd. ECU) betrifft rein städtische Kläranlagen, ein dritter (3,5 Mrd. ECU) schließlich die diffusen Eintragsquellen (landwirtschaftliche Abwässer, ländliche Siedlungen, Massentierhaltung).

Auch in lange umstrittenen Einzelfragen geht es in der laufenden dritten Phase der Regimeentwicklung rascher voran. So gelang es den Mitgliedstaaten etwa, sich im Rahmen einer im März 1996 verabschiedeten Empfehlung endlich darauf zu verständigen, die Kosten für die Entsorgung von Schiffsmüll in die Hafengebühren einzurechnen und damit den finanziellen Anreiz für die illegale Entsorgung auf See zu beseitigen.

Die gegenwärtige dritte Phase der Entwicklung des Regimes ist durch die Modernisierung sowohl der rechtlichen Grundlagen als auch der Programmformulierung gekennzeichnet. Mit der Einrichtung eines internationalen Finanztransfermechanismus ist Neuland in der Zusammenarbeit der Ostseeanliegerstaaten betreten worden. Schließlich wurden die bisherigen Strukturen weiter konsolidiert. Neben der für die Umsetzung des Gemeinsamen Aktionsprogramms verantwortlichen Arbeitsgruppe verfügt die HELCOM nunmehr über vier weitere Ausschüsse (Umwelt-, technologischer, Schiffahrts- und [Verschmutzungs-] Bekämpfungsausschuß), die ihr zuarbeiten.

3. Wirkungen des Regimes

Der Nachweis der verhaltensleitenden Wirkung der Normen müßte im Grunde als kontrafaktisch zu führender Indizienbeweis spezifisch für jede einzelne Vorschrift oder Normengruppe erfolgen. Dieses Verfahren ist für umfassend angelegte Institutionen wie das Regime zum Schutz der Ostsee kaum durchführbar. Hier kann sich die Wirkungsanalyse deshalb lediglich auf eine plausible Gesamteinschätzung erstrecken.

Zunächst ist festzuhalten, daß es bisher unter den Teilnehmern des Ostseeregimes nicht zu solch spektakulären öffentlichen Anklagen wegen mangelnder Folgebereitschaft gekommen ist wie etwa im Falle des Nordseeschutzes gegenüber Großbritannien. Dies bedeutet jedoch nicht, daß die Regimenormen weitgehend befolgt worden wären. Da die Kooperation zum Schutz der Ostsee auch aus dem Bemühen heraus entstanden war, die Entspannungspolitik durch konkrete technische Zusammenarbeit zu fördern, hielten sich die westlichen Anrainer trotz der von ihnen registrierten nachlässigen Umsetzung der Regimenormen durch die östlichen Teilnehmerländer mit ihrer Kritik zurück. So wurden etwa die mageren Länderberichte der östlichen Anrainer hingenommen. In dieser Hinsicht ist seit dem Systemwandel in den östlichen Anrainerstaaten eine deutliche Verbesserung zu verzeichnen, die dadurch befördert wird, daß diese Länder im Gegenzug zur Bereitstellung von Informationen internationale Hilfsmittel zu erlangen suchen.

Innerhalb des Regimes wurde mit der vergleichsweise einfach zu bearbeitenden und finanziell nicht allzu aufwendigen Regelung der Verschmutzung durch den regulären Schiffsbetrieb begonnen. Auf diesem Feld konnte auch Folgebereitschaft für eine Reihe von Vorschriften erreicht werden. Im Bereich konkreter, eher technischer Normen, etwa auch zur gemeinsamen Erforschung des Umweltzustandes, kann für alle Regimeteilnehmer eine verhaltensleitende Wirkung der Regimevorschriften festgestellt werden.

Je finanziell aufwendiger eine Maßnahme war, desto vager fiel dagegen schon die Formulierung der entsprechenden Vorschriften aus und desto geringer war die Wahrscheinlichkeit, daß die östlichen Staaten formell Zugesagtes auch in die Tat umsetzten. Das Ost-West-Gefälle tritt damit als wichtiger implementationshemmender Faktor hervor. Den östlichen Ländern fehlten jedenfalls in den ersten Phasen der Regimeentwicklung nahezu alle Voraussetzungen für die Implementation. Weder besaßen sie ausreichende finanzielle und administrative Kapazitäten, noch kam dem Meeresumweltschutz eine hohe politische Bedeutung zu, weil ein aktives Engagement von Nichtregierungsorganisationen unter Bedingungen des Realsozialismus kaum möglich war. Für die westlichen Staaten galt dies nicht in gleichem Maße. Sie operierten seit langem unter den zunehmend wachsamen Augen einer kritischen Öffentlichkeit und verfügten über größere finanzielle und administrative Ressourcen. Allerdings ist anzunehmen, daß sie zu einer Reihe von Maßnahmen auch aus eigenem Antrieb oder aufgrund der aus anderen Umweltregimen herrührenden Verpflichtungen gelangt wären, ohne daß es des Ostseeregimes bedurft hätte.

Die verhaltensleitende Wirkung des Regimes kann also insgesamt als schwach, aber zunehmend bezeichnet werden. Dabei resultiert die Steigerung dieser Wirkung in der dritten Phase zum Teil aus den gewandelten politischen Bedingungen, die sowohl für die Mitgliedstaaten als auch für NGOs verbesserte Zugangsbedingungen zu den in den östlichen Staaten liegenden Verschmutzungsquellen mit sich brachten und damit die Voraussetzungen für eine effektivere Implementationskontrolle sowie für das Entstehen öffentlichen Drucks bereiteten.

Aufgrund der vorliegenden, teilweise im Rahmen des Regimes selbst erhobenen Daten lassen sich gewisse positive Auswirkungen der Regimeaktivität auf den Zustand der Meeresumwelt feststellen. So hat das Verbot der gefährlichen Stoffe DDT und PCB gegriffen. Andererseits treten Gruppen anderer Schadstoffe, vor allem chlorierter Kohlenwasserstoffe, als neue Schwerpunkte der Verschmutzung hervor. Auch der hohe Nährstoffeintrag führt nach wie vor zur Überdüngung der Ostsee und verursacht das Absterben praktisch allen Lebens in ganzen Meeresbodenregionen sowie spektakuläre Folgen wie den „Algensommer" von 1988. Dennoch wäre es um den Zustand der Meeresumwelt der Ostsee ohne das Ostseeregime noch schlechter bestellt.

Auch die Rückwirkungen des Regimes auf die Teilnehmer und ihre Interessen sind sehr begrenzt. Die Kooperation im Rahmen des Regimes vermochte an der geringen Priorität des Umweltschutzes in den östlichen Mitgliedstaaten über lange Zeit nicht wirklich etwas zu ändern. Sie bewirkte kein Umdenken und verändertes Verhalten der östlichen politischen Führung, wo es um kostspielige, eventuell die Produktion beeinträchtigende Maßnahmen ging. Dies gilt auch für die im Rahmen der Zusammenarbeit entstandenen interadministrativen Bande und den Einfluß transnationaler Wissenschaftsgemeinschaften. Zwar entstand im Laufe der Zeit aufgrund persönlicher Kontakte eines begrenzten Kreises von Beteiligten ein positives Kooperationsklima, aber dies führte insbesondere in den östlichen Staaten nicht zu durchgreifenden Reformmaßnahmen der (Meeres-)Umweltschutzpolitik. Dagegen hat der Fortfall des Systemkonflikts einige Barrieren für die Überwindung des anderen strukturellen Kooperationshindernisses, nämlich der eng begrenzten finanziellen Ressourcen der osteuropäischen Länder, beseitigt.

Im Rahmen des Ostsee-Aktionsprogramms[2] konnten zehn der 132 ursprünglich identifizierten Verschmutzungsschwerpunkte wegen erreichter Verbesserungen der Umweltsituation aus der Prioritätenliste gestrichen werden. Sie befinden sich jedoch ausnahmslos in den westlichen Anrainerstaaten, nämlich je vier in Schweden und Finnland sowie zwei weitere in Deutschland. Für die Sanierung der verbleibenden 122 Schwerpunkte wird ein Finanzbedarf von 8,1 Mrd. ECU veranschlagt, von denen bisher 1,55 Mrd. ECU zur Verfügung gestellt worden sind. Am raschesten schreitet dabei die Bereitstellung der Mittel für die städtischen Schwerpunkte voran, für die ein Drittel der benötigten Mittel bereits zur Verfügung stehen. Für die drei im Abfallsektor liegenden Schwerpunkte konnten bisher ein Viertel, für industrielle Schwer-

---

2   Grundlage der folgenden Angaben ist der Vierte Tätigkeitsbericht („Forth Activity Inventory") der HELCOM über das Aktionsprogramm vom April 1996, auf dessen Daten auch die eigenen Berechnungen beruhen.

punkte und Küstenlagunen-Projekte dagegen erst etwa zehn Prozent der veranschlagten Mittel aufgebracht werden. Der größte Finanzbedarf wurde dabei in Polen (rund 3,2 Mrd. ECU), Estland (1,3 Mrd. ECU) und Rußland (900 Millionen ECU) ausgemacht. Polen trägt etwa 95 Prozent der Umweltschutzausgaben selbst. Dagegen stammten 33,7 der für Projekte in Estland bisher zur Verfügung stehenden rund 71 Millionen ECU von ausländischen Gebern. Von den für Projekte in Rußland bereitgestellten 171 Millionen ECU kamen 97,4 Millionen aus dem Ausland.

Zwei der größeren Projekte machen die derzeitigen gemeinsamen Anstrengungen zum Schutz der Ostsee beispielhaft deutlich. So wurden bisher 42,6 Millionen ECU in die biologische Klärung städtischer und industrieller Abwässer aus Tallinn (Estland) investiert. Das auf insgesamt 44,3 Millionen ECU veranschlagte Projekt dient der Reduktion der Verschmutzung des finnischen Meerbusens. Von den Mitteln stammten 26,1 Millionen ECU von ausländischen Gebern, darunter vom finnischen Umweltministerium, der Europäischen Bank für Wiederaufbau und Entwicklung, dem PHARE-Programm der EU sowie den Wasserwerken von Helsinki. Ein weiteres Projekt dient der Entwicklung eines Managementplans sowie des umweltverträglichen Tourismus für die Bucht von Matsalu (Estland). Dieses Küstenlagunen-Projekt wurde bisher mit 1,65 Millionen ECU gefördert, darunter mit 1,24 Millionen ECU aus ausländischen Quellen. Zu den Gebern gehörten in diesem Fall die schwedische Umweltbehörde, das dänische und finnische Umweltministerium, die EU (PHARE-Programm) sowie die Weltbank.

Zwischen 1991 und 1994 konnte der biologische Sauerstoffbedarf, ein Maß für die Abwasserbelastung, der 65 Schwerpunkte, für die Zahlen vorliegen, von 477.000 auf 341.000 Tonnen pro Jahr (t/a) reduziert werden. Die Stickstoffbelastung an 58 Schwerpunkten sank von 73.500 auf 53.600 t/a, die Phosphatbelastung an 59 Schwerpunkten allerdings nur von 20.900 auf 19.000 t/a. Auch die durch 27 Schwerpunkte verursachte atmosphärische Belastung durch SO_2 konnte im selben Zeitraum von 368.000 auf 206.000 t/a reduziert werden, während die Belastung durch Stickoxide aus 25 Schwerpunkten von 91.000 auf 60.900 t/a sank. Diese Zahlen unterstreichen, daß im Rahmen des 1992 aufgelegten Aktionsprogramms mit finanzieller Hilfe des Westens bereits Fortschritte erzielt wurden. Obwohl der bisherige Investitionsaufwand im Vergleich zum Bedarf noch bescheiden ist, erweist sich der internationale Finanztransfer für einzelne Projekte als entscheidend. Die erzielten Erfolge bei der Reduktion der Schadstoffbelastung sind im Einzelfall erheblich, sie lassen sich jedoch nicht über alle Schwerpunkte verallgemeinern, und ihre Auswirkungen auf die Verbesserung der Umweltqualität der Ostsee insgesamt sind nur schwer abzuschätzen.

Darüber hinaus ist bereits jetzt absehbar, daß das Aktionsprogramm nicht wie geplant durchgeführt werden kann. Bereits in der 1993 im Rahmen einer „Ressourcenmobilisierungskonferenz" verabschiedeten Danziger Erklärung (Text in: Umwelt 5/1993: 193) stellen die Mitgliedsländer fest, daß es aufgrund der knappen Finanzmittel notwendig wird, die Umsetzung vieler der im Programm vorgesehenen vorrangigen Investitionsmaßnahmen phasenweise anzugehen. Die Haushaltsprobleme der Geberländer setzen dem Transfer öffentlicher Mittel Grenzen. Der Versuch, in Zusammenarbeit mit den internationalen Finanzinstitutionen auch privates Kapital zu mobilisieren, scheiterte bislang vielfach an der mangelnden Rentabilität einzelner Projekte.

Während der Beitrag des internationalen Regimes zum Schutz der Meeresumwelt der Ostsee also begrenzt ist, hat es auf anderen Feldern positive „Nebenwirkungen" erzeugt. Zum einen hat die Zusammenarbeit im Rahmen des Ostseeregimes nämlich dazu beigetragen, ein entspannungsförderliches Kooperationsfeld zwischen Ost und West zu etablieren. Tatsächlich erwies sich das Regime in seiner zweiten Phase gegenüber der zeitweiligen Verschlechterung der allgemeinen Ost-West-Beziehungen als weitgehend resistent. Zum anderen hat die normativ-institutionelle Entwicklung des Ostseeregimes Modellcharakter für die im Rahmen des UN-Umweltprogramms organisierte Zusammenarbeit zum Schutz anderer regionaler Meere gehabt (Gebremedhin 1989: 90).

4. Fazit

Das Ostseeregime zeichnet sich durch drei Aspekte aus. Erstens ist sein Entstehungs- und Wirkungskontext stark durch den Ost-West-Konflikt geprägt. Sowohl die finnische Initiative zur Gründung des Regimes als auch die Bereitschaft der übrigen Anrainer, sich hieran zu beteiligen, waren nicht zuletzt entspannungspolitisch motiviert. In diesem Sinne hat das Regime als vergleichsweise erfolgreiches Instrument der Ost-West-Kooperation funktioniert. Ohne die entspannungspolitische Zielrichtung wäre es kaum so früh entstanden. Zugleich setzte die gegensätzliche Natur der verschiedenen Gesellschaftssysteme seiner umweltpolitischen Wirksamkeit enge Grenzen. Die östlichen Staaten waren ökonomisch nicht zu durchgreifenden Umweltschutzmaßnahmen in der Lage. Ihre politischen Systeme ließen auch Umweltbewegungen als Resonanzboden des internationalen Regimes nicht zu und betrieben „Geheimniskrämerei" im Hinblick auf Umweltdaten. Angesichts dessen ist das erreichte Ausmaß an Kooperation gleichwohl beachtenswert, das das Ostseeregime zum Modell für andere Meeresumweltschutzregime werden ließ.

Der zweite charakteristische Aspekt des Ostseeregimes, die Verwendung von nur politisch verbindlichen Empfehlungen als Regelungstechnik, folgt unmittelbar aus der intersystemaren Natur der Kooperation. Kein anderes der in diesem Band behandelten Regime stützt sich so weitgehend auf diese Technik. Sie geht auf die ursprünglich politisch motivierte Ablehnung der östlichen Staaten zurück, sich rechtlich zu binden. Allerdings ist es im Zeichen des west-östlichen Kapazitätsgefälles auch nach dem Systemwandel im Osten bei dieser weichen Verpflichtungsform geblieben. Dafür ist die Einsicht mitbestimmend, daß angesichts der prinzipiellen Kooperationsbereitschaft aller beteiligten Staaten weniger der politische Wille als vielmehr die mangelnde Kapazität einiger Mitgliedsländer der wirksame Kooperation begrenzende Faktor ist. In diesem Fall würden jedoch auch Sanktionsdrohungen nicht helfen, die bei rechtlich verbindlichen Verpflichtungen möglich wären.

Das dritte Charakteristikum des Ostseeregimes stellt der seit einiger Zeit zum Regime gehörende Mechanismus für Finanztransfers auf der Basis nachgewiesenen Bedarfs und kollektiv überwachter, sachgerechter Verwendung dar. Wie in einigen Fällen der Nord-Süd-Kooperation wird die bisherige Zusammenarbeit damit durch ein neues Instrument der internationalen Umweltkooperation zur Hebung der finanziellen, technischen und administrativen Kapazitäten der ökonomisch schwächeren Staaten ergänzt. Auch in dieser Hinsicht geht das Ostseeregime mit – zugegebenermaßen kleinen – Schritten in die neue Richtung voran.

Grundlegende Literatur

Haas, Peter M. 1993: Protecting the Baltic and North Seas, in: ders./Keohane, Robert O./Levy, Marc A. (Hrsg.): Institutions for the Earth. Sources of Effective International Environmental Protection, Cambridge, Mass., 133-181.
Hjorth, Ronnie 1992: Building International Institutions for Environmental Protection. The Case of Baltic Sea Environmental Cooperation, Linköping.
List, Martin 1991: Umweltschutz in zwei Meeren. Vergleich der internationalen Zusammenarbeit zum Schutz der Meeresumwelt in Nord- und Ostsee, München.

Weiterführende Literatur

Baltic Marine Environment Protection Commission (Hrsg.): Baltic Sea Environment Proceedings, Helsinki.
Ehlers, Peter 1993: Das neue Helsinki-Übereinkommen. Ein weiterer Schritt zum Schutz der Ostsee, in: Natur und Recht 5, 202-221.
Gebremedhin, Naigzy 1989: Lessons from the UNEP Regional Seas Programme, in: Westing, Arthur H. (Hrsg.): Comprehensive Security for the Baltic. An Environmental Approach, London, 90-98.
Graßhoff, Klaus 1974: Die Geschichte der internationalen Meeresforschung im Ostseeraum, in: Magaard, Lorenz/Rheinheimer, Gerhard (Hrsg.): Meereskunde der Ostsee, Berlin, 269-283.
Kindler, Janusz/Lintner, Stephen F. 1993: An Action Plan to Clean up the Baltic, in: Environment 35: 8, 7-31.
Bundesministerium für Umwelt, Naturschutz und Reaktorsicherheit (Hrsg.): Umwelt. Hefte 12/1991, 6/1992, 5/1993, 10/1995, 2/1996 und 5/1996.

9. Internationale Bemühungen zum Schutz des Rheins

Thomas Bernauer/Peter Moser

1. Einleitung

Mehr als 200 Flüsse werden von zwei oder mehr Staaten gleichzeitig zu Zwecken der landwirtschaftlichen Bewässerung, Trinkwasserversorgung, Elektrizitätsgewinnung, Schiffahrt und anderen menschliche Aktivitäten genutzt. Die Nutzung eines internationalen Flusses durch einen Anrainerstaat hat in der Regel verschiedenste negative und (seltener) auch positive Auswirkungen auf Menschen und/oder die Umwelt in anderen Anrainerstaaten. Zum Beispiel kann die Wasserentnahme zu Bewässerungszwecken durch einen Oberlieger die den Unterliegern zur Verfügung stehende Wassermenge und Wasserqualität verringern. Positive Effekte sind insofern möglich, als z.B. der Staudamm eines Oberliegers die Gefahr von Überschwemmungen in stromabwärts liegenden Staaten reduzieren kann. Schließlich können, im Gegensatz zur landläufigen Meinung, die Auswirkungen der Nutzung internationaler Flüsse auch stromaufwärts gerichtet sein – also vom Unter- zum Oberlieger hin wirken. So ist es möglich, daß z.B. Staudammprojekte oder eine großangelegte Wasserentnahme eines Unterliegers den Zugang eines Oberliegers zum Meer behindern (Bernauer 1996b).

Diese grenzüberschreitenden Auswirkungen der Nutzung internationaler Flüsse durch die Anrainer und die dadurch entstehenden gegenseitigen Abhängigkeiten erzeugen oft einen Bedarf an internationaler Zusammenarbeit. Bei ungefähr dreißig der über 200 internationalen Flüsse wird deren Nutzung durch die Anliegerstaaten und ihre Bevölkerung deshalb mittels internationaler Regime reguliert. In diesem Beitrag konzentrieren wir uns auf ein Fallbeispiel aus dieser Kategorie internationaler Umweltregime – das Regime zum Schutz des Rheins. Das Rheinregime ist in mindestens zweierlei Hinsicht ein interessantes Untersuchungsobjekt. Erstens gehört es zu den ältesten internationalen Regimen überhaupt, was eine Längsschnittanalyse der Entwicklung und Wirkung des Regimes begünstigt. Zweitens wird das Rheinregime von vielen Beobachtern für eines der erfolgreichsten Regime zum Schutze internationaler Fließgewässer gehalten (Stigliani et al. 1993: 786; Neue Zürcher Zeitung, 17.3.90; kritisch dagegen: LeMarquand 1977: 123). Eine Analyse des Rheinregimes kann somit auch zur Ableitung von Erfolgsbedingungen für das Management internationaler Flüsse allgemein beitragen (Bernauer/Moser 1996).

Das internationale Rheinregime besteht aus einer Vielfalt von völkerrechtlichen Verträgen, politisch bindenden Abkommen, einigen supranationalen Regulierungsversuchen. An das Regime sind auch verschiedene grenzüberschreitende privatrechtliche Verträge zwischen nichtstaatlichen Akteuren angelagert. Diese Formen grenzüberschreitender Zusammenarbeit beziehen sich auf ein sehr weites Spektrum von Aktivitäten der Anrainer und man kann deshalb von mehreren Teilregimen sprechen. Die wohl umfassendsten grenzüberschreitenden Bemühungen finden sich in den Bereichen der Schiffahrt und des Schutzes des Rheins vor Verunreinigung. Dieser Beitrag konzentriert sich auf den zuletzt genannten, im Rahmen der Umweltpolitik besonders relevanten Aspekt. Wir untersuchen dabei zwei Hauptbereiche, in denen die grenzüberschreitende Zusammenarbeit bislang am intensivsten war: die Verschmutzung des Rheins durch Salz sowie durch Schwermetalle und andere chemische Substanzen. Am Schluß des Beitrags versuchen wir, die beiden Teilregime vergleichend zu bewerten.

2. Die Gründe für die Entstehung des Regimes zum Schutz des Rheins

Das Einzugsgebiet des Rheins gehört zu den bevölkerungsreichsten und am meisten industrialisierten Gegenden Europas. Der Rhein besitzt für die Anliegerstaaten – die Schweiz, Deutschland, Frankreich, die Niederlande und Luxemburg, das über die Mosel mit dem Rhein verbunden ist – eine eminente Bedeutung: für den Transport, die Elektrizitätsgewinnung, Trinkwasserversorgung, landwirtschaftliche Bewässerung ebenso wie für die Abwasserentsorgung (LeMarquand 1977). Die Nutzung des Flusses durch die einzelnen Anlieger ist allerdings sehr unterschiedlich. Während alle Anrainerstaaten sich des Rheins zu Zwecken der Schiffahrt und Abwasserentsorgung bedienen, sind z.B. die Niederlande weitaus am meisten abhängig vom Rhein für ihre Trinkwasserversorgung und landwirtschaftliche Bewässerung. Diese Abhängigkeit Hollands ist insofern problematisch, als es an der Mündung des Rheins liegt und somit besonders von der Verunreinigung des Flusses durch die Oberlieger betroffen ist. Es erstaunt deshalb nicht, daß die wichtigsten Initiativen zum Schutz des Rheins gegen Verschmutzung jeweils von den Niederlanden ausgegangen sind.

In den 30er Jahren begannen sich holländische Bauern und Wasserwerke in zunehmendem Maße über die ihrer Ansicht nach zu hohe Salzbelastung des Rheins zu beschweren. Die Wasserwerke klagten, daß diese Form der Verunreinigung zu erhöhter Korrosion in ihren Leitungen und anderen Einrichtungen führe und die Qualität des Trinkwassers beeinträchtige. Die Landwirte argumentierten, daß die Salzbelastung Ernteeinbußen verursache (IAWR 1988). Der größte Teil der Salzverschmutzung wurde (und wird immer noch) durch die bei Mulhouse im Elsaß gelegenen Kaliminen „Mines de Potasse d'Alsace" (MdPA) sowie deutsche Kohlebergwerke im Ruhr- und Lippe-Gebiet verursacht. Bei der Kaliförderung fällt Salz als Abfallprodukt an. Zwischen 1910 und 1931 wurden diese Salzabfälle auf dem Areal der Minen gelagert. Als diese Salzlager jedoch in zunehmendem Maße das Grundwasser der Region belasteten, begann die MdPA – ein Staatsbetrieb – mit Bewilligung der französischen Regierung, die Abfälle in den Rhein zu leiten. Bis in die 80er Jahre hinein stiegen diese Einleitungen fast kontinuierlich. Nach dem Zweiten Weltkrieg nahm dann auch die sogenannte chemische Verschmutzung des Rheins durch Schwermetalle, Pestizide, und andere Substanzen zu. Mitte der 70er Jahre war schließlich der Rhein derart verschmutzt, daß man ihn zu Recht als „Kloake Europas" bezeichnen konnte (LeMarquand 1977).

Während mit der Schiffahrt verbundene Verunreinigungen des Flusses schon seit der Jahrhundertwende im Rahmen der internationalen Rheinschiffahrts-Kommission diskutiert und teilweise unterbunden worden waren, gelangten die Rheinanlieger nach dem Zweiten Weltkrieg zur Ansicht, daß andere Formen der Verschmutzung in einem getrennten Forum verhandelt und gelöst werden sollten. 1950 wurde die Internationale Kommission zum Schutz des Rheins vor Verunreinigung (IKSR) durch einen Briefwechsel der Anrainerstaaten ins Leben gerufen.[1] Die entscheidenden Anstöße dazu gingen von den Niederlanden aus. 1963 wurde die IKSR durch „die Vereinbarung über die Internationale Kommission zum Schutze des Rheins gegen Verunreinigung vom 29. April 1963", einen völkerrechtlichen Vertrag zwischen der Schweiz, der BRD, Frankreich, den Niederlanden und Luxemburg, auf eine festere Grundlage gestellt (BGBl. 1965 II: 1433; Kiss 1985: 621).

Die IKSR wurde gemäß Artikel 2 des Abkommens damit beauftragt, das Ausmaß und die Quellen der Verschmutzung des Rheins zu überwachen und zu erforschen, Maßnahmen zum Schutz des Flusses vorzuschlagen und Abkommen zwischen den Anrainerstaaten vorzubereiten. Das wissenschaftlich-technische Sekretariat der IKSR, das in Koblenz (Deutschland) angesiedelt wurde, erhielt beratende Funktionen, im Gegensatz zur Rheinschiffahrts-Kommission jedoch keine substantiellen Entscheidungsbefugnisse. In der Kommission der IKSR, die sich aus Delegationen aller Mitgliedsländer zusammensetzt, gilt gemäß Artikel 6 die Konsensregel, was tendenziell zu Vereinbarungen auf dem kleinsten gemeinsamen Nenner führt. Diese Strukturen der Zusammenarbeit reflektieren die Unter- und Oberlieger-Problematik. Der am meisten von der Verschmutzung betroffene Unterlieger, die Niederlande,

---

[1] Zuvor wurden Fragen der Rheinverschmutzung gelegentlich auch bei Treffen von Regierungsvertretern im Rahmen des schon 1885 abgeschlossenen Vertrages zur Regelung der Lachsfischerei am Rhein diskutiert (Romy 1990:52).

war bestrebt, der IKSR möglichst umfassende Kompetenzen zu geben, um über Mehrheitsbeschlüsse und ein einflußreiches Sekretariat möglichst rasch eine Reduktion der Verunreinigung zu erzielen. Die Oberlieger des Rheins, welche durch Einleitungen ihre Abwässer auf billige Weise stromabwärts entsorgen bzw. exportieren konnten, waren mit dem Status quo recht gut bedient und stellten sich dem holländischen Begehren entgegen.

Die weitere Entwicklung des Regimes zum Schutz des Rheins vollzog sich im wesentlichen im Rahmen der IKSR. In den 60er und frühen 70er Jahren beschränkte sich die Arbeit der Kommission auf die Überwachung der Rheinverschmutzung. Für die Entwicklung des Regimes war diese Arbeit jedoch nicht unwichtig, wurden doch in dieser Zeit die Grundlagen für die Zusammenfassung der nationalen Meßstationen zu einem leistungsfähigen und einheitlichen Meß- und Überwachungssystem gelegt, das der internationalen Zusammenarbeit bis heute förderlich ist und eine wesentliche Leistung des Regimes darstellt.

Um die nur sehr zögerlich vorankommende Zusammenarbeit zu beschleunigen, wurde 1972, als offensichtlich wurde, daß der Rhein vor dem ökologischen Kollaps stand, auf Anregung der Niederlande erstmals ein Treffen der Umweltminister der Rheinanlieger abgehalten. Von diesen nicht vertraglich institutionalisierten Treffen hochrangiger Entscheidungsträger, die (mit einigen Ausnahmen) bisher jährlich stattgefunden haben, sind jeweils wichtige politische Impulse für die Kooperation im Rahmen der IKSR ausgegangen (LeMarquand 1977). 1973 beauftragten die Umweltminister die IKSR, eine internationale Konvention zum Schutz des Rheins vor chemischer Verschmutzung und eine Konvention zur Verringerung der Salzbelastung des Flusses auszuhandeln.

Dieses Vorgehen, bei dem mehrere Formen der Rheinverschmutzung gleichzeitig einbezogen wurden, erwies sich für die Entwicklung des Rheinregimes insofern als positiv, als sich dadurch die bislang recht geschlossene Koalition der Oberlieger, die sich den Anliegen der Niederlande widersetzt hatte, spaltete. Frankreich entwickelte sich neben den Niederlanden zu einem Befürworter einer internationalen Vereinbarung zur Reduktion chemischer Verschmutzung. Von Bedeutung war dabei, daß auf diesem Gebiet die geschätzten Kosten der Reduktion französischer Einleitungen vergleichsweise gering waren. Zudem konnte Frankreich damit sein schlechtes Image als Hauptverursacher der Salzbelastung des Rheins etwas aufbessern. Die Bundesrepublik Deutschland, welche die größten Industrien im Rheineinzugsgebiet besitzt, hatte die größten Kosten bei der Reduktion der chemischen Verschmutzung zu tragen.

Als Folge dieser erneuten Anstrengungen konnten 1976 zwei Verträge abgeschlossen werden: die „Konvention zum Schutz des Rheins vor Verschmutzung durch Chloride vom 3. Dezember 1976" (BGBl. 1978 II: 1065) und die „Konvention zum Schutz des Rheins gegen chemische Verunreinigung" (BGBl. 1978 II: 1054), die sogenannte Bonner Konvention. Beide

Verträge wurden in völlig getrennten Untergremien der IKSR ausgehandelt und sind in ihrem Ansatz höchst unterschiedlich. Sie bilden den Ausgangspunkt zweier voneinander unabhängig verlaufender Prozesse der Bildung und Entwicklung von Teilregimen in den beiden angesprochenen Teilbereichen der Rheinverschmutzung. Das Rheinregime, in dieser Untersuchung definiert als die IKSR und alle mit ihr in Zusammenhang stehenden Verhandlungen und Abkommen[2], spaltet sich hier sozusagen in zwei einzeln zu analysierende Unter- oder Teilregimes, die in den folgenden Kapiteln getrennt behandelt werden.[3]

3. Reduktion der Salzbelastung des Rheins

3.1 Entstehung

Die Salzbelastung des Rheins entwickelte sich schon früh zu einem zentralen Verhandlungsthema der Rheinanliegerstaaten. Dies rührt vor allem daher, daß es sich um eine stark zunehmende Verunreinigung des Rheins durch eine einzige Substanz handelte, deren Quellen und Auswirkungen leicht eruierbar waren – zumal es bei diesem Problem im wesentlichen um einen Großeinleiter (die MdPA) und eine lokal eingrenzbare Gruppe von großen Emittenten (deutsche Bergwerke im Ruhr- und Lippe-Gebiet) ging. Die politische Lösung dieses relativ einfach zu bearbeitenden Umweltproblems sollte sich jedoch als außerordentlich schwierig erweisen. In einem fast 60 Jahre dauernden Verhandlungsprozeß trotzten die Holländer den drei Oberliegern des Rheins, Deutschland, Frankreich und der Schweiz, drei gemeinsam finanzierte Projekte zur Reduzierung der Salzbelastung des Rheins ab (Bernauer 1996a).

Die Ausgangslage in diesem Fall war von einer starken Asymmetrie der Interessen von Ober- und Unterliegern des Rheins geprägt. Die Oberlieger, hauptsächlich Frankreich und Deutschland, waren an einer Reduktion ihrer Salzemissionen wenig interessiert. Sie schädigten sich durch ihre Einleitungen selbst nicht, da sie auf den Rhein für ihre Trinkwasserversorgung und Bewässerung kaum angewiesen waren. Somit konnten sie auch von einer

---

2   Diese Definition impliziert, daß wir im vorliegenden Kapitel die Internationale Schifffahrtskommission für den Rhein sowie die von der EU ausgehenden Regulierungsversuche, die unter anderem auch für die Rheinanlieger (ohne die Schweiz) gelten, nicht als integralen Teil des Regimes zum Schutz des Rheins betrachten.

3   Weitere Tätigkeitsgebiete der IKSR, die wir in dieser Analyse nicht weiter behandeln, sind die Verhinderung von bzw. Kooperation bei unfallbedingten Verschmutzungen des Rheins sowie das Problem der thermischen Verschmutzung (ausführliche Information dazu findet sich in den Tätigkeitsberichten der IKSR).

Reduktion der Salzverschmutzung nicht direkt profitieren. Holland hingegen, welches mehr als 60 Prozent seines Wasserbedarfs durch Rheinwasser deckt, wurde angeblich vor allem dadurch geschädigt, daß niederländische Bauern durch den zu hohen Salzgehalt im Rheinwasser Ernteschäden erlitten und in den Versorgungssystemen der Wasserwerke erhöhte Korrosionsschäden auftraten.

Seit Mitte der 30er Jahre konzentrierten holländische Regierung, Wasserwerke und Bauern ihre Forderungen zur Verringerung der Salzeinleitungen auf die französischen Kaliminen (MdPA) und weniger auf die deutschen Bergwerke im Ruhr- und Lippe-Gebiet. Dies ist darauf zurückzuführen, daß die MdPA derjenige Einzelakteur war, der am meisten Salz einleitete, und daß eine Reduktion der Salzemissionen bei der MdPA technisch am leichtesten zu bewerkstelligen war. Die Salzabfälle der MdPA fallen größtenteils in fester Form an, was verschiedene Entsorgungsarten ermöglicht – z.B. Aufhaldung am Ort, Verwendung als Streusalz, Transport an einen anderen Ort zur Entsorgung. Im Fall der deutschen Minen hingegen müßte das aus den Schächten abgepumpte salzhaltige Wasser (Brackwasser) vor der Aufhaldung oder einer anderen Entsorgung, die den Rhein nicht belastet, zuerst in einen festen Zustand überführt werden.

Frankreich zeigte den holländischen Forderungen gegenüber bis Ende der 60er Jahre die kalte Schulter. Es argumentierte, daß die durch die Salzeinleitung verursachten Schäden von den Holländern übertrieben wurden, und daß die Elsässer weit mehr unter der Salzbelastung ihres Grundwassers litten, welche durch die Aufhaldung von Salz (bis 1931) auf dem Areal der MdPA entstanden war. Die französische Regierung, die MdPA und lokale Interessengruppen im Elsaß machten sogar geltend, daß das Problem der Salzbelastung von den Niederländern zum großen Teil selbst verschuldet war. In der Tat hatten holländische Bauern und Wasserwerke schon vor den französischen Einleitungen Probleme mit der Versalzung. Diese wurde durch von der Nordsee her eindringendes Meerwasser in künstlich geschaffene, tieferliegende Gebiete (v.a. in die Polder) verursacht. Das diesen Gebieten zugeführte, vergleichsweise weniger salzhaltige Rheinwasser diente in diesem Zusammenhang der Senkung der Salzkonzentration – z.B. durch „Auswaschen" der Bewässerungskanäle. Als der Salzgehalt im Rheinwasser jedoch durch die französischen und deutschen Einleitungen stieg, war es zu diesem Zweck nicht mehr verwendbar.

Die französische Verweigerung hielt an, bis sich die holländische Regierung bereit erklärte, einen finanziellen Beitrag zur Reduktion der Salzeinleitungen auf französischem Gebiet zu leisten. Diese Strategie der Transferzahlung wurde von den Niederländern nur nach langem Zögern ergriffen, entsprach sie doch nicht der im OECD-Raum akzeptierten Norm, wonach Verursacher von grenzüberschreitenden Schäden diese zu beseitigen und für die entsprechenden Kosten aufzukommen hätten (Verursacherprinzip). Transferzahlungen erwiesen sich freilich aus pragmatischen Gründen als notwendig, da andere Strategien, um die wichtigen Emittenten in den Oberliegerstaaten zur Reduktion ihrer Salzeinleitungen zu bewegen (z.B. politischer Druck oder Schadenersatzforderungen auf dem Gerichtsweg), auch nach jahrelangen Bemühungen nicht zum Erfolg zu führen schienen (Kiss 1985; Bedarff et al. 1995).

Die schon in den 50er Jahren erfolgte Einbindung der Verhandlungen in die IKSR spielte in diesem Kontext eine wichtige Rolle. Sie ermöglichte es den Niederlanden, eine Beteiligung der vier Rheinanliegerstaaten an einem Kooperationsmechanismus mit Transferzahlungen zu sichern. Diese Beteiligung wurde dadurch abgestützt, daß die Niederlande der deutschen und schweizer Regierung signalisierten, daß diese bei einer finanziellen Beteiligung an einem Reduktionsprojekt in Frankreich (bei der MdPA) keine holländischen Forderungen auf Reduktion ihrer Salzeinleitungen zu gewärtigen hätten. Zumindest auf deklaratorischer Ebene konnte somit das Vorgehen von allen Seiten als ökonomisch und politisch sinnvolle Lösung dargestellt werden. Für die holländische Regierung entschärfte sich damit das Problem, den Wählern plausibel machen zu müssen, wieso man die über Jahrzehnte mit Beschuldigungen überhäufte und oft als Hauptverschmutzerin des Rheins dargestellte MdPA für ihre Reduktionen nun auch noch bezahlen müsse. Ein von allen Rheinanliegern mitverursachtes Umweltproblem, unter dem vor allem die Holländer litten, konnte nach offizieller Darstellung jetzt in gutnachbarschaftlicher Weise gelöst werden, indem sich alle Anrainerstaaten an den Kosten der Maßnahmen beteiligten, und diese Maßnahmen dort ergriffen wurden, wo sie am billigsten durchführbar waren – eine aus Sicht der Gesamtwohlfahrt ökonomisch sinnvolle Lösung.

1972 beschlossen die vier Rheinanlieger, die Verringerung der Salzeinleitungen durch die MdPA gemeinsam zu finanzieren. Sie vereinbarten, die geschätzten Kosten des Programms nach folgendem Verteilungsschlüssel zu tragen: Frankreich und Deutschland würden je 30 Prozent beitragen, Holland 34 Prozent und die Schweiz 6 Prozent. Die Umsetzung dieses Beschlusses in konkrete Projekte erwies sich jedoch als äußerst schwierig. Ein erstes Projekt zur Reduktion der Salzeinleitungen der MdPA wurde 1976 durch die oben erwähnte Konvention in Angriff genommen.

Dieses Projekt konnte jedoch erst ab 1987, also 11 Jahre nach der Unterzeichnung, umgesetzt werden. Ein Hauptgrund für diese Verzögerung lag darin, daß lokale Interessengruppen im Elsaß, die aufgrund der Salzbelastung ihres Grundwassers durch bereits vor 1931 aufgehaldete Salze der MdPA weiterhin an einer Einleitung der Abfälle in den Rhein interessiert waren, die Ratifikation des Vertrags durch Frankreich erfolgreich blockieren konnten. Das seit 1987 umgesetzte Projekt, im dessen Rahmen Salzabfälle der MdPA in speziell abgedichteten Lagerstätten deponiert werden, reduziert die Einleitungen der MdPA konstant um rund 11 kg/s. Dies entspricht etwa vier Prozent der Gesamtbelastung des Rheins durch Salz zu jenem Zeitpunkt. Die Kosten des Projekts belaufen sich auf ca. 40 Millionen DM. Da die somit durchgeführten Reduktionen allerdings noch weit unter dem ursprünglich gesetzten Ziel von 60 kg/s lagen, verhandelten die Anliegerstaaten des Rheins nach 1987 weiter.

3.2 Weiterentwicklung

1991 beschlossen die vier Anrainerstaaten, die Salzbelastung weiter zu senken. Die MdPA wurde verpflichtet, ihre Einleitungen durch Aufhaldung der Salze dann zu verringern, wenn die Salzkonzentration an der deutsch-holländischen Grenze 200 mg/l überschreitet. Dieses ab 1992 umgesetzte Projekt ist mit rund 130 Millionen DM veranschlagt. Schließlich wurde im Herbst 1994 ein 33 Millionen DM Projekt in Angriff genommen, mit dem die Salzkonzentration des Ijsselmeeres reduziert werden soll. Das Ijsselmeer ist ein größerer See in Nordholland, welcher vom Rhein gespeist wird und als eine der wichtigsten Quellen der holländischen Wasserversorgung dient. Die Finanzierung dieser zwei Projekte wird, wie auch das erste Projekt, durch den bereits 1972 beschlossene Verteilungsschlüssel finanziell geregelt (IKSR 1972-1995).

Daß die Verhandlungen über die Ausgestaltung des Teilregimes im Bereich der Salzbelastung so lange dauerten, kann kaum auf Probleme der Überwachung und Durchsetzung der Vertragseinhaltung und ihre Ex-ante-Konsequenzen (die Notwendigkeit der Ausarbeitung komplizierter Kontrollmechanismen) zurückgeführt werden. Dieser Befund widerspricht der in der in der Literatur über internationale Regime häufig vorgebrachten Behauptung, daß diese zwei Probleme die Haupthindernisse bei der Entstehung und Weiterentwicklung internationaler Regime seien (vgl. Morrow 1994). Seit 1885 wird die Rheinverschmutzung durch ein zunehmend leistungsstarkes System von Meßstationen beobachtet und durch regionale und nationale Behörden sowie die IKSR analysiert (vgl. IKSR 1971-95). Durch die wirtschaftliche und politische Verflochtenheit der vier Rheinanlieger besteht zudem eine Situation diffuser Reziprozität, bei der sich eine Verletzung der ausgehandelten Abkommen kaum lohnen würde. Als Folge sind die Kontrollmechanismen, die den oben genannten drei Projekten zugrunde liegen, relativ einfach und unkontrovers.

Die Schwierigkeiten bei der Aushandlung der drei Projekte zur Ausgestaltung des hier diskutierten Teilregimes für die Salzbelastung des Rheins wurden vor allem durch Verteilungsstreitigkeiten verursacht, die von Informationsproblemen geprägt waren. Diese Probleme führten in letzter Konsequenz zu geringeren und gleichzeitig teureren Reduktionen als anfänglich geplant. Die französische Regierung nutzte die etwas undurchsichtigen Interessen und Positionen der lokalen Opposition im Elsaß gegen geplante Lagerstandorte für die zurückgehaltenen Salzabfälle der MdPA. Damit konnte sie die Ratifikation des ersten Salzabkommens von 1976 um fast zehn Jahre verzögern und erreichte später weit bescheidenere Reduktionsverpflichtungen

Schutz des Rheins

bei gleichzeitig höheren Transferzahlungen als ursprünglich vereinbart. Im gleichen Zeitraum verlangte Deutschland als Gegenleistung für seine finanzielle Beteiligung am ersten Projekt die Schließung eines Pufferbeckens der MdPA im deutsch-französischen Grenzgebiet. Die Schließung dieses Beckens, mit dem die MdPA ihre Salzeinleitungen bis 1976 je nach Wasserstand des Rheins variieren konnte, verringerte zwar die Gefahr der Grundwasserverschmutzung auf deutschem Gebiet. Sie erhöhte jedoch wiederum die Salzbelastung des Rheins, besonders zu Zeiten von Niedrigwasser. Die Schweiz erreichte 1986 eine Verringerung ihrer Transferzahlungen, indem sie darauf hinwies, daß eine Sodafabrik bei Zurzach, die Hauptquelle der Salzverschmutzung des Rheins durch die Schweiz, ihre Produktion eingestellt hatte. Schließlich setzten die Holländer die Unsicherheit über die von den Oberliegern verursachten Schäden im Vergleich zur Selbstschädigung durch die holländischen Polderprojekte sowie die Unsicherheit über die genauen Schäden in Landwirtschaft und Wasserversorgung durch die Chloridbelastung strategisch in den Verhandlungen ein. Dadurch erreichte Holland die gemeinsame Finanzierung des dritten Projekts, welches die zum Teil selbstverschuldete Salzbelastung des Ijsselmeeres reduziert.

3.3 Wirksamkeit

Da Überwachungs- und Durchsetzungsprobleme bei der Aushandlung der drei Projekte keine wichtige Rolle spielten, waren auch keine größeren Probleme bei der Umsetzung der beschlossenen Projekte zu erwarten. In der Tat wurden die internationalen Vereinbarungen, wenn sie einmal ratifiziert waren, ohne nennenswerte Schwierigkeiten umgesetzt. Das gemeinsame Ziel, die Salzkonzentration im Rhein an der deutsch-französischen Grenze auf 200 mg/l zu senken, wurde ebenfalls erreicht. Das Hauptproblem bei der Vorgehensweise der Anrainerstaaten, und damit auch hinsichtlich der Beurteilung der Wirksamkeit des Teilregimes hinsichtlich der Salzbelastung, liegt in der Länge der Verhandlungen und der Art der beschlossenen Maßnahmen.

Während jede der vier Regierungen versuchte, in den Verhandlungen für sich mehr herauszuschlagen, begann sich das Umweltproblem von selbst zu verflüchtigen – ein eher seltenes Phänomen in der internationalen Umweltpolitik. Die Produktion der Elsässer Kaliminen und der deutschen Kohlegruben entlang des Rheins schrumpfte in den 80er Jahren aus rein wirtschaftlichen Gründen beträchtlich, was auch die Salzeinleitungen verringerte. Die holländischen Bauern und Wasserwerke paßten sich durch verbesserte Bewässerungsmethoden und Wasserversorgungssysteme den höheren Salzkonzentrationen zunehmend an. Der Ausgang dieses Wettlaufs kann mit „zu wenig, zu spät" umschrieben werden – wobei das Problem den Unterhändlern in diesem Fall im positiven Sinne davonlief. Die durch internationale Maßnahmen bewirkten Salzreduktionen sind weitaus geringer als die durch wirtschaftlichen

Strukturwandel bewirkte Verringerung der Salzbelastung. Die drei genannten Projekte konnten erst zu einem Zeitpunkt umgesetzt werden, zu dem das Salzproblem aus ökologischer und politischer Sicht schon sehr stark an Bedeutung verloren hatte.

Das 1991 unterzeichnete Abkommen, welches das zweite Reduktionsprojekt bei den MdPA sowie das Ijsselmeer-Projekt regelt, trat im Oktober 1994 in Kraft. Bezeichnenderweise waren die beteiligten Regierungen an diesem Schritt nicht so sehr wegen des Umweltschutzeffekts des Abkommens interessiert, sondern, weil sie das kontroverse Thema endlich vom Tisch haben wollten, um sich wichtigeren Anliegen zum Schutz des Rheins zuwenden zu können.

4. Reduktion der chemischen Verschmutzung des Rheins

4.1 Entstehung

Die Randbedingungen, unter denen sich das Teilregime zum Schutz des Rheins vor chemischer Verschmutzung entwickelte, unterscheiden sich in wesentlichen Punkten vom oben untersuchten Teilregime für die Chloridverschmutzung. Diese Unterschiede betreffen zuerst einmal die Natur und Herkunft der chemischen Verschmutzung: Im Unterschied zur Verunreinigung durch Salz ist die Zahl der Punktquellen sehr viel größer und auch geographisch über das gesamte Einzugsgebiet des Rheins gestreut. Ein erheblicher Anteil stammt aus schwer erfaßbaren, diffusen Quellen. Die Interessen der Anrainerstaaten sind deshalb auch sehr viel homogener als im Chloridfall. Verursacher und Leidtragende der Verschmutzung (z.B. Wasserwerke, die Rheinuferfiltrat verwenden) sind nicht in dem Maße in verschiedenen Staaten konzentriert wie im Chloridfall, wenn auch die Niederlande als unterster Unterlieger zweifellos am stärksten betroffen sind.

Das auslösende Moment für die internationale Thematisierung des Chemieverschmutzungsproblems zu Beginn der 70er Jahre war die starke und durch die Meßtätigkeit der IKSR belegte Zunahme der Belastung des Rheins im Verlauf der 60er Jahre. Die Folgen dieser Belastung waren unübersehbar geworden und führten gemeinsam mit einer gleichzeitigen Anhäufung von Unfällen am Rhein (etwa dem Endosulfan-Unfall Ende der 60er Jahre) zu einer zunehmenden Sensibilisierung der Öffentlichkeit in den Rheinanliegerstaaten. Die Regierungen standen deshalb unter Zugzwang, und sie reagierten darauf mit der Einrichtung der Rheinministerkonferenzen zu Beginn der 70er Jahre. Die Tatsache, daß die bereits erwähnte Bonner Konvention relativ rasch (1976) unterzeichnet werden konnte, ist zudem wohl darauf zurückzuführen, daß Frankreich und die Niederlande an einer raschen Lösung des

Schutz des Rheins

Problems sehr interessiert waren und dementsprechend Druck ausübten, während Deutschland, wo die Kosten einer Reduktion am höchsten waren, nicht nur Verursacher der Verschmutzung war, sondern auch Leidtragender (Wasserwerke am Niederrhein); es stand zudem innenpolitisch (sensibilisierte Wählerschaft) ohnehin unter Druck, etwas zu tun.

Die internationale Zusammenarbeit mag auch dadurch erleichtert worden sein, daß die chemische Gewässerverunreinigung gleichzeitig in der Europäischen Gemeinschaft, also außerhalb des Rheinregimes, wie wir es oben definiert hatten, Gegenstand von Verhandlungen war. Die Bonner Konvention entspricht in ihren Inhalten weitgehend einer EG-Richtlinie (76/464/EEC). In beiden Fällen handelt es sich um Rahmenabkommen, die ein allgemeines Ziel, die Reduktion der Gewässerverschmutzung durch chemischen Substanzen mittels Reduktion ihres Ausstoßes bei den Emittenten (Art. 1 der Bonner Konvention), setzten, jedoch selbst keine unmittelbar anwendbaren Grenzwertbestimmungen enthalten.

Für die innerstaatliche Gesetzgebung verbindliche Grenzwerte für Emissionen konkreter Schadstoffe durch bestimmte Industrien mußten von den Rheinanliegerstaaten einzeln ratifiziert werden, um in den Anhang IV des Vertrages aufgenommen zu werden (Art. 14) – ein relativ schwerfälliges Verfahren also. Die Bonner Konvention umfaßte zudem als wichtige Neuerung eine Erweiterung des Meßprogramms (Art. 8-13).

4.2 Weiterentwicklung

Angesichts der eingebauten verfahrensmäßigen Hürden kam der Prozeß der Umsetzung des Abkommens nach der Unterzeichnung nur sehr schleppend voran. Das Abkommen wurde erst 1979 von den Vertragsparteien ratifiziert. Auch die Ausarbeitung der Vereinbarungen über Grenzwerte gestaltete sich schwierig. Zwar wurden von der IKSR, die damit beauftragt wurde, im Laufe der Jahre nicht weniger als neun Empfehlungen ausgearbeitet – nur zwei davon wurden aber dann tatsächlich auch ratifiziert (sie betrafen Quecksilber in der Chlor-Alkali-Elektrolyseindustrie (1982) und Kadmiumlasten in Industrieabwässern (1986)). Auch diese Maßnahmen haben bezeichnenderweise ihre Entsprechung in der (auch zeitlich) parallelen EG-Gesetzgebung (Richtlinien 82/176/EEC und 83/513/EEC).

Dieses magere Resultat ist allerdings nicht ausschließlich dem Verfahren selbst zuzuschreiben: Insbesondere Deutschland verzögerte aus Kostengründen die Umsetzung, indem es Fortschritte im engeren Rahmen der IKSR von denjenigen in der EG abhängig machte. Hier waren die Interessen, schon wegen der größeren Zahl der Parteien und dem unterschiedlichen wirtschaftlichen Entwicklungsniveau, weniger homogen und damit einschneidende Maßnahmen weniger wahrscheinlich. Hinzu kam, daß die parallel zur internationalen Zusammenarbeit laufenden einzelstaatlichen Bemühungen schon Ende der 70er Jahre eine starke Abnahme der Schadstofffrachten im Rhein zur Folge hatten. Die Dringlichkeit einer internationalen Regulierung nahm also ab, und die durch eine schwerfällige Prozedur behinderte Konsensfindung auf internationaler Ebene hinkte dem Problem hinterher. Bemißt man die Effektivität eines internationalen Regimes einzig nach den Verhaltensänderungen, die seine Normen bei den Adressaten verursachen, so müßte die Bonner Konvention als unwirksam bezeichnet werden. Angesichts dessen wurde ihre Umsetzung (d.h. die Erarbeitung und Ratifizierung weiterer Grenzwerte) Ende der 80er Jahre stillschweigend aufgegeben (IKSR Jahresbericht 1992).

Allerdings gab es auch noch andere Gründe dafür. Im November 1986 ereignete sich ein Großbrand im Sandoz-Chemielagerhaus Schweizerhalle in der Nähe von Basel. Das Auslaufen kontaminierten Löschwassers in den Rhein führte zu einem großen Fischsterben und weiteren ökologischen Problemen. Zudem mußte die Aufbereitung von Rheinwasser zu Trinkwasser zeitweilig eingestellt werden. Die Entrüstung der durch den Reaktorbrand in Tschernobyl (Frühjahr 1986) ohnehin sensibilisierten Öffentlichkeit war groß und die Regierungen der Rheinanlieger standen unter Druck, ein Zeichen zu setzen. Innerhalb eines Jahres fanden drei Rheinministerkonferenzen statt, die als Resultat das sogenannte Rhein-Aktions-Programm (RAP) zeitigten. Dieses hat die Bonner Konvention seit 1987 als Kernstück des Regimes zur Eindämmung der chemischen Verschmutzung des Rheins faktisch ersetzt. Das Aktionsprogramm spiegelt die Erfahrungen, die in den vorhergehenden Jahren gemacht wurden.

Das Programm ist zunächst im Unterschied zur Bonner Konvention bloß ein Gentlemen's Agreement, also rechtlich nicht bindend. Der Grund für die Wahl dieses flexibleren völkerrechtlichen Instruments war einerseits natürlich, daß die Regierungen der Anrainerstaaten es angesichts öffentlichen Drucks eilig hatten. Andererseits spiegelt sich in diesem Vorgehen aber auch das Vertrauen, das sich die Rheinanlieger mittlerweile entgegenbrachten. Im Unterschied zur Bonner Konvention wurde im Rhein-Aktions-Programm zudem eine konkrete Vorgabe für die Wasserqualität des Rheins festgelegt: Vom Basisjahr 1985 aus gerechnet sollten binnen zehn Jahren die Schadstofflasten auf der gesamten Länge des Rheins um 50% reduziert werden, später wurden die Werte für die wichtigsten Schwermetalle sogar auf 70% erhöht. Die beschlossenen Maßnahmen sollten symbolisch durch die Wiederansiedlung des Lachses gekrönt werden, der hohe Ansprüche an die Gewässerqualität stellt.

Um diese Ziele zu erreichen, wurde der Umsetzungsprozeß flexibel ausgestaltet: Die IKSR wurde damit beauftragt, sogenannte „Stand der Technik"-Empfehlungen auszuarbeiten, welche industriespezifische Angaben darüber enthalten, welche Prozesse verwendet werden sollten, um den Schadstoffeintrag in den Rhein (bzw. seine Zuflüsse) zu verringern. Für einige wichtige Bereiche wie die Zellulose-Industrie, die kommunale Abwasserreinigung und die organische Chemieindustrie wurden seit Beginn der 90er Jahre derartige

Schutz des Rheins

Empfehlungen herausgegeben. Letztere müssen nicht ratifiziert werden und sind deshalb im strikten Sinne auch nicht rechtlich bindend. Ihre Durchsetzung durch die Anliegerstaaten kann zwar nicht formell eingefordert werden, unterliegt aber einer gewissen informellen Kontrolle. Diese wird dadurch erleichtert, daß die Anliegerstaaten im Rahmen der Abmachungen des Rhein-Aktions-Programms der IKSR detaillierte Schadstoffemittentenregister zur Verfügung stellen müssen, die zugleich Angaben über die bei der Anwendung des Standes der Technik in einem definierten Zeitraum möglichen Reduktionen enthalten.

4.3 Wirksamkeit

Nun stellt sich jedoch die Frage, ob die Bemühungen auf internationaler Ebene tatsächlich einen Einfluß auf die chemische Verschmutzung des Rheins gehabt haben und, wenn ja, auf welche Weise – oder ob nicht vielmehr andere Kräfte wichtiger gewesen sind.

Tatsache ist zunächst, daß die Verschmutzung des Rheins mit Schadstoffen, insbesondere Schwermetallen, seit Mitte der 70er Jahre drastisch abgenommen hat. Besonders gilt dies für die Dekade von 1975-1985. Führte der Rhein im Jahresdurchschnitt 1976 noch 3,5 mg Kadmium pro Liter, so waren es 1992 kaum mehr 0,2 mg/l: eine Reduktion also um mehr als 90%. Bei den anderen Schadstoffen zeigt sich ein ähnliches Bild, so daß im großen und ganzen gesagt werden kann, daß gegenwärtig das Problem der Dauerbelastung des Rheins durch chemische Schadstoffe mehr oder weniger gelöst ist. Der Lachs wurde, wie die Zeitungen Anfang 1996 meldeten, erstmals auch wieder im Oberrhein gesichtet.

Eine Koinzidenz zwischen Entwicklung des Regimes und Problemabbau liegt also unstreitig vor. Es wurde aber bereits angedeutet, daß das Regime, zumindest solange die Bonner Konvention dessen Kernstück war, kaum über die nationale Umsetzung international vereinbarter Normen gewirkt haben kann. Zum Zeitpunkt ihres Inkrafttretens waren diese Normen mehr oder weniger obsolet (Bernauer/Moser 1996: 13). Dies muß freilich nicht bedeuten, daß das Regime gar keinen Einfluß gehabt hat. Nur darf man nicht von einer allzu legalistischen Betrachtungsweise des Regimes ausgehen, sondern muß auch andere Wirkungsmechanismen in Betracht ziehen.

Es lassen sich vor allem zwei „Transmissionsriemen" identifizieren, über welche das Regime im Bereich der chemischen Verschmutzung zur Reduktion der Schadstoffbelastung des Rheins beigetragen hat (Bernauer/Moser 1996: 16). Es sind dies erstens die Institutionalisierung und damit Intensivierung des grenzüberschreitenden Informationsaustausches, und zweitens (und damit zusammenhängend) die Stärkung der für die Gewässerverschmutzung zuständigen Behörden in den Einzelstaaten.

Den Informationsfluß zwischen den Anliegerstaaten förderte natürlich bereits die Existenz der IKSR. Die Bonner Konvention verstärkte den Informationsaustausch durch die Vereinheitlichung von Meßprogrammen, ebenso wie in einer späteren Stufe das Rhein-Aktions-Programm mit seinen Emittentenregistern. Zudem wurde, selbst wenn der Ertrag eher bescheiden ausfiel, auf internationaler Ebene über Grenzwerte zumindest diskutiert; auch dies trug vermutlich dazu bei, daß sich Wissen über das technisch Mögliche in den Bereichen Produktions- und Abwasserreinigungsverfahren schneller verbreitete, als dies ohne internationale Zusammenarbeit der Fall gewesen wäre. Das Resultat dieses beinahe ein halbes Jahrhundert gepflegten Informationsaustausches ist eine enge und offensichtlich weitgehend reibungslose Zusammenarbeit zwischen den Behörden aller Anliegerstaaten sowie eine grenzüberschreitend homogene Wahrnehmung der Ursachen der Rheinverschmutzung und der Mittel, die zu ihrer Bewältigung zur Verfügung stehen.

Der intensivierte Informationsfluß stärkte zudem den Zusammenhalt und die Problemlösungskapazität der Gewässerbehörden in den Anliegerstaaten. Diese konnten sich auf internationale Abmachungen im innerstaatlichen Kampf um personelle und finanzielle Ressourcen und die Durchsetzung ihrer Ziele berufen. Die Existenz des internationalen Regimes stärkte ihnen sozusagen den Rücken gegenüber anderen Teilen der Verwaltung, die ihrer Natur nach oft gegensätzliche Interessen verfolgen, wie etwa Industrie- oder Finanzministerien, aber wohl auch gegenüber den verschmutzenden Industrien. So entstand im Laufe der Jahre auf sub-gouvernementaler Ebene eine grenzüberschreitende Koalition von Akteuren mit übereinstimmenden Interessen. Dies bedeutet, daß das Funktionieren des Regimes nicht erklärt werden kann, wenn man sich ausschließlich auf den einheitlichen Akteur Staat beschränkt; die für seine Wirksamkeit wesentlichen Mechanismen spielen sich auf einer tieferen Ebene ab (Bernauer/Moser 1996: 16).

Plausible Ursache-Wirkungs-Zusammenhänge zwischen internationalem Regime und Verschmutzungsreduktion mögen demnach vorhanden sein – sie sind aber sehr indirekter Natur und deshalb beim gegenwärtigen Forschungsstand schwer zu erhärten. Hinzu kommt, daß es im Fall der Chemieverschmutzung – im Unterschied zum Chloridfall – wohl kaum möglich ist, den Einfluß des Regimes zu isolieren, d.h. zu ermitteln, wie hoch die Schadstoffbelastung liegen würde, wenn das internationale Regime nicht vorhanden gewesen wäre. Die Herausbildung des Regimes war schließlich nur einer unter zahlreichen Faktoren, die im selben Zeitraum auf nationaler Ebene zu Verschmutzungsreduktionen beitrugen.

Die wichtigste Hintergrundvariable ist wohl die Entwicklung eines Umweltbewußtseins in der Bevölkerung der Rheinanliegerstaaten. Dadurch wurden die Regierungen nicht nur dazu veranlaßt, auf internationaler Ebene auf aufsehenerregende Ereignisse wie den Sandoz-Unfall zu reagieren, sondern auch nationale Umweltschutzgesetzgebungen zu schaffen und den zu ihrer Durchsetzung notwendigen bürokratischen Apparat zu entwickeln. Der Werbeeffekt, der sich mit sauberer Produktion in einem umweltbewußten Meinungsklima erzielen läßt, ließ auch die (Chemie-)Firmen aus eigener Initiative Maßnahmen ergreifen. Auch rein wirtschaftliche Gründe (Verlagerung von Produktionsstandorten aus dem Rheineinzugsgebiet, Restrukturierung vor allem im Bereich Kohle und Stahlerzeugung, Entwicklung neuer Produktionsprozesse) haben dazu geführt, daß die Chemieverschmutzung im Rheineinzugsgebiet abgenommen hat. Zudem werden die internationalen Bemühungen in bezug auf das Rheineinzugsgebiet durch die EU verdoppelt.

Schließlich besteht im zunehmend homogenen Rechtsraum der Rheinanliegerstaaten auch für einzelne, durch die Rheinverschmutzung besonders betroffene Akteure die Möglichkeit, auf privatrechtlichem Wege gegen deren Verursacher vorzugehen – oder zumindest damit zu drohen, um Konzessionen von diesen zu erreichen. Die Stadt Rotterdam, die den kontaminierten Schlick, der beim periodischen Ausbaggern ihres Hafens anfällt, unter hohen Kosten entsorgen muß, hat etwa in den 80er Jahren versucht, auf diesem Wege Vereinbarungen über die Verminderung des Schadstoffeintrags mit einzelnen Einleitern, vor allem in der chemischen Industrie, abzuschließen (Bernauer/Moser 1996; van Dunné 1990; 1993).

5. Schluß

Beide Teile des Regimes zum Schutz des Rheins, welche in diesem Beitrag untersucht wurden, befassen sich mit Umweltfragen, die von der Problemlage und den damit zusammenhängenden Interessen der wichtigen Akteursgruppen sowie von den Lösungsversuchen her sehr unterschiedlich sind. Die Zeitpunkte der Entstehung der beiden Teilregime sowie deren Charakteristika lassen sich, wie in diesem Beitrag aufgezeigt, durch das Ausmaß der Verschmutzung sowie die Interessenkonstellation der Anrainer erklären. Die institutionellen Rahmenbedingungen, weitgehend von der IKSR bestimmt, sind für beide Teilregime dieselben.

Beim Salzproblem, dem Umweltproblem, das zuerst akut wurde, gingen die Anrainerstaaten einerseits sehr traditionell vor. Sie schlossen zwischenstaatliche Verträge mit fixen Reduktionszielen und dementsprechenden Maßnahmen ab und setzten diese um. Andererseits ist jedoch der Ansatz der gemeinsamen Finanzierung von Umweltmaßnahmen an dem Punkt, wo diese Schritte die geringsten Grenzkosten verursachen, sehr innovativ – wird doch eine ähnliche Lösungsstrategie unter dem Stichwort „Joint Implementation" heute auch zur Bewältigung globaler Umweltprobleme ernsthaft in Erwägung gezogen (vgl. Ott, in diesem Band). Dieses Vorgehen wurde aufgrund der sehr asymmetrischen Verteilung von Kosten und Nutzen der Verschmutzungsreduktion notwendig. Die Umsetzung dieses eigentlich recht einfachen Ansatzes erwies sich allerdings in der Praxis als enorm schwierig.

Bei der chemischen Verschmutzung gingen die Anrainerstaaten zuerst ebenfalls nach konventionellem Muster vor, indem sie eine Rahmenkonvention abschlossen, die eine Prozedur für deren konkrete Umsetzung enthielt. Dieser Ansatz verlief dann allerdings weitgehend im Sande, so daß man auf das völkerrechtlich weichere und flexiblere Instrument des Rhein-Aktions-Programms umstellte, ohne daß sich dadurch die Effektivität des Regimes vermindert hätte – eher im Gegenteil. Diese atypische Regimeentwicklung läßt sich vermutlich dadurch erklären, daß die relativ homogene Interessenlage ebenso wie die ohnehin enge Zusammenarbeit zwischen den Anliegern (die ja mit Ausnahme der Schweiz auch Mitglieder der EU sind) ein durch gegenseitiges Vertrauen geprägtes Klima schufen: Es konnte sich darin eine grenzüberschreitende Koalition sub-gouvernementaler, und damit problemnaher Akteure bilden, die ein gemeinsames Interesse an der Reduktion der Gewässerverschmutzung hatten und deren Problemlösungskapazität durch die ratifikationsbedürftige Festsetzung von Grenzwertvorschriften in einem Vertrag nur behindert worden wäre.

In beiden Fällen blieb der direkte Beitrag der Teilregime zur Reduktion der Verschmutzung des Rheins bescheiden. Im Chloridfall läßt sich dieser Beitrag vielleicht noch quantitativ fassen, während im Fall der chemischen Verschmutzung eher indirekte und schwer meßbare Einflüsse der internationalen Bemühungen auftraten. Für beide Teilregime gilt jedoch, daß unabhängig von den internationalen Bemühungen ergriffene Umweltschutzmaßnahmen sowie wirtschaftliche Veränderungen als Ursache für die doch recht spektakuläre Abnahme der Rheinverschmutzung seit Mitte der 70er Jahre wichtiger waren.

Die Entstehung und Weiterentwicklung des internationalen Regimes zur Reduktion der Rheinverschmutzung ist deshalb insgesamt wohl weniger die Hauptursache für den Rückgang der Umweltbelastung als vor allem Symptom einer generellen Entwicklung hin zu einem erhöhten Umweltbewußtsein in den Rheinanliegerstaaten, das die Regierungen ohnehin dazu veranlaßte, einzelstaatliche Maßnahmen zu ergreifen.

Grundlegende Literatur

Bernauer, Thomas 1996a: Protecting the River Rhine Against Chloride Pollution, in: Keohane, Robert O./Levy, Marc A. (Hrsg.): Institutions for Environmental Aid: Pitfalls and Promise, Cambridge, Mass., 201-232.

Bernauer, Thomas/Moser, Peter 1996: Reducing Pollution of the Rhine: The Influence of International Cooperation (International Institute of Applied Systems Analysis [IIASA], Working Paper WP-96-7), Laxenburg.

Gleick, Peter H. (Hrsg.) 1993: Water in Crisis: A Guide to the World's Fresh Water Resources, New York.

Kiss, Alexandre 1985: The Protection of the Rhine Against Pollution, in: Natural Resources Journal 25, 613-637.
LeMarquand, David G. 1977: International Rivers: The Politics of Cooperation, Vancouver.

Weiterführende Literatur

Bedarff, Hildegard/Bernauer, Thomas/Jakobeit, Cord/List, Martin 1995: Transferzahlungen in der internationalen Umweltpolitik: Das Problem der Transaktionskosten beim Tausch von Finanzhilfe gegen Umweltschutzmaßnahmen, in: Zeitschrift für Internationale Beziehungen 2, 317-345.
Bernauer, Thomas 1996b: Managing International Rivers, in: Young, Oran R. (Hrsg.): International Governance in the Twentyfirst Century, Cambridge, Mass. (i.E.).
IAWR (Internationale Arbeitsgemeinschaft der Wasserwerke im Rheineinzugsgebiet) 1988: Salz im Rhein, Rost im Rohr, Amsterdam.
IAWR 1991: Rheinsanierung: Vorbild für Europa?, Amsterdam.
IAWR 1995: Rheinbericht 91-93, Amsterdam.
IKSR (Internationale Kommission zum Schutz des Rheins vor Verunreinigung) 1974-94: Tätigkeitsberichte, Koblenz.
Morrow, James D. 1994: Modeling the Forms of International Cooperation: Distribution versus Information, in: International Organization 48, 382-423.
Romy, Isabelle 1990: Les Pollutions Transfrontières des Eaux: L'Exemple du Rhin, Moyens d'action des lésés, Lausanne.
Schwabach, Aaron 1989: The Sandoz Spill: The Failure of International Law to Protect the Rhine from Pollution, in: Ecology Law Quarterly 16, 443-471.
Stigliani, William M./Jaffe, Peter R./Anderberg, Stefan 1993: Heavy Metal Pollution in the Rhine Basin, in: Environmental Science and Technology 27, 786-793.
Van Dunné, Jan M. 1993: The Case of the River Rhine: the Rotterdam Contribution, in: Thomas, Patricia (Hrsg.): Water Pollution: Law and Liability, London.
Van Dunné, Jan M. (Hrsg.) 1990: Transboundary Pollution and Liability (Institute of Environmental Damages, Erasmus University Rotterdam), Rotterdam.

10. Das Washingtoner Artenschutzabkommen (CITES) von 1973

Peter H. Sand[1]

Der weltweite kommerzielle Austausch von lebenden Wildtieren und -pflanzen und den daraus gewonnenen Erzeugnissen (Häute, Felle, Elfenbein, Edelholz und andere Außenhandelsprodukte) erzielt geschätzte Jahresumsätze zwischen 5 und 50 Mrd. US-$ (Hemley 1994; Trexler 1990: 9). Hinzu kommen der internationale Holzhandel (ca. 40 Mrd. US-$), der Fischhandel (ca. 12 Mrd. US-$) sowie der Schmuggel von Wildarten (von Interpol geschätzt auf 5 Mrd. US-$). Treibende Kraft dieses hauptsächlich aus der Dritten Welt nach Norden fließenden Handelsstroms ist die Nachfrage aus Industriestaaten und reichen Ölstaaten nach modischen Pelz- und Lederwaren, exotischen Nahrungsmitteln sowie seltenen Tieren und Pflanzen für Schau-, Sammel- und Forschungszwecke, wobei es sich auch bei „wissenschaftlichen" Importen überwiegend um Versuchstiere oder Pflanzenmaterial für kommerzielle Produkte der pharmazeutischen und kosmetischen Industrie handelt (Inskipp/ Wells 1979: 32). Kennzeichnend für diesen Markt ist seine Orientierung an Luxusgütern und überwiegend trivialen bis perversen Konsumgewohnheiten (Sand 1980a; Bondy/Orders 1989).

Exporte von Wildtieren, -pflanzen und -erzeugnissen sind somit eine wichtige Devisenquelle für viele Staaten, vor allem Entwicklungsländer (Dexel 1995: 14), können aber zu einer ernsthaften Gefährdung der biologischen Bestände und in einer zunehmenden Reihe von Fällen zu ihrer Ausrottung führen. Fauna und Flora gehören zwar zu den „nachwachsenden" Naturschätzen, haben jedoch eine kritische Schwelle, unterhalb welcher ein Fortpflanzungsrückgang praktisch unumkehrbar wird (v.Ciriacy-Wantrup 1968: 256). Die Notwendigkeit, das Aussterben von Arten zu verhindern, läßt sich ökologisch und ökonomisch begründen, geht indessen letztlich auf ethische Wertungen zurück (Myers 1979; Altner 1985).

Die vom Menschen ausgehenden Gefahren für das Überleben von Wildarten werden seit langem international erfaßt und fortlaufend dokumentiert, vor allem in den seit 1966 von der Species Survival Commission der Weltna-

---

[1] Dieser Artikel ist die Kurzfassung eines Beitrages, der im Green Globe Yearbook 1997, Fridtjof-Nansen-Institut, Oslo, erscheint und ausführliches Quellenmaterial enthält.

turschutzunion (IUCN) geführten „Roten Listen". Direkte wirtschaftliche Nutzung ist nicht die einzige Ursache des Artenrückgangs. Die Zerstörung natürlicher Lebensräume wird allgemein als wichtigste Gefährdung eingestuft. Dazu kommen die weltweite Einbringung fremder Arten sowie zerstörerische Methoden der Entnahme und Behandlung von an sich nachhaltig nutzbaren Arten[2]. Es läßt sich daher keine einfache monokausale Beziehung zwischen kommerzieller Ausbeutung und Gefährdung einer Art ableiten. Die bestehenden zwischenstaatlichen Abkommen befassen sich dementsprechend mit einer Vielzahl von Schutzmaßnahmen (Schmidt-Räntsch 1990; de Klemm/Shine 1993), vor allem mit Schutzgebieten, wobei die staatliche Gebietshoheit über die meisten biologischen Ressourcen der Erde einer gemeinschaftlichen Regelung traditionelle Schranken setzt. Der weltweite Handel ist demgegenüber ein Teilbereich, der transnationale Vorsorgemaßnahmen nicht nur erfordert, um der Verschlimmerung eines multikausalen ökologischen Problems vorzubeugen, sondern auch, um das Dilemma zu vermeiden, das entsteht, weil Einfuhr- oder Ausfuhrstaaten, die den Handel einseitig beschränken, gegenüber weniger skrupelhaften Konkurrenten („Trittbrettfahrern") Nachteile erleiden. Wirtschaftliche Erwägungen, also die Sorge um Standortnachteile in einem nicht unbedeutenden Weltmarkt, spielten daher durchaus eine Rolle in der diplomatischen Vorgeschichte des „Übereinkommens von 1973 über den internationalen Handel mit gefährdeten Arten freilebender Tiere und Pflanzen" (BGBl. 1975 II: 777), das im folgenden als Washingtoner Artenschutzabkommen (WA) bezeichnet wird (engl.: „Convention on International Trade in Endangered Species of Wild Fauna and Flora", CITES).

1. Regimeentstehung

Vorläufer des WA waren zwei wenig erfolgreiche Versuche, gefährdete afrikanische Wildtiere durch völkerrechtliche Vereinbarungen zwischen den Kolonialmächten zu schützen: die Londoner Konvention von 1900 „zur Sicherung der Erhaltung verschiedener afrikanischer Wildtierarten, die für den Menschen nützlich oder unschädlich sind", und die Londoner Konvention von 1933 „relative to the preservation of fauna and flora in their natural state". Beide Abkommen enthielten Ansätze zur Einschränkung des Raubbaus an Wildtierbeständen durch Jagdbeschränkungen für die in Anhängen aufgeführten Arten, durch die Beschlagnahme von illegal erworbenem Elfenbein und die Genehmigungspflicht für die Ausfuhr bestimmter Wildtiererzeugnisse.

---

[2] Nur etwa die Hälfte der auf ca. 2 Millionen jährlich geschätzten Krokodilhäute im internationalen Lederhandel ist für Fertigprodukte verwertbar, und für jeden aus Wildfängen im Tierhandel verkauften Vogel sterben ca. 5-10 Exemplare meist schon auf dem Transport.

Die Konvention von 1933 machte die Einfuhr geschützter Arten von einer Ausfuhrgenehmigung durch Behörden des Herkunftsgebiets abhängig und erweiterte den Regelungsbereich damit erstmals auf Zollkontrollen in den Verbraucherstaaten, wenn auch der Schwerpunkt noch in der Erhaltung der traditionellen kolonialen Großwildjagd (und der damit verbundenen Einkünfte) lag.

Die Konvention von 1900 trat aufgrund fehlender Ratifizierungen nie in Kraft (Hayden 1942: 37). Die Konvention von 1933 wurde zwar für den größten Teil Afrikas rechtsgültig, enthielt jedoch keine Bestimmungen über zwischenstaatliche Institutionen oder weitere Maßnahmen. Die Änderungsvorschläge von zwei technischen Folgekonferenzen in London 1938 und in Bukavu 1953 blieben daher erfolglos und wurden schließlich von der Dekolonisierung überholt. Das Konzept von Ein- und Ausfuhrkontrollen für geschützte Arten wurde von zwei späteren regionalen Naturschutzabkommen, der „Convention on Nature Protection and Wild Life Preservation in the Western Hemisphere" (Washington 1940) und der „African Convention on the Conservation of Nature and Natural Resources" (Algier 1968) übernommen, allerdings von den beiden zuständigen Regionalorganisationen (der Organisation der amerikanischen Staaten und der Organisation für afrikanische Einheit) nie praktisch durchgeführt.

Inzwischen war das Thema von nationalen Gesetzgebern aufgegriffen worden. In den USA wurde der „Lacey Act" von 1900, der den innerstaatlichen Handel mit illegal erworbenen Wildtieren verbot, 1935 auf Wildtierimporte aus dem Ausland ausgedehnt; der „Tariff Act" von 1930 hatte für die Einfuhr von geschützten Vögeln, Säugetieren und Tiererzeugnissen bereits die Einholung einer legalen Erwerbsbescheinigung vom US-Konsulat am Herkunftsort vorgeschrieben. Nach einer Reihe weiterer Änderungen ermächtigte der „Endangered Species Conservation Act" von 1969 das US-Innenministerium zur Aufstellung einer Liste von „weltweit vom Aussterben bedrohten" Wildtierarten, deren Einfuhr mit wenigen Ausnahmen (unter anderem zu wissenschaftlichen und Züchtungszwecken) verboten wurde. Aufgrund von Standortklagen des amerikanischen Pelz-, Leder- und Tierhandels wurde die Regierung gleichzeitig angewiesen, den Erlaß ähnlicher Beschränkungen in anderen Einfuhrländern zu fördern und darauf hinzuwirken, daß eine internationale Ministerkonferenz zum Abschluß eines völkerrechtlich verbindlichen Abkommens über die Erhaltung gefährdeter Arten bis spätestens Juni 1971 einberufen würde.

Der Zeitplan ließ sich zwar wegen diplomatischer Schwierigkeiten im Zusammenhang mit dem China/Taiwan-Problem nicht einhalten. Das Projekt konnte aber mit einer gleichgerichteten Initiative der IUCN abgestimmt werden, die sich seit 1951 mit Wildtierimporten befaßte und seit 1963 ein internationales Abkommen zur Regelung von Ausfuhr, Durchfuhr und Einfuhr gefährdeter Arten vorbereitete. Der 1967 vom IUCN-Zentrum für Umweltrecht in Bonn vorgelegte und auf Grund der Stellungnahmen von 39 Regierungen und 28 nichtstaatlichen Organisationen mehrfach revidierte Entwurf ging von der Idee weltweit einheitlicher Listen geschützter Arten aus, die nach dem Modell der „Roten Listen" auf Vorschlag eines internationalen Expertengremiums erstellt und regelmäßig auf dem neuesten Stand gehalten werden sollten. Dieser Ansatz löste in einigen Entwicklungsländern Widerstand aus, die unter Führung Kenias auf dem Recht jedes Ausfuhrlandes bestanden, eigene Listen zu erstellen und damit selbst über die kommerzielle Nutzung heimischer Arten zu bestimmen[3]. Die kenianische Position fand Unterstützung in den USA und war mit dem amerikanischen „Lacey Act" vereinbar. Schließlich gingen beide Ansätze in einen konsolidierten US-Entwurf von 1972 ein, als Arbeitsgrundlage für eine durch die Stockholmer UN-Umweltkonferenz befürwortete diplomatische Konferenz, die unter offizieller Teilnahme von 80 Staaten vom 12.2. bis 3.3.1973 in Washington tagte (Flachsmann 1977: 83-138). Der Vesely/Forte-Schmuggelfall, der unmittelbar vor der Konferenz in New York aufgedeckt wurde, Querverbindungen zu führenden europäischen Pelzhändlern und zu Lieferanten in Asien, Afrika und Lateinamerika aufwies und mit einem Strafurteil über 500.000 US-$ geahndet wurde, sicherte dem Thema besondere Aktualität und öffentliche Aufmerksamkeit.

Das Ergebnis der Konferenz war das WA mit seinen 25 Artikeln und vier Anhängen. Von Umweltschützern als „Magna Charta des Naturschutzes" begrüßt, ist es Natur- und Handelsregime zugleich und rechtfertigt in seiner Präambel den Schutz von Fauna und Flora sowohl im Namen der internationalen Gemeinschaft („Bestandteil der natürlichen Systeme der Erde, den es für die heutigen und künftigen Generationen zu schützen gilt") als auch im Namen der nationalen Ressourcenhoheit (derzufolge „Völker und Staaten *ihre* freilebenden Tiere und Pflanzen am besten schützen können und schützen sollen"). Es verwirklicht den Grundgedanken der Londoner Konvention von 1933, indem es alle Einfuhren von gefährdeten Wildtieren und -pflanzen auch aus Drittstaaten einem Genehmigungszwang auf Grundlage von Bescheinigungen („Reisepässen" sozusagen) unterwirft, die von den Ausfuhrländern nach den gemeinsamen Kriterien des Anhangs IV auszustellen sind. Es umfaßt eine einheitliche „schwarze Liste" solcher Arten, deren Handel mit bestimmten Ausnahmen verboten ist (Anhang I) und eine „graue Liste" von Arten, deren Handel kontrolliert wird (Anhang II). Außerdem kann jedes Herkunftsland einseitig weitere heimische Arten in Anhang III hinzufügen oder die anderen Vertragsstaaten durch das Sekretariat auf weitergehende nationa-

---

[3] Der Gegenvorschlag des kenianischen Nationalparkdirektors Perez Olindo entsprach insofern dem *nationalen* Listensystem des Ramsar-Übereinkommens von 1971 über Feuchtgebiete von internationaler Bedeutung, insbesondere als Lebensraum für Wasser- und Watvögel (BGBl. 1976 II: 1265; 1990 II: 1670).

le Beschränkungen hinweisen[4]. Die Vertragsstaaten sind verpflichtet, die Bestimmungen des Abkommens in nationale Gesetze und Verwaltungsakte umzusetzen und regelmäßig Handelsdaten und Berichte über Vollzugsmaßnahmen zu liefern (Art. VIII). Im institutionellen Bereich wurden die Konsequenzen aus den negativen Erfahrungen der Konvention von 1933 gezogen: Das WA setzte eine in zweijährigem Abstand tagende Vertragsstaatenkonferenz als autonomes Organ zur Beschlußfassung und zur Revision der Abkommensanhänge ein (Art. XI und XV). Die Sekretariatsaufgaben wurden dem UN-Umweltprogramm (UNEP) mit einem formellen Mandat zur Zusammenarbeit mit „geeigneten" nichtstaatlichen Organisationen übertragen (Art. XII)[5].

2. Regimeentwicklung

2.1 Institutionen

Fast der gesamte institutionelle Apparat des WA entwickelte sich, ausgehend von der Autorität der Vertragsstaatenkonferenz, erst nach Inkrafttreten des Abkommens. In insgesamt 190 formellen Empfehlungen (seit 1994 unterschieden nach „resolutions", „revised resolutions" und „decisions"), die im Lauf von neun ordentlichen und zwei außerordentlichen Tagungen der Konferenz seit 1976 verabschiedet wurden, entstand ein völlig neues Regelwerk[6]. Obwohl Konferenzempfehlungen zur Auslegung und Fortbildung des Abkommens allgemein nicht als völkerrechtlich verbindlich angesehen werden (Bendomir-Kahlo 1989: 135-158), haben sie das WA-Regime in einem 1973 nicht vorhersehbaren Umfang gestaltet.

Die erste institutionelle Neuschöpfung wurde durch eine Finanzkrise ausgelöst. 1978 beschloß der UNEP-Verwaltungsrat, die bisherige WA-Finanzierung aus dem UNEP-Fonds nach einer auf vier Jahre angesetzten Übergangs-

---

4   Die Anhänge werden laufend revidiert; neueste Fassung der Anhänge I-III (in Kraft seit 16.2.1995 bzw. 16.11.1995) im Amtsblatt der Europäischen Gemeinschaften 1995: L 57/1, L 119/39 und L 284/3.
5   UNEP übertrug die WA-Sekretariatsfunktionen zunächst vertraglich an IUCN (mit Finanzierung aus dem UNEP-Fonds) und übernahm 1984 das WA-Sekretariat mitsamt dem Personal (mit Finanzierung durch die Vertragsstaaten), das jetzt im Genfer UNEP-Büro arbeitet (15 Chemin des Anémones, C.P. 456, CH-1219 Genève-Châtelaine, Tel. 41-22-9799139, Fax 41-22-7973417, e-mail <cites@unep.ch>).
6   Bis 1985 genügte für die Annahme meistens eine einfache Mehrheit der anwesenden und abstimmenden Vertragsstaaten, mit Ausnahme von Finanzfragen (drei Viertel) und Änderungen der Anhänge I und II (zwei Drittel). Seit der Verabschiedung der neuen Verfahrensordnung von Ottawa 1987 gilt die einfache Mehrheit nur noch bei Verfahrensfragen, alle übrigen nicht-finanziellen Beschlüsse erfordern eine Zweidrittelmehrheit (Wijnstekers 1995: 367-381).

periode auslaufen zu lassen, an deren Ende die Vertragsparteien die Kosten für Sekretariat und Tagungen voll übernehmen sollten. Um rechtliche Bedenken einiger Vertragsstaaten auszuräumen, mußte dazu die WA-Vertragsstaatenkonferenz erst durch formelle Änderung von Artikel XI mit finanziellen Befugnissen ausgestattet werden. Dies geschah durch das Bonner Änderungsprotokoll von 1979 (BGBl. 1995 II: 772), das schon vor seinem formellen Inkrafttreten 1987 „freiwillig" angewandt wurde. Sodann wurde ein von UNEP verwalteter „CITES Trust Fund" mit einer an der UN-Skala ausgerichteten Beitragstabelle geschaffen (Sand 1995: 173). Seitdem ist das WA-Regime finanziell autonom und verfügt derzeit über ein Jahresbudget von ca. 5 Millionen US-$, zu denen projektgebundene Sondermittel aus freiwilligen Beiträgen von Staaten und aus nichtstaatlichen Quellen kommen. Das Verhältnis zu UNEP blieb davon nicht ungetrübt. Als 1990 der UNEP-Exekutivdirektor den Leiter des WA-Sekretariats im Zusammenhang mit der „Elfenbeinkrise" entließ, kam es zum offenen Konflikt mit den Vertragsstaaten, der zwar auf der WA-Konferenz 1992 zunächst durch eine Vereinbarung über die Konsultationspflichten von UNEP in Personal- und Haushaltsfragen beigelegt wurde (Wijnstekers 1995: 226-227), aber in einer 1996 vom Ständigen Ausschuß eingesetzten WA-Arbeitsgruppe weiterverhandelt wird.

Als weitere institutionelle Neuerung wurden auch zwischen den Tagungen der Konferenz tätige Unterorgane eingerichtet, ein Ständiger Ausschuß sowie vier Fachausschüsse (Wijnstekers 1995: 345-365). Ein weiterer „technischer Ausschuß", der sich seit 1979 um eine Vereinheitlichung der nationalen Vollzugspraxis bemüht hatte, wurde 1987 wieder abgeschafft (Favre 1989: 276). Die vier Fachausschüsse arbeiten mit externen wissenschaftlichen Gremien, darunter den Artenfachgruppen der IUCN und anderen nichtstaatlichen Verbänden, zusammen. Sie beraten die Konferenz bei der laufenden Anpassung und langfristigen Revision der WA-Anhänge I und II (Tier- und Pflanzenfachausschuß), bei der weltweiten Vereinheitlichung der zoologischen und botanischen Klassifizierungssysteme (Nomenklaturausschuß)[7] und bei Vollzugshilfen für die Mitgliedstaaten (Herausgabe von mehrsprachigem Nachschlage-, Bild- und Schulungsmaterial für Zollbeamte durch den Ausschuß für Bestimmungshandbücher).[8]

Dagegen hat das WA keinen zentralen „wissenschaftlichen Ausschuß". Versuche, ein solches Organ nachträglich im Rahmen eines weitgesteckten institutionellen Reformplans auf der Konferenz von Ottawa 1987 einzurichten, blieben ohne Erfolg (Favre 1989: 276). Vielleicht blieben dem WA ge-

---

7   Der authentische Text der WA-Anhänge enthält nur lateinische Artenbezeichnungen. Das WA-Sekretariat veröffentlicht in Zusammenarbeit mit dem World Conservation Monitoring Centre von IUCN, UNEP und WWF regelmäßig eine „offizielle", allerdings unvollständige dreisprachige Liste (englisch, französisch, spanisch) der Artenbezeichnungen.
8   Mit freiwilligen Zuschüssen wurden seit 1980 insgesamt acht Bände des Handbuchs (mit ca. 1500 Seiten) auf englisch veröffentlicht, teilweise ins Französische, Spanische, Russische und Deutsche übersetzt und lokalen Anforderungen angepaßt (Favre 1989: 26-27).

rade deshalb interne Konflikte zwischen Wissenschaft und Politik bisher erspart, und die Vertragsstaatenkonferenz selbst blieb mit ihren beiden Plenarausschüssen für Anhangänderungen und für sonstige Fragen das unangefochtene Forum für die Bestimmung der Regimeziele. Eine weitere Erklärung für das Ausbleiben von Organstreitigkeiten auf dieser Ebene mag die weitgehende Dezentralisierung und Delegierung von wissenschaftlichen Routineentscheidungen an *nationale* Behörden sein (Art. III und IV). Allerdings schrumpft deren Ermessensspielraum angesichts der fortschreitenden Vereinheitlichung wissenschaftlicher Kriterien seitens der WA-Konferenz ständig. Eine wichtige neuere Entwicklung ist das Entstehen *regionaler* Institutionen zur Durchführung des WA innerhalb der Europäischen Union. Der durch eine EWG-Ratsverordnung geschaffene „WA-Ausschuß", dem seit 1986 eine entsprechende wissenschaftliche Arbeitsgruppe und seit 1995 eine Arbeitsgruppe für Vollzugsfragen beigeordnet ist, hat inzwischen einige früher von einzelstaatlichen Behörden ausgeübte Aufgaben übernommen (vgl. Schmidt-Räntsch 1990: 40-41).

2.2 Sanktionen

Der Ständige Ausschuß der WA-Vertragsstaatenkonferenz wurde rasch zum Hauptinstrument für neuartige Methoden zur Durchsetzung des Abkommens innerhalb und außerhalb des Regimes. Nach Artikel XIV(1) können die Vertragsstaaten jederzeit strengere innerstaatliche Maßnahmen als vom WA selbst vorgeschrieben bis hin zu generellen Einfuhrverboten für WA-geschützte Arten ergreifen. In einer Reihe von Fällen empfahl der Ausschuß allen Vertragsstaaten, diesen Artikel *kollektiv* und zeitlich begrenzt gegen einzelne Länder anzuwenden, die sich fortdauernd nicht vertragskonform verhielten, um sie so vom Markt auszuschließen. Dies geschah etwa gegenüber den Vereinigten Arabischen Emiraten (1985-90), gegenüber Thailand (1991-92) und gegenüber Italien (1992-93). Die Vereinigten Arabischen Emirate beantworteten das WA-Handelsembargo 1987 zunächst mit einer formellen Kündigung des Abkommens, erreichten die Aufhebung des Embargos aber erst, nachdem sie 1990 wieder beigetreten waren. Das Verfahren wird auch gegen Nichtvertragsstaaten angewandt, die sich beharrlich weigern, „vergleichbare Dokumente" (Art. X) auszustellen. In den Fällen von El Salvador (1986-87) und Äquatorial-Guinea (1988-92) wurden die Sanktionsempfehlungen aufgehoben, nachdem die betroffenen Staaten dem WA beigetreten waren.

In anderen Fällen erzielten einseitige Maßnahmen offenbar die gleiche Wirkung. Kurz nachdem die USA 1986 auf Grundlage des „Lacey Act" alle WA-Einfuhren aus Singapur gestoppt hatten, trat Singapur dem Abkommen bei. Nachdem der Ständige WA-Ausschuß am 9.9.1993 allen Vertragsstaaten strengere innerstaatliche Maßnahmen gegen China und Taiwan empfohlen hatte, verhängten die USA mit Wirkung vom 19.8.1994 einseitige Handelssanktionen gegen Taiwan. Daraufhin änderte Taiwan, das dem WA wegen der Mitgliedschaft Chinas nicht beitreten kann, am 27.10.1994 sein Naturschutzgesetz durch Einführung WA-konformer Vorschriften, und das US-Embargo wurde am 30.6.1995 aufgehoben. Auch die Rücknahme der japanischen WA-Vorbehalte zu Meeresschildkröten 1994 wird drohenden amerikanischen Sanktionen zugeschrieben. Fest steht, daß „fremder Druck" (jap.: „gaiatsu") dabei eine Rolle spielte (Mofson 1994: 100). Ähnliches gilt für die 1994 von der indonesischen Regierung verkündeten „freiwilligen" Ausfuhrquoten für mehrere gefährdete Arten, die zumindest teilweise durch ein europäisches Embargo gegen WA-Einfuhren aus Indonesien veranlaßt wurden, das vom WA-Ausschuß der EU 1991 verhängt und erst 1995 wieder aufgehoben wurde.

2.3 Normabweichungstoleranz

Anders als seine glücklosen Vorläufer von 1900 und 1933 ist das WA als flexibles Regime angelegt, das sich wechselnden Umständen anpassen kann. Änderungen der Anhänge treten nach einem vereinfachten Verfahren in Kraft (Bräutigam 1995) und Abweichungen von Vertragsnormen werden in einem gewissen Umfang toleriert. Vorbehaltsklauseln erlauben es Abweichlern, sich kollektiven Beschlüssen über einzelne Arten zu entziehen („opting out") und damit bezüglich dieser Arten den Status von Nichtvertragsstaaten beizubehalten. Für Sonderfälle gelten schließlich eine Reihe von Ausnahmeregeln (Art. VII; Lyster 1985: 256-262).

Das Opting-out-Verfahren warf zunächst unerwartete Schwierigkeiten auf. Einige Staaten legten massive Vorbehalte ein, so etwa die Walfangländer und industrielle Verbraucherstaaten, die Rohstoffquellen sichern wollten. Als etwa das Salzwasserkrokodil 1979 auf Anhang I gesetzt wurde, legten fünf Länder Vorbehalte ein, die zusammen über 80% des Weltmarkts für Luxuslederwaren kontrollieren (Deutschland, Frankreich, Italien, Japan und die Schweiz), um der Konkurrenz keinen Vorsprung zu gönnen. Die meisten dieser frühen Vorbehalte wurden jedoch inzwischen zurückgenommen. Einige Länder legen routinemäßig Vorbehalte von geringerer praktischer Bedeutung ein, um Zeit für Gesetzesänderungen zu gewinnen (Österreich) oder um die Zollverwaltung nicht zu überlasten (Schweiz). Die Befürchtung, mächtige Vertragsstaaten könnten jedesmal dann Vorbehalte einlegen, wenn sie überstimmt würden, erwies sich als unbegründet.

Einige der Bestimmungen, die etwa im Zusammenhang mit dem Transitverkehr und der Einfuhr persönlicher Jagdtrophäen legale Schlupflöcher ließen (Art. VII), wurden später durch Auslegungs- und Zusatzformulierungen der Vertragsstaatenkonferenz schrittweise präzisiert und teilweise enger definiert (Wijnstekers 1995: 119-120, 304-309). Zumeist trug die Konferenz dabei freilich den Sonderinteressen der Ausfuhrländer Rechnung, manchmal im Gegenzug für deren Zustimmung zur strengeren globalen Einstufung gefährdeter Arten. Neue Regelungen für „in Gefangenschaft gezüchtete", „künstlich vermehrte" (Art. VII/4) oder durch „ranching" aufgezogene Tiere und Pflanzen ermöglichten so ausnahmsweise die kontrollierte wirtschaftliche Nutzung auch für in Anhang I aufgeführte Arten. Dafür setzen die WA-Konferenz und das Sekretariat neue technische Methoden zur Herkunftsbestimmung und Kennzeichnung ein, z.B. amtliche Markierungen für Reptilhäute und Pelze, oder Mikrochips für lebende Tiere. Ausgehend von Ausnahmeregelungen für Leopardenfelle und Elfenbein entwickelte sich daraus eine regelmäßige internationale Zuteilung von Handels*quoten* zugunsten bestimmter Ausfuhrländer (vgl. Wilder 1995). Zusammen mit einseitigen „freiwilligen" Quoten (d.h. jährlich dem Sekretariat gemeldeten Selbstbeschränkungen) für die Ausfuhr einiger Arten in Anhang II und III ist diese WA-Kontingentierung inzwischen zur Standardpraxis geworden. Dabei tritt auch im Genehmigungsverfahren die einfache quantitative Einhaltung der vom Sekretariat veröffentlichten Quoten zunehmend an Stelle der qualitativen (wissenschaftlich begründeten) Entscheidung von Einzelfällen. Obwohl im WA selbst von Quoten nirgends die Rede ist, haben die Vertragsstaaten sich durch diese Regeln nachträglich neuen Toleranzspielraum für Normabweichungen geschaffen (vgl. Chayes 1993: 200-203).

2.4 Drei Problemfälle

Im Lauf von zwei Jahrzehnten wurde so das WA-Regime mit neuen Institutionen, Sanktionen und Toleranzen nachgerüstet, die im ursprünglichen Abkommenstext überhaupt nicht vorkommen. Hat die Entwicklung und Anwendung dieser neuartigen Lenkungsinstrumente zur Wirksamkeit des Regimes (d.h. zur Erreichung seiner Ziele) beigetragen? Drei prominente Fälle mögen das Verfahren zur konkreten Problemlösung illustrieren, das sich herauskristallisierte.

Ein erster regimetypischer Grundsatzstreit entzündete sich an der WA-Einstufung des Vicuña, einer seltenen Lama-Art in den Anden. In den 60er Jahren waren die Bestände auf knapp 6000 zumeist in Peru lebende Tiere zurückgegangen. Nachdem 1968 ein Wildhegeprojekt im peruanischen Naturschutzgebiet Pampa Galeras angelaufen war, gefolgt von regionalen Schutzabkommen mit Argentinien, Bolivien und Chile (Lyster 1985: 88-94) und der Eintragung der Art in Anhang I des WA, nahmen die Bestände wieder zu. 1979 lebten allein in Pampa Galeras ca. 35.000 Tiere. Ein Antrag der peruanischen Regierung auf Rückstufung der Art von Anhang I nach Anhang II, um Vicuña-Erzeugnisse aus Hegeabschüssen zugunsten der lokalen Bevölkerung exportieren zu können, stieß jedoch auf der WA-Konferenz 1979 auf erbitterten Widerstand nichtstaatlicher Naturschutzverbände. Unter Führung eines prominenten peruanischen Umweltschützers gelang es den NGOs, das erforderliche Sperrdrittel von Stimmen zur Ablehnung des Antrags zu erreichen. Die WA-Konferenz 1987 fand schließlich eine später mehrfach bestätigte Kompromißlösung, wonach geographisch bestimmte Vicuña-Herden in Chile und Peru mit ausdrücklicher Beschränkung auf die Vermarktung der Wolle von lebend geschorenen Tieren mit amtlichem Herkunftssiegel auf Anhang II rückgestuft wurden.

Der zweite dramatische Konflikt betraf das WA-Wappentier, den afrikanischen Elefanten. Während der asiatische Elefant schon von Anfang an nach Anhang I geschützt war, stand die afrikanische Art mit damals ca. 1,3 Millionen Tieren ursprünglich in Anhang II. Erklärtes Regimeziel war die Erhaltung der Art als Quelle bedeutender Tourismuseinkünfte durch gut organisierte nationale Wildhegeprogramme in den Herkunftsländern, die durch Jagdgebühren und den Erlös von legal gewonnenem Elfenbein finanziell getragen werden sollten. Die WA-Anstrengungen galten daher vorrangig der Datenerfassung, der Einrichtung eines Quotensystems für die Elfenbeinausfuhr sowie der einheitlichen Registrierung und Kennzeichnung von Elfenbein im legalen Handel. Ende der 80er Jahre geriet jedoch der illegale Elfenbeinhandel außer Kontrolle. Ursachen waren Bürgerkriege in mehreren Herkunftsländern und das „Trittbrettfahrer"-Verhalten von Nichtvertragsstaaten wie Burundi und den Vereinigten Arabischen Emiraten, die als Zwischenlager für umfangreiche Elfenbeinvorräte zur Verschiebung nach Fernost dienten (Favre 1989: 120-137). Nach einer intensiven NGO-Kampagne, die zunächst eine Reihe von einseitigen Einfuhrverboten für Elfenbein zur Folge hatte, stimmte auf der Vertragsstaatenkonferenz von Lausanne 1989 eine Zweidrittelmehrheit gegen den Widerstand von China und neun Herkunftsstaaten für die Hochstufung des afrikanischen Elefanten in Anhang I. Auch das WA-Sekretariat hatte eine gemäßigte „nachhaltige Nutzung" befürwortet und erlitt einen empfindlichen Gesichtsverlust (Sands/Bedecarré 1990: 809-816). Die Ansichten über die Wirksamkeit des Handelsverbots sind geteilt, und das Thema ist noch keineswegs abgeschlossen (Dublin et al. 1995). Zwar wurden spätere Rückstufungs- und Ausnahmeanträge zurückgezogen, mehrere Herkunftsländer unterliefen das Verbot aber durch Vorbehalte, und sechs afrikanische Staaten meldeten 1996 Ausfuhrkontingente für Jagdtrophäen von insgesamt 628 Elefanten an. Ein WA-Unterausschuß verhandelt weiter über eine länderspezifische Sonderregelung zur Vorlage auf der nächsten Vertragsstaatenkonferenz 1997 in Harare/Simbabwe (Wijnstekers 1995: 310-312).

Sowohl der Vicuña- als auch der Elfenbeinfall warfen die Grundsatzfrage nach den Kriterien für eine Einstufung oder Umstufung innerhalb der WA-Anhänge I und II auf. Diese Kriterien finden sich *nicht* im Text des Abkommens, sondern wurden 1976 auf der ersten Vertragsstaatenkonferenz in Bern festgelegt und beziehen sich vor allem auf die erforderlichen wissenschaftlichen und handelsstatistischen Daten zur Begründung von Änderungsanträgen. In den folgenden Jahren wurden die „Berner Kriterien" durch zahlreiche

Änderungen und Ausnahmebestimmungen weiterentwickelt (Favre 1989: 32-53; Wijnstekers 1995: 23-28). Verfechter einer wirtschaftlichen Nutzung von Wildarten kritisierten die mangelnde Flexibilität der Kriterien, die jede Rückstufung einer einmal eingetragenen Art bewußt erschwerte. Ein Vorschlag für die Festsetzung alternativer „Nutzungskategorien", den eine Gruppe afrikanischer Staaten mit wissenschaftlicher Unterstützung der IUCN-Fachgruppe für nachhaltige Wildartennutzung, aber gegen den Widerstand anderer NGOs auf der WA-Konferenz von 1992 einbrachte, wurde erst einmal durch Kompromiß-Resolutionen „entschärft" und vertagt. Auf der Konferenz 1994 wurde der Berner Text dann durch die sogenannten „Everglades-Kriterien" ersetzt, die in fünf Jahren wieder überprüft werden sollen. Die neuen Richtlinien bekräftigen das Vorsorgeprinzip ausdrücklich, aber sie erkennen auch die besondere Rolle der Herkunftsstaaten beim Einstufungsverfahren an und vereinfachen die Anforderungen an biologische und statistische Nachweise (Wijnstekers 1995: 29-49; Bräutigam 1995).

Auf der gleichen Tagung beschloß die Konferenz, eine unabhängige Studie über die praktische Wirksamkeit des WA in Auftrag zu geben (dazu Birnie 1996: 249). Ein externes Beraterteam soll die Zielsetzung des Abkommens, seine Auswirkungen auf den Erhaltungsstand ausgewählter geschützter Arten in Vertragsstaaten und anderen Herkunftsstaaten, die staatliche Umsetzung und den Vollzug des WA sowie dessen Verhältnis zu anderen Naturschutzabkommen untersuchen. Die Ergebnisse und Empfehlungen der Studie wird der Ständige Ausschuß nach Auswertung eines umfangreichen Fragebogens, der im Juni 1996 an alle Vertragsstaaten und beteiligte internationale Organisationen versandt wurde, der WA-Konferenz 1997 als Entscheidungshilfe für künftige Zielbestimmungen und -korrekturen vorlegen.

3. Regimewirkungen

3.1 Umsetzung in innerstaatliche Gesetze und Verwaltungsakte

Im Januar 1996 gehörten dem WA 134 Vertragsstaaten an, darunter praktisch sämtliche „Verbraucher-" und „Produzentenländer" von Wildtieren, -pflanzen und -erzeugnissen. Da der größte Teil der Abkommensbestimmungen nicht selbständig vollzugsfähig ist, erfordert die völkerrechtskonforme Umsetzung zusätzlich zur formellen Ratifizierung und Bekanntmachung in der jeweiligen Landessprache eine Reihe von Folgemaßnahmen auf der entsprechenden Gesetzgebungs- und Verwaltungsebene. Der Vollzug des WA beruht auf einer „funktionellen Verdoppelung": Das Regime baut keinen eigenen Vollzugsmechanismus auf, sondern verläßt sich auf die gegenseitige Anerkennung *nationaler* Vollzugsentscheidungen, sofern diese im Einklang mit vereinbarten Standards erfolgen, und überläßt es designierten staatlichen „Vollzugsbehörden", das System im Auftrag der internationalen Gemeinschaft durchzuführen (Sand 1990: 22-23). Im Fall der Europäischen Union führt dies zur „funktionellen Verdreifachung" für Vollzugsbehörden, die ein innerstaatliches WA-Gesetz zur Durchführung der EG-Verordnung zur Durchführung des WA durchführen (vgl. Emonds 1984).

Der Erlaß innerstaatlicher Gesetze zu diesem Zweck und die entsprechende Ermächtigung staatlicher Behörden zu ihrem Vollzug ist daher ein entscheidender erster Schritt, das WA wirksam werden zu lassen (Nash 1994: 2). Angesichts der Vielfalt nationaler Rechtssysteme und Verwaltungstraditionen gibt es allerdings kein Einheitsmodell für den WA-Vollzug. Statt dessen werden seit 1981 durch das IUCN-Zentrum für Umweltrecht unverbindliche „Richtlinien für WA-Gesetzgebung" auf praxisvergleichender Basis herausgegeben (de Klemm 1993). Im Rahmen einer Überprüfung des Vollzugs durch die Vertragsstaaten definierte die WA-Konferenz 1992 die Mindestanforderungen an nationale Durchführungsmaßnahmen als „die Befugnis, (1) wenigstens eine Vollzugsbehörde und eine wissenschaftliche Behörde zu ernennen; (2) gegen das Abkommen verstoßenden Handel zu verbieten; (3) illegalen Handel zu ahnden; und (4) Exemplare aus illegalem Handel oder Besitz einzuziehen" (Wijnstekers 1995: 160-163).

Für viele Mitgliedstaaten waren sogar diese Minimalansprüche noch zu hoch. Eine vom IUCN-Zentrum für Umweltrecht 1993-94 im Auftrag des Sekretariats durchgeführte Erhebung ergab, daß nur 12 der 81 untersuchten Vertragsstaaten über die vollen gesetzlichen und administrativen Mittel verfügten, um sämtlichen Bestimmungen des Abkommens und der dazu ergangenen Resolutionen und Entscheidungen der Vertragsstaatenkonferenz nachzukommen. Die Gesetzgebung von mindestens 26 Staaten erfüllte nicht die vier von der Konferenz aufgestellten Mindestanforderungen; und die Vorschriften in 43 weiteren Staaten erwiesen sich als unvollständig oder unzureichend auf bestimmten Teilgebieten. Die 26 Nachzügler in der untersten Kategorie wurden gewarnt, daß die nächste Konferenz im Juni 1997 kollektive Maßnahmen – einschließlich Handelsbeschränkungen – gegen alle Vertragsstaaten erwägen wird, welche bis dahin die erforderliche Gesetzgebung nicht zumindest in Gang gesetzt (d.h. im Parlament eingebracht) haben.

3.2 Berichtswesen und Normeinhaltung

Für Informationen über die tatsächliche Verwaltungspraxis einzelner WA-Mitgliedstaaten bei der Durchführung des Abkommens gibt es zwei Hauptfundstellen. Dies sind (a) die jährlich bzw. alle zwei Jahre vorzulegenden Eigenberichte der Vertragsstaaten über die nationalen Handelsdaten sowie über ihre Vollzugsmaßnahmen und (b) die Überwachung der Normeinhaltung gemäß Artikel XIII durch das WA-Sekretariat.

Mit der Erfüllung der *nationalen* Berichtspflicht sieht es nicht besonders gut aus. 1994 hatten mehr als 30% der Vertragsstaaten ihre Berichte nicht rechtzeitig vorgelegt (CITES Secretariat 1994: 14-15; Nash 1994: 5-6). Immerhin hat sich die Berichterstattung im Lauf der Jahre verbessert und ist gegenwärtig vollständiger als bei mehreren anderen globalen Umweltabkommen (zur Situation 1990 vgl. US General Accounting Office 1992). Sogar anhand unvollständiger Berichte seit 1976 konnte das Sekretariat Export-Import-Vergleiche vornehmen, die in mehreren Fällen zur Aufdeckung von Lücken und illegalen Handelsgeschäften führten. Die Menge der im Auftrag des Sekretariats vom „World Conservation Monitoring Centre", einem gemeinsamen Forschungsinstitut von IUCN, UNEP und WWF in Cambridge, laufend ausgewerteten WA-Daten nahm seit 1986 auf ca. 200.000 Handelsposten jährlich zu und wurde 1993 auf eine im Internet zugängliche Computer-Datenbank übernommen[9]. Trotzdem war 1994 die WA-Konferenz bei einer Überprüfung des Berichtswesen und der Fristenwahrung so ernsthaft über Informationslücken besorgt, daß die Nichteinhaltung von Berichtspflichten seitdem als hinreichender Anlaß für Handelssanktionen gilt.

Die einzige Handhabe zur *internationalen* Vollzugskontrolle im WA bietet Artikel XIII, der das Sekretariat beauftragt, „ihm zugegangene Informationen" über Verstöße gegen das Abkommen den zuständigen nationalen Behörden mitzuteilen und sie zusammen mit deren Stellungnahme der Vertragsstaatenkonferenz zur Kenntnis zu bringen. Diese Bestimmung hat sich in der Praxis zu einem Monitoring- und Verifizierungsverfahren mit aktiver NGO-Beteiligung entwickelt. Seit 1976 begann eine IUCN-Fachgruppe für „Trade Records Analysis of Flora and Fauna in Commerce" (TRAFFIC), Hinweise auf angebliche Verstöße gegen das Abkommen durch Händler und Schmuggler in verschiedenen Ländern zu sammeln, um sie dann an das WA-Sekretariat oder direkt an die zuständigen nationalen Behörden weiterzuleiten. Mit finanzieller Hilfe von IUCN, WWF und anderen Sponsoren baute die Gruppe seither Büros in 18 Ländern und in wichtigen Handelsregionen auf und betreibt jetzt ein weltweites Überwachungsnetz. Dabei erwiesen sich regelmäßige Berichte über Verstöße gegen das Abkommen und über die jeweilige Verfolgung und Ahndung in einzelnen Vertragsstaaten als das wirksamste Mittel, den Bekanntheitsgrad des Regimes in der Öffentlichkeit und bei staatlichen Behörden (und damit seine Akzeptanz und Legitimierung) zu erhöhen.

Als das Sekretariat, das inzwischen jährlich über 300 Verfahren nach Artikel XIII durchführt, auf den WA-Konferenzen 1979 und 1981 erstmals ausführliche Berichte über Verstöße vorlegte (z.B. CITES Proceedings 1981: 1, 297-302, 411-414), erhoben mehrere Staaten Einwände und die Bundesrepublik legte formelle Beschwerde gegen wiederholte „Bloßstellung" ein. Grund des Unbehagens war die Öffentlichkeit des Verfahrens und das politisch peinliche Medieninteresse an nachweisbaren WA-Verstößen. Angesichts

---

9 Internetadresse <http://www.wcmc.org.uk/convent/cites>.

des klaren Wortlauts von Artikel VIII/8, demzufolge Informationen „der Allgemeinheit zugänglich" zu machen sind, werden jedoch die sorgfältig formulierten und belegten „*Infraction Reports*" des WA-Sekretariats inzwischen als zuverlässiges und unvoreingenommenes Instrument akzeptiert, das sowohl dem innerstaatlichen Vollzug als auch der zwischenstaatlichen Rechenschaft dient. Regierungen haben außerdem begonnen, das positive Medienpotential des WA-Regimes auszuschöpfen. Vor allem die Gastgeberländer der Vertragsstaatenkonferenz sind dabei auch zu sachlichen Zugeständnissen bereit, um sich den Tagungsort zu sichern[10].

Die Zusammenarbeit mit dem nichtstaatlichen TRAFFIC-Netzwerk brachte dem WA nicht nur einen hohen Grad an Transparenz (Sands/Bedecarré 1990), sondern wahrscheinlich auch eines der besten Nachrichtensysteme im Dienst eines Umweltregimes. Während ein Teil der Information in die „Infraction Reports" des Sekretariats eingeht, wird weiteres Material (darunter Fallstudien und Länderberichte über Strafverfahren, Beschlagnahmen usw.) regelmäßig in den „TRAFFIC Bulletins" und „Species in Danger Reports" veröffentlicht und trägt damit zum Erfahrungsaustausch in der Vollzugspraxis bei.

3.3 Vollzugshilfen

Die meisten Fälle nachweislicher Nichteinhaltung von Umweltabkommen gehen erfahrungsgemäß nicht auf vorsätzliche Völkerrechtsverstöße, sondern vor allem in der Dritten Welt auf institutionelle und finanzielle Zwänge zurück (Chayes/Chayes 1993). Im Falle Boliviens etwa hatte die fortgesetzte Nichteinhaltung der WA-Vorschriften über Ausfuhrgenehmigungen 1985 zu einer scharfen Empfehlung der Konferenz an alle Vertragsstaaten geführt, die Einfuhr von WA-Exemplaren mit bolivianischen Papieren oder bolivianischer Herkunft zu verweigern, falls die bolivianische Regierung dem Ständigen Ausschuß nicht binnen 90 Tagen nachwies, daß sie alle erforderlichen Maßnahmen zum Vollzug des Abkommens getroffen hatte. Als die Regierung daraufhin erklärte, zu WA-konformen Genehmigungen verwaltungstechnisch außerstande zu sein, boten mehrere Einfuhrstaaten sowie die EG-Kommission Entwicklungshilfe für ein Schulungsprogramm an. Daraufhin empfahl der Ständige Ausschuß schon im selben Jahr die Aussetzung und 1987 die formelle Aufhebung des Embargos (Wijnstekers 1995: 251). Seither werden, teilweise in Zusammenarbeit mit der Weltzollorganisation sowie der INTERPOL-Arbeitsgruppe für Umweltstraftaten, regelmäßig Ausbildungskurse für WA-Vollzugsbeamte aus Entwicklungsländern durchgeführt.

---

10 So entschied sich Japan 1989, keinen Vorbehalt gegen das Handelsverbot für Elfenbein einzulegen, um die Ausrichtung der WA-Konferenz in Kyoto 1992 nicht zu gefährden (Chayes/Chayes 1993: 200).

Der praktische Vollzug des Abkommens erfordert jedoch auch Verhaltensänderungen in den Verbraucherländern. Durch systematische Aufklärung gilt es, Touristen als potentielle Käufer von Wildsouvenirs zu informieren (Umweltstiftung WWF 1992: 14-18). Und solange Bestechungszahlungen an ausländische Beamte etwa in Belgien, Deutschland, Griechenland und Luxemburg nicht nur straffrei, sondern voll von der Steuer absetzbar bleiben (Eigen/van Ham 1995: 154 n.7), werden Großeinkäufer aus diesen Ländern keine Hemmungen haben, ausländische WA-Bescheinigungen bei passender Gelegenheit auch käuflich zu erwerben.

3.4 Rückwirkung auf das Problemfeld

Die bisherige Beurteilung der Wirksamkeit des Regimes durch Beobachter ist unterschiedlich, aber überwiegend positiv. Während manche das WA als „den vielleicht erfolgreichsten aller internationalen Naturschutzverträge" ansehen (Lyster 1985: 240), werten andere seinen Erfolg „eher symbolisch als sachlich" und räumen allenfalls seine Verdienste als zwischenstaatliches Naturschutzforum ein (Trexler 1990: 99-133). Die rhetorische Frage, ob das Regime dem „Ruf der Wildnis" nachgekommen sei (Peters 1994), führt hier kaum weiter, denn das WA ist ja gerade kein allgemeines Naturschutzabkommen. In seiner heutigen Form ist es jedenfalls nur ein sachlich auf den grenzüberschreitenden Handel beschränkter Teil des bestehenden Flickwerks von globalen und regionalen Regimen im Sektor Naturschutz. Es sollte deshalb auch nur nach dem Teilbeitrag beurteilt werden, den es zur Minderung eben dieser konkreten Gefährdung leisten kann. Im Gegensatz zu Regimen für eine ganze „Hegeeinheit" wie etwa das internationale Walfangregime (de Klemm/Shine 1993: 136) kontrolliert das WA die Wildentnahme aus der Natur weder durch Moratorien oder Fangquoten, noch durch vorgeschriebene Fangmethoden. Als Gambia, unterstützt von 14 NGOs, auf der Konferenz von 1983 etwa vorschlug, aus Tierschutzgründen die Einfuhr aller mit Tellereisen erlegten Pelzwaren zu verbieten, wurde der Antrag mit großer Mehrheit als „die Zuständigkeit des WA überschreitend" abgewiesen (Favre 1989: 74). Das 1994 abgeschlossene Zusatzabkommen von Lusaka, das gemeinsame regionale Maßnahmen gegen Wilderei und Schmuggel vorsieht, wurde von einigen afrikanischen Staaten als unzulässiger Eingriff in die staatliche Jagdhoheit kritisiert. Die einzigen WA-Bestimmungen, die ausdrücklich die physische Behandlung von geschützten Arten regeln, sind die Transportvorschriften.

Angesichts der Vielzahl von Ursache-Wirkungs-Beziehungen, von denen die meisten eindeutig außerhalb der Kontrolle des WA liegen, und in Anbetracht der Tatsache, daß das Abkommen sich nicht grundsätzlich *gegen* den Handel richtet, wäre es daher ziemlich gewagt, die Wirksamkeit des Regimes in unmittelbare Beziehung zum tatsächlichen Erhaltungsstand einer Art in der

Natur oder auch nur zum Handelsvolumen der Art zu setzen (Trexler 1990: 90-96). Ebensowenig läßt sich ein Naturschutzerfolg pauschal etwa an der Anzahl der von Anhang I auf II zurückgestuften Arten „messen" (Forster/ Osterwoldt 1992: 80), denn Einstufungsänderungen durch die WA-Konferenz haben oft administrative Gründe, unter anderem die Beseitigung fehlerhafter Einstufungen.

Demgegenüber stehen Substitutionswirkungen auf der Verbraucherseite, die sich zumindest teilweise auf das WA zurückführen lassen. Einige WA-geschützte Produkte wie Leopardenmäntel oder Schildkrötensuppe (Anhang I) sind aus dem Mode- und Luxusspeisemarkt so gut wie verschwunden. In der Lederindustrie wurden schon 1989 ca. 150.000 Reptilhäute aus WA-kontrollierten „Ranching"-Unternehmen mit einem Marktwert von 5 Millionen US-$ verarbeitet. WA-geschützte Versuchstiere in der medizinischen und pharmazeutischen Forschung (z.B. Primaten, Anhang I) sowie einige exotische Arten im Tierhandel werden zunehmend in Gefangenschaft gezüchtet und weniger in freier Wildbahn gefangen. Auch bei exotischen Zierpflanzen wie Orchideen und Kakteen ersetzen WA-registrierte Züchtungen einen wachsenden Teil der Entnahmen aus der Natur. In mehreren Wirtschaftszweigen, die Wildprodukte verarbeiten, verschiebt sich schließlich die Nachfrage von WA-geschützten auf andere Arten, die (noch) nicht dem Abkommen unterliegen. Beispielsweise werden Flußpferdstoßzähne zunehmend als Ersatz für Elfenbein gehandelt. Dabei wird bereits Besorgnis über einen möglichen Dominoeffekt laut, und TRAFFIC beginnt, auch den internationalen Handel mit bisher nicht betroffenen Arten zu beobachten.

4. Ausblick

Es gibt Anzeichen, daß das WA-Regime die äußeren Grenzen seiner Möglichkeiten erreicht hat. Gerade weil das Abkommen sich auf den grenzüberschreitenden Handel konzentriert, nimmt die Entstehung großräumiger Freihandelszonen *ohne* Binnengrenzen dem WA-Grenzkontrollverfahren seine zentrale Bedeutung, wenn nicht neue Regelungsverfahren entwickelt werden.

Der erste Testfall war die Öffnung des europäischen Binnenmarktes ab 1983 (Emonds 1984; Fleming 1994: 18-27). Obwohl der offizielle WA-Beitritt der Europäischen Gemeinschaft wegen 21 fehlender Ratifizierungen der bereits 1983 beschlossenen Änderung des Artikels XXI noch immer nicht in Kraft getreten ist, erließ die EG 1982 eine eigene Ratsverordnung (3626/82), die das Abkommen umsetzt und teilweise darüber hinausgeht. In einer Grundsatzentscheidung des Europäischen Gerichtshofes (dem „bolivianischen Pelzurteil" vom 29.11.1990) wurde eine fehlerhafte französische WA-Einfuhrgenehmigung als Verstoß gegen geltendes EG-Recht gewertet. Allerdings führt die EG-Verordnung zum Verlust wichtiger statistischer Informationen über einen Teil des grenzüberschreitenden Handels (Favre 1989: 226; Beispiele bei Schmidt-Räntsch 1992: 49-50) und sieht die automatische gegenseitige Anerkennung von Bescheinigungen zwischen EG-Mitgliedstaaten sogar dann vor, wenn diese offensichtlich unrichtig sind (Schmidt-Räntsch 1992: 54). Auch fehlen eigene EG-Artenschutzkontrollen nach dem Wegfall der einzelstaatlichen Überwachung an den Binnengrenzen (Fleming 1994: 17). Die Auswirkungen solcher Mängel sind seit langem belegt. So fand mit Hilfe einer nur EG-tauglichen Mischung von obskuren Zucht-, Transit- und Einfuhrbescheinigungen (Sand 1980a) z.B. ein ungenierter Handel mit wildgefangenen Fischottern (Anhang I) statt, die für ca. 5000 DM pro Exemplar von einem angeblichen bulgarischen Zuchtbetrieb über einen angeblichen englischen Zoo an eine Frankfurter Briefkastenfirma eingeschleust wurden, um von dort trotz geringer Überlebensaussichten in privaten und öffentlichen Naturparks ausgesetzt zu werden (Sand 1980b). Auch eine umfassende Revision der EG-Verordnung, die nach wiederholter Kritik anderer Staaten und jahrelangen Vorbereitungen nun kurz vor der nächsten WA-Vertragsstaatenkonferenz im Juni 1997 in Kraft treten soll, wird diese Lücken nur teilweise schließen.

Eine zweite Herausforderung ist der Einsatz des WA als Instrument gegen den Raubbau an Arten, die bisher nicht dem Abkommen unterliegen, weil sie entweder in die Zuständigkeit eines anderen Ressourcenregimes oder unter das Dogma der staatlichen Ressourcenhoheit fallen. Aktuell wurde das Thema auf den beiden jüngsten WA-Vertragsstaatenkonferenzen durch niederländische und deutsche Vorschläge zur Einstufung kommerziell genutzter Tropenholzarten wie Mahagoni und Ramin in Anhang II, die auf den Widerstand einiger Herkunftsländer (vor allem Malaysia, Brasilien, Kamerun und Kongo) stießen, die unter anderem eine vorausgehende Zustimmung der Internationalen Tropenholzorganisation forderten (Kelso 1995: 71). Immerhin stehen inzwischen insgesamt 15 Edelholzarten in den WA-Anhängen. Das amerikanische Mahagoni, das auf der WA-Konferenz 1994 die erforderliche Zweidrittelmehrheit für Anhang II in geheimer Abstimmung knapp verfehlte, wurde kurz darauf von Costa Rica einseitig auf Anhang III gesetzt. Eine von der Konferenz eingesetzte Arbeitsgruppe wird der nächsten WA-Tagung 1997 neue Vorschläge über das Verfahren zur Einstufung von Holzarten und die künftige Zusammenarbeit mit anderen internationalen Organisationen auf diesem Sektor vorlegen.

Ein weiterer explosiver Tagesordnungspunkt für 1997 könnte die Hochseefischerei werden. Alle Änderungen der WA-Anhänge für im Meer lebende Arten bedürfen der Konsultation „der mit diesen Arten befaßten zwischenstaatlichen Gremien" (Art. XV/2/b), die etwa im Fall der Internationalen Walfangkommission nicht immer einfach war (Wijnstekers 1995: 256-257, 265). Nach einem nicht ganz ironisch gemeinten Vorschlag afrikanischer Staaten auf der WA-Konferenz 1989, als Vergeltung für die Hochstufung des afrikanischen Elefanten endlich den nordatlantischen Hering zu schützen, und nach einem 1992 erst in letzter Minute unter Druck der Fischereistaaten zurückgezogenen schwedischen Antrag zugunsten des atlantischen Thunfischs befaßte sich die WA-Konferenz 1994 erstmals mit dem Haifischfang und dem internationalen Handel mit Haifischflossen. Japan und andere Staaten sähen die dem WA nicht unterliegenden maritimen Arten lieber von internationalen Fischereikommissionen geregelt (Kelso 1995: 69). Bereits während der Verhandlungen über die „Bonner Konvention von 1979 zur Erhaltung der wandernden wildlebenden Tierarten" (BGBl. 1984 II: 571) war die Einbeziehung von Meeresressourcen auf den massiven Widerstand einer aus Australien, Japan, Kanada, Neuseeland, der Sowjetunion und den USA bestehenden „Allianz der Pazifikmächte" gestoßen (Lyster 1985: 282), von deren Boykott sich diese Konvention nie ganz erholt hat. Nachdem der Preis für atlantischen Thunfisch auf dem Sashimi-Markt inzwischen über 50 US-$ pro kg gestiegen ist, dürfte die Regelung gefährdeter Fischarten auf der zehnten Vertragsstaatenkonferenz in Harare zum Politikum werden.

Jedenfalls hängt die künftige Entwicklung des WA-Regimes nicht nur von der allgemeinen Debatte um den Stellenwert von Umweltinteressen in der Welthandelsorganisation (WTO) ab (Housman et al. 1995; Charnovitz 1996), sondern auch von der Auseinandersetzung mit mächtigen Sektorregimen um die Frage, wer denn nun langfristig über den Umgang mit den schwindenden biologischen Ressourcen dieser Erde bestimmen soll: nur die wirtschaftlich betroffenen Nutzerstaaten oder die gesamte im WA vertretene Staatengemeinschaft?

Grundlegende Literatur

Bendomir-Kahlo, Gabriele 1989: CITES: Washingtoner Artenschutzübereinkommen, Berlin.
Favre, David S. 1989: International Trade in Endangered Species: A Guide to CITES, Dordrecht.
Flachsmann, Anton 1977: Völkerrechtlicher Schutz gefährdeter Tiere und Pflanzen vor übermässiger Ausbeutung durch den internationalen Handel: Washingtoner Artenschutzabkommen von 1973, Zürich.
Lyster, Simon 1985: International Wildlife Law: An Analysis of International Treaties Concerned with the Conservation of Wildlife, Cambridge.
Trexler, Marc C. 1990: The Convention on International Trade in Endangered Species of Wild Fauna and Flora: Political or Conservation Success? (Dissertation: University of California), Berkeley, Cal.
Wijnstekers, Willem 1995: The Evolution of CITES: A Reference to the Convention on International Trade in Endangered Species of Wild Fauna and Flora, 4. Aufl., Genf.

Weiterführende Literatur

Altner, Günter 1985: Ethische Begründung des Artenschutzes, in: Schriftenreihe des Deutschen Landesrates für Landespflege 46, 566-568.
Birnie, Patricia W. 1996: The Case of the Convention on Trade in Endangered Species, in: Wolfrum, Rüdiger (Hrsg.): Enforcing Environmental Standards: Economic Mechanisms as Viable Means?, Heidelberg, 233-264.
Bondy, Arpad/Orders, Ron 1989: Für einen Hauch Exotik: Das blutige Geschäft mit Elfenbein, Horn und Schildpatt, in: Kaiser, Dieter(Hrsg.): Wir töten was wir lieben: Das Geschäft mit geschützten Tieren und Pflanzen, Hamburg, 173-201.
Bräutigam, Amie 1995: CITES: A Conservation Tool. A Guide to Amending the Appendices to the Convention on International Trade in Endangered Species of Wild Fauna and Flora, 5. Aufl., Washington, D.C.
Charnovitz, Steve 1996: Multilateral Environmental Agreements and Trade Rules, in: Environmental Policy and Law 26, 163-169.
Chayes, Abram/Chayes, Antonia Handler 1993: On Compliance, in: International Organization 47, 175-205.
Ciriacy-Wantrup, Siegfried von 1968: Resource Conservation: Economics and Policies, 3. Aufl., Berkeley, Cal.
CITES Proceedings: Proceedings of the Conference of the Parties, verschiedene Jahrgänge.
CITES Secretariat 1994: Review of Alleged Infractions and Other Problems of Implementation of the Convention (CITES Doc. 9.22), Genf.
De Klemm, Cyrille 1993: Guidelines for Legislation to Implement CITES (IUCN Environmental Policy and Law Paper No. 26), Gland.
De Klemm, Cyrille/Shine, Clare 1993: Biological Diversity Conservation and the Law: Legal Mechanisms for Conserving Species and Ecosystems (IUCN Environmental Policy and Law Paper No. 29), Gland.
Dexel, Birga 1995: Internationaler Artenschutz: Neuere Entwicklungen (Wissenschaftszentrum Berlin für Sozialforschung: FS II 95-401), Berlin.
Dublin, Holly J./Milliken, Tom/Barnes, Richard F.W. 1995: Four Years After the CITES Ban: Illegal Killing of Elephants, Ivory Trade and Stockpiles. Report of the IUCN/SSC African Elephant Specialist Group (IUCN/SSC, TRAFFIC, WWF), Gland.
Eigen, Peter/van Ham, Margit 1995: Inseln der Integrität: der Anti-Bestechungs-Pakt, ein Vorschlag von „Transparency International", in: Vereinte Nationen 43, 151-154.
Emonds, Gerhard 1984: Gesetz zur Durchführung der EG-Verordnung zum Washingtoner Artenschutzübereinkommen, in: Natur und Recht 6, 93-96.
Fleming, Elizabeth H. 1994: The Implementation and Enforcement of CITES in the European Union (TRAFFIC Europe), Brüssel.
Forster, Malcolm J./Osterwoldt, Ralph U. 1992: Nature Conservation and Terrestrial Living Resources, in: Sand, Peter H. (Hrsg.): The Effectiveness of International Environmental Agreements: A Survey of Existing Legal Instruments, Cambridge, 59-122.
Glennon, Michael J. 1990: Has International Law Failed the Elephant?, in: American Journal of International Law 84, 1-43.

Hayden, Sherman Strong 1942: The International Protection of Wild Life: An Examination of Treaties and Other Agreements for the Preservation of Birds and Mammals (Columbia University Studies in History, Economics and Public Law No. 491), New York.

Hemley, Ginette (Hrsg.) 1994: International Wildlife Trade: A CITES Sourcebook (World Wildlife Fund), Washington, D.C.

Housman, Robert/Goldberg, Donald/Van Dyke, Brennan/Zaelke, Durwood 1995: The Use of Trade Measures in Select Multilateral Environmental Agreements (UNEP Trade and Environment Series No. 10), Genf.

Inskipp, Tim/Wells, Sue 1979: International Trade in Wildlife (Earthscan), London.

Kelso, Bobbie Jo 1995: Ninth Meeting of the Conference of Parties to CITES, in: TRAFFIC Bulletin 15: 2, 63-76.

Mofson, Phyllis 1994: Protecting Wildlife from Trade: Japan's Involvement in the Convention on International Trade in Endangered Species, in: Journal of Environment and Development 3, 91-107.

Myers, Norman 1979: The Sinking Ark: A New Look at the Problem of Disappearing Species. Oxford; dt. 1985: Die sinkende Arche: Bedrohte Natur, gefährdete Arten, Braunschweig.

Nash, Stephen 1994: Making CITES Work: A WWF Report, Godalming.

Peters, Michelle A. 1994: The Convention on International Trade in Endangered Species: An Answer to the Call of the Wild?, in: Connecticut Journal of International Law 10, 169-191.

Sand, Peter H. 1980a: Der internationale Handel und Schmuggel mit geschützten Arten, in: Nationalpark 27: 2, 6-9; und in: Das Tier 20: 6, 68-71.

Sand, Peter H. 1980b: Probleme des internationalen Schutzes von Fischottern durch das Washingtoner Artenschutzabkommen, in: Reuther, Christian/Festetics, Ante (Hrsg.): Der Fischotter in Europa: Verbreitung, Bedrohung, Erhaltung, Göttingen, 231-233.

Sand, Peter H. 1990: Lessons Learned in Global Environmental Governance (World Resources Institute), Washington, D.C.

Sand, Peter H. 1995: Trusts for the Earth: New International Financial Mechanisms for Sustainable Development, in: Lang, Winfried (Hrsg.): Sustainable Development and International Law, London, 167-184.

Sands, Philippe J./Bedecarré, Albert P. 1990: Convention on International Trade in Endangered Species: The Role of Public Interest Non-Governmental Organizations in Ensuring the Enforcement of the Ivory Trade Ban, in: Boston College Environmental Affairs Law Review 17, 799-822.

Schmidt-Räntsch, Annette 1992: Besitz und Vermarktung von geschützten Tieren und Pflanzen nach der Vollendung des EG-Binnenmarktes, in: Natur und Recht 14, 49-56.

Schmidt-Räntsch, Annette/Schmidt-Räntsch, Jürgen 1990: Leitfaden zum Artenschutzrecht, Köln.

Umweltstiftung WWF (Hrsg.) 1992: Handel bis zur Ausrottung, Frankfurt a.M.

US General Accounting Office 1992: International Environment: International Agreements Are Not Well Monitored (GAO/RCED-92-43), Washington, D.C.

Wilder, Martijn 1995: Quota Systems in International Wildlife and Fisheries Regimes, in: Journal of Environment and Development 4, 55-104.

11. Das Regime über die biologische Vielfalt von 1992

Gudrun Henne

Normen zum Schutz der belebten Natur bestehen bereits seit den babylonischen Forstgesetzen. Im 18. und 19. Jahrhundert wurden die Jagd und der Fischfang bestimmter Arten durch zumeist bilaterale Verträge geregelt. Der Schutz gefährdeter Arten und Ökosysteme durch modernere Völkerrechtsverträge richtet sich schließlich vor allem auf Handelsbeschränkungen sowie die Ausweisung von Schutzgebieten. Dabei werden jedoch immer nur einzelne Aspekte der Nutzung und des Schutzes der natürlichen Lebenswelt geregelt. Das ausschließlich auf Erhaltung gerichtete Naturschutzkonzept wurde deshalb um den Gedanken der nachhaltigen Nutzung natürlicher Ressourcen ergänzt. Damit vollzog sich ein Paradigmenwechsel (Steiger 1995: 438; Maffei 1993: 133), der in der Konvention über die biologische Vielfalt zum Ausdruck kommt. Dieses internationale Instrument (BGBl. 1993 II: 1742) befaßt sich zum ersten Mal umfassend mit der biologischen Vielfalt und bildet den Kern des neuen Regimes.

1. Die Entstehung des Regimes über die biologische Vielfalt

1.1 Der Schutz der biologischen Vielfalt als internationales Problem

Die biologische Vielfalt erstreckt sich auf „die Variabilität unter lebenden Organismen jeglicher Herkunft, darunter unter anderem Land-, Meeres- und sonstige aquatische Ökosysteme und die ökologischen Komplexe, zu denen sie gehören" (Art. 2 (2) der Konvention). Sie schließt damit die gesamte belebte Natur ein und umfaßt sowohl die innerartliche (genetische) Vielfalt als auch die Vielfalt der Arten und Ökosysteme.

Das zentrale Problem stellt der Artenverlust dar (Wilson 1995: 54). Die Zahl der auf der Erde lebenden Arten ist unbekannt. Schätzungen gehen von fünf bis zu mehr als fünfzig Millionen Arten weltweit aus, von denen nur 1,7 Millionen taxonomisch beschrieben sind (Heywood 1995: 111; Groombridge 1992: 17). Schätzungen des drohenden Artenverlusts schwanken zwischen 5 und 25% der Gesamtartenzahl bis zum Jahr 2020 (Groombridge 1992: 203). Demnach sterben pro Tag zwischen 3 und 130 Arten aus. Die Biodiversität schwindet jedoch auch auf der Ebene der Populationen und Gene, insbesondere im agrobiologischen Bereich (Kulturpflanzen, Ackerbegleitflora, Nutztierrassen). Zum Beispiel werden von 30.000 Reissorten, die in Indien zu Beginn des Jahrhunderts angebaut wurden, heute nur noch 50 verwendet. Die anderen Sorten sind ausgestorben oder finden sich nur noch in den Kühllagern von Genbanken.

Die zugrundeliegenden Ursachen für den Schwund der Vielfalt sind mannigfaltig. Von besonderer Bedeutung sind die Zerstörung und Zersplitterung von Lebensräumen, d.h. ihre Umwandlung in Weiden und Äcker sowie in Flächen für Besiedlung, Verkehr, Bergbau, Energiegewinnung und Tourismus. Weitere direkte Ursachen stellen die Übernutzung von Ökosystemen, die Methoden zur Gewinnung nachwachsender Rohstoffe (z.B. Beifang in der Fischerei, Kahlschlag zur Gewinnung von Edelhölzern), die Destabilisierung von Populationen oder Ökosystemen durch Einbringen fremder Arten sowie die Verschmutzung aus industriellen und landwirtschaftlichen Quellen dar. Hinzu treten die intensive landwirtschaftliche Nutzung von Hochertragssorten, die Bekämpfung von „Schädlingen" mit oft unerwarteten ökosystemaren Folgen sowie die Folgen der anthropogenen Verstärkung des Treibhauseffekts (Klimaveränderung) und des Abbaus der Ozonschicht (Reid/Miller 1989: 45; Heywood 1995: 240; WBGU 1996: 170).

Biologische Vielfalt muß nicht nur wegen ihres Eigenwertes bewahrt werden. Sie stellt auch eine für den Menschen umfangreich nutzbare Ressource dar: Sie ist unersetzbar, um Ökosystemfunktionen zu erhalten (McNeely 1990: 25). Unmittelbar lebensnotwendig ist sie für indigenen Völker und lokale Gemeinschaften, meist in den Entwicklungsländern, die im und vom Ökosystem leben. Die Bestandteile der biologischen Vielfalt bieten Schutz, Nahrung, Kleidung, Energie, Heilmittel. Genetisches Material ist die Grundlage für verbesserte Nahrungspflanzen und Tierrassen, für Medikamente, industrielle Rohstoffe und vieles mehr. Biologische Vielfalt hat darüber hinaus kulturelle, soziale, wissenschaftliche, erzieherische und ästhetische Bedeutung.

1.2 Politische Entwicklungen vor Beginn der Vertragsverhandlungen

Bereits die Konferenz der Vereinten Nationen über die menschliche Umwelt, die 1972 in Stockholm stattfand, widmete sich der biologischen Vielfalt. Im Grundsatz 2 der Abschlußerklärung (ILM 1972: 1416) erkennen die teilnehmenden Staaten an, daß die natürlichen Ressourcen der Erde einschließlich der Fauna und Flora und insbesondere repräsentativer Beispiele natürlicher Ökosysteme zum Nutzen gegenwärtiger und zukünftiger Generationen durch sorgfältige Planung oder Bewirtschaftung erhalten werden müssen. Grundsatz 4 verlangt die Berücksichtigung des Naturschutzes bei der Planung der wirtschaftlichen Entwicklung.

In den 70er Jahren wurden verschiedene multilaterale Verträge zum Schutz der belebten Natur geschlossen, darunter das Washingtoner Artenschutzabkommen von 1973 (Sand, in diesem Band), die 1971 verabschiedete Ramsar Konvention über Feuchtgebiete, insbesondere als Lebensraum für Wasser- und Watvögel von internationaler Bedeutung (BGBl. 1976 II: 1265; 1990 II: 1670), das Bonner Übereinkommen zur Erhaltung der wandernden wildlebenden Tierarten von 1979 (BGBl. 1984 II: 571) sowie die Welterbekonvention von 1972 (BGBl. 1977 II: 215; zu allen: Wolters 1995: 31). Diese Verträge sind jedoch auf den Schutz einzelner Arten und ihrer Lebensräume sowie auf die Vermeidung bestimmter Ursachen des Artenverlustes gerichtet. Die natürliche Umwelt als Ganzes wird durch sie nicht ausreichend geschützt (Burhenne 1994: ix).

1980 legte IUCN, eine internationale Nichtregierungsorganisation, der sowohl Staaten als auch Personen und andere Nichtregierungsorganisationen als Mitglieder angehören, die auf Veranlassung des Umweltprogramms der Vereinten Nationen (UNEP) erstellte „Weltnaturschutzstrategie" (IUCN 1980) vor. Sie förderte die nachhaltige Entwicklung durch die Erhaltung lebender Ressourcen. Ihre Herangehensweise war nutzenbezogen und übernahm damit den Ansatz früherer Regelungsmechanismen im Naturschutzbereich (Maffei 1993: 148). Hauptziele waren die Erhaltung wesentlicher ökologischer Prozesse und lebensstützender Systeme, die Bewahrung der genetischen Vielfalt und die nachhaltige Nutzung von Arten und Ökosystemen (insbesondere von Fischen und anderen Wildtieren, Wäldern und Weideland). Die Strategie wies auch auf die mögliche Bedeutung traditionellen Wissens zur Bewirtschaftung lebender Ressourcen sowie die Zwiespältigkeit der „Grünen Revolution" hin und empfahl die Überprüfung naturschutzbezogener multilateraler Übereinkommen auf ihre Wirksamkeit sowie auf Mängel und Unzulänglichkeiten (IUCN 1980: 15.4; 20). Die von wichtigen internationalen Behörden, nämlich UNEP, der FAO und UNESCO, sowie von zwei bedeutenden Nichtregierungsorganisationen, IUCN und WWF, unterstützte Weltnaturschutzstrategie bereitete damit das Projekt eines neuen Regimes vor.

Anders als in der Weltnaturschutzstrategie stützte sich IUCN in der Folgezeit auf einen weniger nutzenorientierten und dafür stärker naturschützenden Ansatz. 1981 begann ihr Sekretariat, die technischen, rechtlichen, wirtschaftlichen und finanziellen Aspekte des Schutzes, Zugangs und Gebrauchs von biologischen Ressourcen als Grundlage für eine internationale Vereinbarung zu untersuchen. 1986 erhielt das Zentrum für Umweltrecht der IUCN den Auftrag zur Erarbeitung des Entwurfs für eine Konvention, die unter anderem die Erhaltung der biologischen Vielfalt, den Zugang zu genetischen Ressourcen, die Verantwortung der Staaten zum Schutz genetischer Ressourcen sowie Finanzierungsmechanismen berücksichtigen sollte. In der 1989 erstellten sechsten Fassung des Entwurfes wurde die biologische Vielfalt als Erbe der lebenden und zukünftigen Generationen aufgefaßt, jedoch ohne Verwendung des Begriffs „gemeinsames Erbe der Menschheit". Ausgewählte Zonen biologischer Vielfalt sollten auf einer weltweiten Liste eingetragen und von der internationalen Gemeinschaft durch besondere Institutionen überwacht werden. Arme Länder sollten von den reichen finanzielle Hilfe erhalten, um an Erhaltungsprojekten teilnehmen zu können. Der ungehinderte Zugang zu genetischen Ressourcen für wissenschaftliche Zwecke, zur Zucht oder zur Wiedereinsetzung in die Natur sollte gegen eine Vergütung gewährleistet werden. Aus der Erhaltungsperspektive stellte der Entwurf der IUCN ein fast ideales Modell für die rationale Verwaltung der biologischen Vielfalt dar. Allerdings sprach er das Verhältnis zwischen biologischer Vielfalt und wirtschaftlicher Entwicklung nicht an. Damit fehlte ihm ein wesentlicher Aspekt, denn gerade die Bemühungen um wirtschaftliche Entwicklung und Bekämpfung der Armut tragen in vielen Ländern zur Zerstörung der biologischen Vielfalt bei.

Die Initiative für die von der IUCN ausgearbeitete umfassende Schutzkonvention kam aus den USA. Dort fand der naturschützende und zugleich die freie wissenschaftliche Nutzung ermöglichende Ansatz breite Unterstützung. Die aufstrebende biotechnologische Industrie war am Erhalt der Vielfalt und gleichzeitig am kostengünstigen, möglichst ungehinderten Zugang zu den genetischen Ressourcen als Forschungsmaterial für biotechnologische und gentechnische Produkte interessiert. Bereits 1980 hatte Global 2000 (Kaiser 1980), der Bericht des Rats für Umweltqualität und des US-Außenministeriums an den Präsidenten der Vereinigten Staaten, vor dem Verlust genetischer Ressourcen bei Pflanzen und Tieren gewarnt und auf die Bedeutung dieser Ressourcen als mögliche Quelle zukünftiger Nahrungsmittel, pharmazeutischer Präparate, natürlicher Schädlingsvertilger und anderer Produkte hingewiesen. Ein 1986 in Washington abgehaltenes „nationales Forum über die Biodiversität" erregte internationale Aufmerksamkeit für das Thema. 1988 forderte schließlich der amerikanische Kongreß in einer Entschließung den baldigen Abschluß einer internationalen Konvention zur Erhaltung der biologischen Vielfalt.

Im Gegensatz zu dem von den USA und der IUCN verfolgten naturschutzorientierten Ansatz stützte die von den Vereinten Nationen eingesetzte und von den Entwicklungsländern beeinflußte Weltkommission für Umwelt und Entwicklung (Brundtland-Kommission) ihre Vorschläge auf einen deutlich stärker nutzenorientierten Ansatz. In ihrem Abschlußbericht (Hauff 1987) empfahl sie, dem Arten- und Genschwund durch eine Erschließung der biologischen Vielfalt nach ökonomischen Gesichtspunkten und mit einem weltweiten Netz geschützter Gebiete zu begegnen. In einem zukünftigen Arten-

Biologische Vielfalt

schutzabkommen sollte das Prinzip des „gleichberechtigten Zugangs zu den Ressourcen" berücksichtigt und, wenn möglich, weltweite finanzielle Unterstützung für die ärmeren Länder vorgesehen werden (Hauff 1987: 149). Dabei sollten Arten und ihre genetische Vielfalt als ein gemeinsames Erbe der Menschheit betrachtet werden, so daß der einzelne Staat bei Aktivitäten zum Schutz der Artenvielfalt innerhalb seiner Grenzen nicht mehr auf sich allein gestellt sein würde (Hauff 1987: 166). Die kollektive Verantwortung sollte allerdings nicht zu internationalen Rechten über einzelne innerhalb nationaler Grenzen gelegene Ressourcen führen. Als Schutzanreiz schlug die Weltkommission vor, den Entwicklungsländern einen gerechten Anteil am Gewinn aus der wirtschaftlichen Nutzung der genetischen Ressourcen zuzusichern (Hauff 1987: 162). Im Brundtland-Bericht wurde genetisches Material damit als handelbarer Rohstoff angesehen.

Der auf den Naturschutz gerichtete Vorschlag des IUCN und die nutzenorientierten Empfehlungen der Brundtland-Kommission repräsentierten die beiden einander gegenüberstehenden Ansätze im Umgang mit der biologischen Vielfalt und zeichnen gleichzeitig die Hauptkonfliktlinie zwischen Industrie- und Entwicklungsländern um den Regelungsgegenstand in den sich anschließenden Verhandlungen vor: einerseits Naturschutz „als solcher", andererseits die Nutzung biologischer Vielfalt für Gegenleistung.

1.3 Die Vertragsverhandlungen

UNEP reagierte auf die Bemühungen der IUCN sowie auf die Empfehlungen der Brundtland-Kommission, die biologische Vielfalt international zu regulieren, und nahm IUCN damit die Federführung. 1987 forderte sein Verwaltungsrat zur Unterstützung der Arbeit der IUCN auf, um eine Konvention zum In-situ-Schutz und zur Erhaltung der biologischen Vielfalt zu erarbeiten. Zugleich setzte er eine Gruppe von Experten mit dem Auftrag ein, die Wünschbarkeit und mögliche Form einer Rahmenkonvention zu untersuchen. Die entsprechende Entschließung ging jedoch geschickt über den Erhaltungsansatz hinaus, indem sie der Expertengruppe die zusätzliche Aufgabe zuwies, auch andere Sachgebiete anzusprechen, die unter eine solche Konvention fallen könnten.

Die Expertengruppe griff zunächst die Frage auf, nach welchem Konzept mit der biologischen Vielfalt umgegangen werden sollte. Die Industrieländer, in denen genetische Ressourcen biotechnologisch genutzt wurden, bevorzugten das Prinzip des gemeinsamen Erbes, weil es den freien Zugang wesentlich vereinfachte. Die Anerkennung dieses Prinzips lag auch im Interesse der Naturschutzorganisationen, weil auf seiner Basis Forderungen nach dem Schutz von Ökosystemen, die für den Erhalt der biologischen Vielfalt wichtig sind, nicht mit dem Hinweis auf die nationale Souveränität zurückgewiesen werden konnten. Die Entwicklungsländer, die in der biologischen Vielfalt immer mehr auch einen ökonomischen Wert sahen, lehnten dagegen unter der Führung von Brasilien, Malaysia und Indonesien internationale Regelungen auf Basis des Prinzips des gemeinsamen Erbes strikt ab. Sie befürchteten, die Verfügungsrechte über ihre genetischen Ressourcen zu verlieren, deren Wert gerade erst politische Anerkennung erfahren hatte. Mostafa Tolba, der Verwaltungsdirektor von UNEP, versuchte den Konflikt beizulegen, indem er die biologische Vielfalt als „gemeinsame Ressource" bezeichnete, die der Atmosphäre und den Meeren entsprechend für allen Nationen von gemeinsamem Interesse sei und der gegenüber sie alle eine gemeinsame Verantwortung hätten.

In diesem Konflikt setzten sich die Entwicklungsländer weitgehend durch. Bereits zu Anfang des Entscheidungsprozesses konnte das Prinzip des gemeinsamen Erbes nicht als rechtlich verbindliches Konzept für den Umgang mit der biologischen Vielfalt etabliert werden. In der Konvention ist es zur unverbindlichen Formel eines „gemeinsamen Anliegens" geschrumpft und in die Präambel verbannt worden (Heins 1996: 249).

Im Anschluß an die Expertengruppe setzte UNEP eine Arbeitsgruppe von den Mitgliedstaaten entsandter rechtlicher und technischer Experten ein, die 1991 in „Zwischenstaatlicher Verhandlungsausschuß für eine Konvention über biologische Vielfalt" umbenannt wurde. Damit begannen die formellen Vertragsverhandlungen, die eine Vielzahl unterschiedlicher Konfliktfelder berührten (Sánchez 1994: 9). Die Industrieländer gingen mit dem Ziel in die Verhandlungen, ein umfassendes Übereinkommen zum Schutz der wildlebenden Arten durch „In-situ-Maßnahmen" zu erarbeiten. Darunter ist zu verstehen „die Erhaltung von Ökosystemen und natürlichen Lebensräumen sowie die Bewahrung und Wiederherstellung lebensfähiger Populationen von Arten in ihrer natürlichen Umgebung, in der sie ihre besonderen Eigenschaften entwickelt haben" (Art. 2 (10) der späteren Konvention). Demgegenüber richten sich „Ex-situ-Maßnahmen" auf die Erhaltung von Genressourcen außerhalb des natürlichen Lebensraums (z.B. in botanischen und zoologischen Gärten oder Genbanken). Die Industrieländer forderten den Süden damit zu Naturschutzbemühungen auf und verlangten gleichzeitig den ungehinderten Zugang zu dessen genetischen Ressourcen (Glowka et al. 1994: 5; Auer 1994: 169).

Dagegen vertraten insbesondere die Mitglieder des Amazonischen Kooperationsvertrags (Bolivien, Brasilien, Kolumbien, Ecuador, Guyana, Peru und Venezuela) sowie Mexiko und Uruguay die Position der Entwicklungsländer. Sie verlangten, daß der neue Vertrag die gemeinsame Entwicklung der Biotechnologie, den Zugang der Entwicklungsländer zu wissenschaftlicher und technologischer Information, darunter auch zu solchen Technologien, die durch Eigentumsrechte geschützt sind, sowie den wirtschaftlichen Gebrauch von Biodiversität berücksichtigen müsse. Für diese Länder stellte die Konvention Teil der umfassenderen Absicht dar, den Erdgipfel von Rio dazu zu nutzen, die Weltwirtschaft umzustrukturieren, um sich den Zugang zu Technologien und Märkten zu sichern und zugleich eine ökologisch verträgliche und schnelle Entwicklung zur Befriedigung der Bedürfnisse ihrer Bevölkerung zu erreichen. Entsprechend verlangten sie neben dem Transfer von Technologie auch Finanzierungsmaßnahmen und die Anerkennung der nationalen Souveränität über ihre genetischen Ressourcen (Boyle 1996: 36). Die Forderung nach einer weltweiten Liste gefährdeter Arten und Lebensräume lehnten sie ab, weil sie dadurch Eingriffe in ihre Souveränität befürchteten.

Die Industrieländer hingegen verlangten Naturschutzbemühungen des Südens und Zugang zu genetischen Ressourcen. Die USA, die die Gegenposition zu den Entwicklungsländern am deutlichsten vertraten, verweigerten sich jeder Regelung über Technologietransfer, Finanzierung sowie Zugangsregelungen und verwarfen rundweg solche Bestimmungen, die die Rechte des geistigen Eigentums in irgendeiner Form unterminieren konnten. Auch die Bundesrepublik votierte gegen einen hohen Stellenwert der Biotechnologie in der Konvention, da sie zum Schutz von Wildarten nur einen relativ geringen Beitrag leisten könne. Frankreich bestand bis zuletzt auf einer Liste weltweit schutzwürdiger Ökosysteme.

Aufgrund des Widerstands der Entwicklungsländer konnten die Industrieländer ihren rein naturschützenden Ansatz nicht durchsetzen. Bereits 1989 beschloß der Verwaltungsrat von UNEP, daß die künftige Konvention neue Biotechnologien und ihren sozio-ökonomischen Zusammenhang berücksichtigen müsse. Die Verhandlungen konzentrierten sich damit verstärkt auf die Bedingungen des Zugangs zu biologischen Ressourcen im Austausch gegen den Zugang zu Technologien, insbesondere Biotechnologien, sowie den Finanzierungsmechanismus. Die Entwicklungsländer bestanden auf ihrer Souveränität über genetische Ressourcen und konnten sich damit durchsetzen: Am letzten Verhandlungstag wurde der Grundsatz 21 von Stockholm wörtlich in den Vertragstext aufgenommen. Artikel 3 der Konvention bestimmt jetzt: „Die Staaten haben ... das souveräne Recht, ihre eigenen Ressourcen gemäß ihrer eigenen Umweltpolitik zu nutzen, sowie die Pflicht, dafür zu sorgen, daß durch Tätigkeiten, die innerhalb ihres Hoheitsbereichs oder unter ihrer Kontrolle ausgeübt werden, der Umwelt in anderen Staaten oder in Gebieten außerhalb der nationalen Hoheitsbereiche kein Schaden zugefügt wird."

Einige Entwicklungsländer und zahlreiche Nichtregierungsorganisationen hatten sich dafür eingesetzt, durch die Anerkennung der Leistungen traditioneller Gemeinschaften ein Gegengewicht zum formellen Sektor der Industrienationen zu schaffen. 1990 fügte der Verwaltungsrat von UNEP den Vertragsverhandlungen deshalb eine weitere Dimension hinzu. Die Konvention sollte nicht nur die Aufteilung von Kosten und Nutzen zwischen Entwicklungs- und Industrieländern regeln, sondern auch Mittel und Wege suchen, um die Entwicklung der örtlichen Bevölkerung zu fördern. Damit sollten die Leistungen und Bedürfnisse der ländlichen und indigenen Bevölkerung ausdrücklich berücksichtigt werden, die durch jahrhundertelangen Umgang die sie umgebenden Ökosysteme bewahrt und zu ihrer Entfaltung beigetragen hat. Das Spektrum der verhandelten Themen weitete sich damit erneut aus.

Die Verabschiedung der Konvention war aufgrund der Interessenkonflikte über den Zugang zu genetischen Ressourcen, den Technologietransfer, die weltweiten Listen über Schutzgebiete und Arten sowie die Rolle der Biotechnologie in der Konvention bis zum letzten Moment ungewiß. Sie gelang nur aufgrund der terminlichen Bindung an den bevorstehenden Erdgipfel zwei Wochen nach der letzten Verhandlungssitzung und durch die vereinte Anstrengung des Ausschußvorsitzenden Vincente Sánchez und des Verwaltungsdirektors von UNEP Mostafa Tolba, die die Endfassung der Konvention als Paketlösung vorlegten und die Verhandlungen damit erheblich beschleunigten (Burhenne-Guilmin/Casey-Lefkowitz 1992: 46).

Die Konvention wurde im Mai 1992 von der Staatenkonferenz mit der Schlußakte von Nairobi angenommen und auf dem Erdgipfel in Rio de Janeiro im Juni 1992 zur Unterzeichnung aufgelegt. Sie wurde von 174 Staaten und den Europäischen Gemeinschaften (jetzt: der Europäischen Union) signiert, zunächst jedoch nicht von den USA (Rosendal 1994; Heins 1996: 253). Nach starker Lobbyarbeit durch die US-gestützten NRO unterzeichneten die USA das Übereinkommen schließlich im Juni 1994 einen Tag vor Ablauf der Zeichnungsfrist. Die Konvention trat am 29. Dezember 1993, neunzig Tage nach dem Beitritt des dreißigsten Staates, in Kraft. Bislang sind ihr 165 Staaten sowie die EU beigetreten (Stand Januar 1997). Sie gilt damit weltumspannend und für fast alle flächen- und bevölkerungsmäßig großen Staaten mit Ausnahme der USA, die sie noch nicht ratifiziert haben.

2. Die Regelungen der Konvention über die biologische Vielfalt

2.1 Die inhaltlichen Regelungen

Die Konvention über die biologische Vielfalt hat ein dreifaches Ziel, nämlich „die Erhaltung der biologischen Vielfalt, die nachhaltige Nutzung ihrer Bestandteile und die ausgewogene und gerechte Aufteilung der sich aus der Nutzung der genetischen Ressourcen ergebenden Vorteile, insbesondere durch angemessenen Zugang zu genetischen Ressourcen und angemessene Weitergabe der einschlägigen Technologien unter Berücksichtigung aller Rechte an diesen Ressourcen und Technologien sowie durch angemessene Finanzierung" (Art. 1).

Entgegen der Forderung der Industrieländer wurden Listen zu schützender Ökosysteme aus dem Vertragstext gestrichen. Statt dessen sollen die Staaten zahlreiche Schutzmaßnahmen in situ ergreifen. Dazu gehört, daß sowohl gefährdete Arten und Biotope als auch die Ursachen ihrer Gefährdung identifiziert und überwacht werden. Die Vertragsstaaten sollen Schutzgebiete ausweisen, die umweltverträgliche und nachhaltige Entwicklung der ans Schutzgebiet angrenzenden Flächen fördern und Ökosysteme auch außerhalb von Schutzgebieten schützen. Vorzugsweise im Ursprungsland angesiedelte Ex-situ-Maßnahmen sollen diese Bemühungen unterstützen – insbesondere mit dem Ziel, gefährdete Arten nach ausreichender Vermehrung wieder in ihren natürlichen Lebensraum einzuführen. Die nationalen Entscheidungsprozesse sollen das Konzept der nachhaltigen Nutzung berücksichtigen und Anreize für die Erhaltung und nachhaltige Nutzung schaffen. Dazu sollen Regierungsbehörden mit dem privaten Sektor zusammenarbeiten. Dieses umfassende Normennetz, das auch Vorschriften über Forschung und Ausbildung, Öffentlichkeitsarbeit, Umweltverträglichkeitsprüfung, Informationsaustausch sowie technische und wissenschaftliche Zusammenarbeit umfaßt, greift in alle Bereiche der Gesellschaft ein, die die biologische Vielfalt betreffen können. Das von den Industrieländern befürwortete Vorsorgeprinzip wurde dagegen nicht als Rechtsnorm verankert, sondern findet sich nur in der Präambel. Auch eine Klausel, die die ausdrückliche Verantwortung und Haftung für die Schädigung der biologischen Vielfalt vorsah, wurde gestrichen.

Während der Zugriff auf die genetischen Ressourcen genreicher Länder, insbesondere Entwicklungsländer, durch genarme Industrieländer und ihre Unternehmen bislang international ungeregelt und ohne Gegenleistung erfolgte und deshalb von NRO als „Biopiraterie" bezeichnet wurde, erbringen Produkte, die auf genetischen Ressourcen beruhen und durch Patente und andere Rechte des geistigen Eigentums geschützt werden, häufig Gewinne in Millionenhöhe (Raustiala/Victor 1996: 37). Die Konvention über die biologische Vielfalt stellt den Zugang zu genetischen Ressourcen auf eine völlig neue Rechtsgrundlage. Er soll nun auf einem umfassenden Austausch beruhen (Reid 1994: 266): Staaten und privatwirtschaftliche Unternehmen, die genetische Ressourcen nutzen, und die Herkunftsländer solcher Ressourcen sollen einerseits Genmaterial und andererseits Technologien, Kenntnisse, Produkte und Gewinne, die mit diesen Ressourcen in Zusammenhang stehen, miteinander austauschen. Für die Erleichterung des Zugangs zu genetischen Ressourcen soll der Herkunftsstaat also eine Beteiligung an den Vorteilen erhalten, die aus diesen Ressourcen gezogen werden.

Diese Regelung findet jedoch keine Anwendung auf genetische Ressourcen, die vor dem Inkrafttreten der Konvention gesammelt wurden und ex situ (also in Genbanken, botanischen Gärten, Zoos usw.) in einem anderen als dem Ursprungsland aufbewahrt werden. Allerdings einigten sich die beteiligten Staaten in einer Resolution darauf, eine politische Lösung für diese Ex-situ-Sammlungen anzustreben (UNEP 1992: 12). Die Staaten müssen den Zugang zu Technologien, mit denen genetische Ressourcen umweltverträglich genutzt werden können oder die für die Erhaltung und nachhaltige Nutzung der biologischen Vielfalt von Belang sind, gewährleisten oder erleichtern.

Dies erstreckt sich auch auf Technologien im privaten Sektor, wobei Rechte des geistigen Eigentums nicht verletzt werden sollen.

Hinsichtlich lokaler und indigener Gemeinschaften bleibt die Konvention weit hinter dem ursprünglichen Entwurf zurück. Diesen Bevölkerungsgruppen werden keine direkten Rechte zuerkannt, weil viele Staaten dies als Eingriff in ihre inneren Angelegenheiten ablehnten. Die Vertragsstaaten verpflichten sich lediglich, innerhalb ihrer nationalen Rechtsordnungen die Kenntnisse, Gebräuche und Praktiken indigener und lokaler Gemeinschaften zu fördern und ihre Anwendung bei Beteiligung an den Vorteilen zu verbreiten, soweit dies von den Trägern des Wissens gebilligt wird.

Mit diesen allgemeinen Regelungen stellt die Konvention über die biologische Vielfalt in vielen Bereichen eine Rahmenkonvention dar. Um tatsächlich wirksam zu werden, bedürfen ihre Vorschriften der Konkretisierung und Umsetzung in politische, rechtliche und administrative Maßnahmen auf internationaler und nationaler Ebene.

2.2 Die institutionellen Regelungen

Die Konvention über biologische Vielfalt setzt die regelmäßig tagende Vertragsstaatenkonferenz als oberstes Entscheidungsorgan des Regimes ein. Die Konferenz legt die Geschäftsordnung für sich und ihre Nebenorgane sowie die Finanzordnung für das Sekretariat fest und verabschiedet den Haushalt. Ihre Hauptaufgabe ist es, die Durchführung der Konvention zu überwachen und das Regime fortzuentwickeln. Dazu gibt sie sich einen Arbeitsplan und trifft Entscheidungen zu einzelnen Themen. Schließlich überwacht sie die Umsetzung der Konvention durch die Vertragsstaaten und prüft die von ihnen dazu vorgelegten Berichte über die ergriffenen Maßnahmen und ihre Wirksamkeit. Weiterhin werden ein Nebenorgan zur wissenschaftlichen, technischen und technologischen Beratung sowie ein Sekretariat mit Sitz in Montreal errichtet, das Konferenzen organisiert und sonstige ihm übertragene Aufgaben ausführt. Das Regime über die biologische Vielfalt verfügt damit über einen auf Dauer errichteten Entscheidungsprozeß.

Die Konvention sieht darüber hinaus die Errichtung eines der Klimarahmenkonvention ähnlichen Finanzierungsmechanismus vor, in dessen Rahmen die entwickelten Länder die vereinbarten vollen Mehrkosten tragen sollen, die den Entwicklungsländern aus der Umsetzung der Konvention entstehen. Dieser Mechanismus steht unter Aufsicht und Leitung der Konferenz der Vertragsparteien und ist dieser gegenüber verantwortlich. Vorläufig dient die von Weltbank, UNDP und UNEP gemeinsam verwaltete Globale Umweltfazilität (GEF) als Finanzierungsmechanismus der Konvention.

Zur inhaltlichen Fortentwicklung des Regimes sieht die Konvention Entscheidungen der Vertragsstaatenkonferenz sowie Protokolle vor. Solche Entscheidungen sind zwar völkerrechtlich nicht verbindlich. Sie haben jedoch

Biologische Vielfalt 195

politische Bindungswirkung, denn sie können Vertragsstaaten bei abweichendem Verhalten entgegengehalten und als politisches Druckmittel gebraucht werden. Sie werden, solange in der Geschäftsordnung keine andere Regelung getroffen wird, im Konsens getroffen. Es wird also solange verhandelt, bis kein Staat mehr ausdrückliche Einwände gegen den Text erhebt.

Der Abschluß völkerrechtlich verbindlicher Protokolle ist zur internationalen Umsetzung der Konvention ausdrücklich vorgesehen. Die Vertragsparteien sind verpflichtet, bei der Ausarbeitung solcher Protokolle zusammenzuarbeiten (Art. 28). Für einen Sachbereich beauftragt die Konvention die Vertragsstaatenkonferenz sogar ausdrücklich mit der Prüfung der Notwendigkeit sowie der näheren Einzelheiten eines Protokolls. Dies betrifft die „sichere Weitergabe, Handhabung und Verwendung der durch Biotechnologie hervorgebrachten lebenden modifizierten Organismen, die nachteilige Auswirkungen auf die Erhaltung und nachhaltige Nutzung der biologischen Vielfalt haben können" (Art. 19 (3)). Protokollen, die jeweils der separaten Ratifikation bedürfen, können nur solche Staaten beitreten, die Vertragspartei der Konvention sind.

Der ausdrückliche Auftrag an die Vertragsstaatenkonferenz, Protokolle auszuhandeln, um durch die konkrete Regelung von Einzelmaterien zur Umsetzung und Weiterentwicklung der Ausgangsnormen beizutragen, sowie die Errichtung eines Entscheidungsapparates, der jederzeit durch die Schaffung neuer Nebenorgane erweitert werden kann, machen die Konvention zum Ausgangspunkt eines dynamischen, auf Entwicklung angelegten Regimes.

3. Die Entwicklung des Regimes über die biologische Vielfalt

Nach dem Inkrafttreten der Konvention im Dezember 1993 fand die erste Vertragsstaatenkonferenz, die durch einen zwischenstaatlichen Ausschuß vorbereitet worden war, im November 1994 auf den Bahamas statt. Es folgten Konferenzen in Jakarta (1995) und Buenos Aires (1996). Die erste Vertragsstaatenkonferenz erstellte ein mittelfristiges Arbeitsprogramm (1995 bis 1997), das seitdem die Tagesordnung bestimmt und neben organisatorischen Fragen regelmäßige sowie jährlich wechselnde Sachthemen umfaßt. Dies waren 1995 die biotechnologische Sicherheit, der In-situ-Schutz, Wälder, die gefährdeten Bestandteile der biologischen Vielfalt, die Küsten- und Meeresbiodiversität, der Zugang zu genetischen Ressourcen und der Technologietransfer. 1996 standen die biologische Vielfalt der Landwirtschaft, die terrestrische Vielfalt einschließlich der Wälder, Wissen, Innovationen und Praktiken indigener und lokaler Gemeinschaften, der Zugang zu genetischen Ressourcen und die Rechte des geistigen Eigentums auf dem Programm. Für

1997 schließt die Tagesordnung die Beziehungen zwischen In-situ- und Ex-situ-Schutz und die gerechte Vorteilsbeteiligung an der Verwertung genetischer Ressourcen („benefit-sharing") ein. Die Konferenz der Vertragsstaaten wird jeweils durch das Nebenorgan für die wissenschaftliche, technische und technologische Beratung vorbereitet. Hinsichtlich der Interessen der unterschiedlichen Akteure fällt auf, daß Konfliktlinien und Allianzen nicht mehr ausnahmslos entlang der klassischen Front „Industrie- versus Entwicklungsländer" verlaufen. So gleichen sich zum Beispiel die Interessen der Holzwirtschaftsländer unabhängig davon, ob es sich um skandinavische oder südostasiatische Staaten handelt.

An den Konferenzen beteiligte sich eine Vielzahl von Nichtregierungsorganisationen, die ebenso wie Staaten, die keine Vertragsparteien sind, Beobachterstatus genießen (Art. 23 (5)). Dieser Status beinhaltet jedoch zunächst nur das Recht zur Teilnahme an der Vollversammlung, während die Mitwirkung sowie das Rederecht in Ausschüssen und Verhandlungsgruppen von der Entscheidung des jeweiligen Vorsitzenden abhängig ist, solange die Geschäftsordnung nichts anderes festlegt. Mehrfach wurden die NRO aus Arbeitsgruppen ausgeschlossen, die besonders strittige Fragen verhandelten. Die NRO setzen sich für die Stärkung des Nebenorgans für die wissenschaftliche, technische und technologische Beratung ein, von der sie einen stärkeren Einfluß ihrer Interessen erwarten. Viele Vertragsstaaten, Industrie- und Entwicklungsländer gleichermaßen, befürchten hingegen eine Entmachtung der politischen Vertragsstaatenkonferenz. Eine Stärkung des Nebenorgans beispielsweise durch ein eigenes Sekretariat und eigene Entscheidungsbefugnis ist daher nicht zu erwarten. Welche Rolle es im Verhältnis zur Vertragsstaatenkonferenz spielen wird, ist noch ungeklärt.

1995 untersuchte die Vertragsstaatenkonferenz der Vorgabe der Konvention entsprechend, ob ein Protokoll über biotechnologische Sicherheit vorbereitet werden und welchen Regelungsbereich es haben soll, und beauftragte eine Arbeitsgruppe mit den Verhandlungen. Bis zuletzt blieb umstritten, ob das Mandat nur grenzüberschreitende Handlungen oder auch innerstaatliche Sicherheitsvorschriften beinhalten sollte. Während die USA und Japan dieses Protokoll vollständig ablehnten, befürwortete die Bundesrepublik Deutschland eine auf grenzüberschreitende Handlungen begrenzte Regelung. Die skandinavischen Staaten und die Entwicklungsländer unterstützten dagegen ein umfassendes Protokoll. Die Nichtregierungsorganisationen, die sich durchweg für ein weitreichendes Protokoll einsetzten, beeinflußten vor allem die Staaten der Gruppe der 77. Das Thema war so umkämpft, daß die NRO von den Verhandlungen über das Protokoll ausgeschlossen wurden. Der Abschluß des Protokolls über biotechnologische Sicherheit ist für 1998 vorgesehen.

Beraten wird außerdem, ob in Zukunft weitere Protokolle über Wälder, über den Zugang zu genetischen Ressourcen und die Beteiligung an den daraus entstehenden Vorteilen sowie über die Meeres- und Küstenvielfalt ausge-

Biologische Vielfalt

handelt werden sollen. Für letzteres hat die Konferenz 1995 eine Expertengruppe eingesetzt.

Als problematisch hat sich die dauerhafte Einrichtung des Finanzierungsmechanismus erwiesen. Die Industriestaaten sehen die GEF nach ihrer Umstrukturierung im Jahr 1994 als geeignetes Instrument an und sind nicht bereit, die Konvention anderweitig zu finanzieren. Die Gruppe der 77 wirft der GEF dagegen mangelnde Transparenz und fehlende Aufsicht und Leitung durch die Vertragsstaatenkonferenz vor. Auf der dritten Vertragsstaatenkonferenz wurden allerdings eine informelle Vereinbarung, die das Verhältnis zur GEF regelt, und zusätzlich Leitlinien für die Projektvergabe durch die GEF verabschiedet.

Fraglich ist jedoch, ob die Konferenz die Aufsicht über die Projektvergabe durch die GEF sicherstellen kann, solange die Gruppe der Vertragsparteien der Konvention nicht mit den im Verwaltungsrat der GEF vertretenen Ländern deckungsgleich ist. Interessanterweise sind die NRO in dieser Frage ebenfalls gespalten. Große NRO wie IUCN befürworten die GEF und beziehen bereits Projektgelder von dort, während Greenpeace, NRO der Entwicklungsländer und kleinere NRO den Mechanismus ablehnen. Auch die Entscheidungsfindung in Fragen der Finanzierung ist nach wie vor umstritten. Ein Vorschlag, solche Entscheidungen mit doppelter Mehrheit von Industrie- und Entwicklungsländern vorzunehmen, fand bislang nicht die notwendige Zustimmung. Die Geschäftsordnung konnte aus diesem Grund noch nicht verabschiedet werden.

Darüber hinaus hat die Vertragsstaatenkonferenz einen Mechanismus zur Förderung der technischen und wissenschaftlichen Zusammenarbeit (Clearing House Mechanism) eingerichtet, der dezentral organisiert ist und bestehende Datenbanken und Zentralstellen miteinander vernetzen soll. Dazu wurde eine umfangreich informierende Internetadresse geschaffen[1]. Die Staaten müssen schließlich nationale Strategien und Programme zur Erhaltung und nachhaltigen Nutzung der biologischen Vielfalt erarbeiten und bis zur vierten Vertragsstaatenkonferenz im Mai 1998 in Bratislava erstmals über ihre nationalen Umsetzungsbemühungen berichten.

4. Wirkungen des Regimes über die biologische Vielfalt

Das Regime über die biologische Vielfalt ist ein junges Regime. Institutionell befindet es sich noch in der Aufbauphase. Das Protokoll zur biotechnologischen Sicherheit wird gerade erst ausgehandelt, und weitere Protokolle befinden sich in einem noch früheren Stadium. Auch die Umsetzung auf der natio-

---

1 <http://www.biodiv.org>.

nalen Ebene hat gerade erst begonnen. Das Regime über die biologische Vielfalt hat das Potential, in viele Bereiche der Politik hineinzuwirken. Nationale Strategien, Pläne und Programme müssen nach der Konvention der Erhaltung und nachhaltigen Nutzung Rechnung tragen. Ob das in der Konvention enthaltene Potential genutzt werden kann, wird davon abhängen, wie ernst die Vertragsstaaten ihre Umsetzungspflichten nehmen, die sich bereits aus der Konvention bzw. aus den konkretisierenden Beschlüssen der Vertragsstaatenkonferenzen ergeben. Für eine Bewertung des Beitrages des Regimes zur Problemlösung ist es deshalb noch zu früh.

Dennoch lassen sich bereits jetzt direkte Wirkungen erkennen. Die langjährige Behandlung des Themas und die Ausarbeitung der Konvention haben dazu beigetragen, daß der noch bestehende große Forschungsbedarf im Bereich der biologischen Vielfalt als solcher erkannt wurde. Zahlreiche Forschungsprojekte wurden seitdem aufgelegt, um diese Lücke zu schließen (Heywood 1995). Außerdem zwingen die Notwendigkeit der Vorbereitung auf die Vertragsstaatenkonferenzen und die komplexen, die Bandbreite aller Aspekte biologischer Vielfalt abdeckenden Themen die Ministerien der Vertragsstaaten, sich regelmäßig mit dem Schutz der biologischen Vielfalt zu befassen. Aufgrund des sektorübergreifenden Charakters der Konvention bedeutet das auch, daß die Ministerien mehr als zuvor zusammenarbeiten müssen. Dies kann die Entwicklung der zur Umsetzung konkreter Maßnahmen notwendigen administrativen und wissenschaftlichen Kapazitäten unterstützen.

5. Fazit

Anders als die technischen Umweltregime, die auf Reduktion von Emissionen gerichtet sind, ist das Regime über die biologische Vielfalt nicht nur ein reglementierendes, sondern zum überwiegenden Teil ein gestaltendes Regime. Es geht nicht darum, bestehende Verhaltensweisen zu unterbinden, sondern darum, sie durch nachhaltigere Nutzungsformen, den Schutz und die Beteiligung indigener und lokaler Gemeinschaften, gerechtere Gewinnbeteiligungen, Technologietransfer, umfassende Erhaltungsbemühungen, die über die Schutzgebietsgrenzen hinausgehen, sowie durch Handeln in allen Lebens- und Wirtschaftsbereichen, das mit der Erhaltung der biologischen Vielfalt zu vereinbaren ist, zu modifizieren. Die Konvention greift damit viel weiter als vorausgehende „klassische" Naturschutzübereinkommen. Mit ihren offenen Formulierungen bietet sie die Chance, Schutz und nachhaltige Nutzung biologischer Vielfalt auf eine neue und effektive, an die Bedürfnisse der einzelnen Länder angepaßte Grundlage zu stellen.

Biologische Vielfalt

Allerdings drohen die zahlreichen bereits auf den ersten Vertragsstaatenkonferenzen identifizierten Schwerpunkte zu einer Inflation von Themen zu führen, die alle gleichzeitig diskutiert werden, ohne daß konkrete Maßnahmen beschlossen werden. Die Gefahr der thematischen „Verzettelung" könnte das entstehende Regime in seiner Wirksamkeit bedrohen. Darüber hinaus stehen einige der ins Auge gefaßten Protokolle im Wettbewerb mit in anderen Foren verfolgten Rechtsetzungsprojekten. Im Bereich der Landwirtschaft konkurriert das Regime über die biologische Vielfalt überdies institutionell mit der FAO und ihrer Kommission über genetische Ressourcen für Ernährung und Landwirtschaft, wenn die Gremien nicht zusammenarbeiten. Die Waldfrage wird derzeit auch vom „Intergovernmental Panel on Forests" bearbeitet. Diesen Konflikten liegen nicht nur innerstaatliche Ressortkämpfe zugrunde. Einige Staaten, die mit der Konvention in bestimmter Hinsicht unzufrieden sind, nehmen auch an, ihre Interessen in Verhandlungen über ein eigenständiges, nicht an die Vorgaben der Konvention über biologische Vielfalt gebundenes Übereinkommen besser durchsetzen zu können als im Rahmen der Aushandlung eines Protokolls. Wenn solche Konflikte Kernbereiche des Regimes betreffen, könnte die Konvention über die biologische Vielfalt untergraben (WBGU 1996: 185) und auf den Status einer Naturschutzkonvention reduziert werden.

Grundlegende Literatur

Auer, Marc 1994: Für die Erhaltung der Arten und ihrer Lebensräume. Das Übereinkommen der Vereinten Nationen über die biologische Vielfalt, in: Vereinte Nationen 42, 168-171.
Burhenne-Guilmin, Françoise/Casey-Lefkowitz, Susan 1992: The Convention on Biological Diversity: A Hard Won Global Achievement, in: Yearbook of International Environmental Law 3, 43-59.
Maffei, Maria Clara 1993: Evolving Trends in the International Protection of Species, in: German Yearbook of International Law 36, 131-184.
Raustiala, Kal/Victor, David G. 1996: The Future of the Convention on Biological Diversity, in: Environment 38: 4, 17-20 und 36-45.
Wolters, Jürgen 1995: Die Arche wird geplündert. Vom drohenden Ende der biologischen Vielfalt und den zweifelhaften Rettungsversuchen, in ders. (Hrsg.): Leben und Leben lassen. Biodiversität – Ökonomie, Natur- und Kulturschutz im Widerstreit, Ökozid 10 (Jahrbuch für Ökologie und indigene Völker, hrsgg. von Peter E. Stüben), Gießen, 11-39.

Weiterführende Literatur

Boyle, Alan E. 1996: The Rio Convention on Biological Diversity, in: Bowman, Michael/Redgwell, Catherine (Hrsg.): International Law and the Conservation of Biological Diversity, London, 33-50.

Burhenne, Wolfgang E. 1994: Forword, in: Sánchez, Vincente/Juma, Calestous (Hrsg.): Biodiplomacy. Genetic Resources and International Relations, Nairobi, ix - xii.

Glowka, Lyle/Burhenne-Guilmin, Françoise/Synge, Hugh 1994: A Guide to the Convention on Biological Diversity (in collaboration with Jeffrey A. McNeely and Lothar Gündling), Cambridge.

Groombridge, Brian (Hrsg.) 1992: Global Biodiversity. Status of the Earth's Living Resources (World Conservation Monitoring Centre), London.

Hauff, Volker (Hrsg.) 1987: Unsere gemeinsame Zukunft (Weltkommission für Umwelt und Entwicklung), Opladen.

Heins, Volker 1996: Macht, Demagogie und Argumentation in der globalen Umweltpolitik. Das Beispiel der UN-Konvention über biologische Vielfalt, in: Prittwitz, Volker von (Hrsg.): Verhandeln und Argumentieren, Opladen, 239-259.

Heywood, Vernon H. (Hrsg.) 1995: Global Biodiversity Assessment, Cambridge.

IUCN 1980: World Conservation Strategy. Living Resource Conservation for Sustainable Development, Gland.

Kaiser, Reinhard (Hrsg.): 1980: Global 2000: Der Bericht an den Präsidenten, Frankfurt a.M.

McNeely, Jeffrey A. et al. 1990: Conserving the World's Biological Diversity, Gland.

Reid, Walter V. 1994: Biodiversity Prospecting: Strategies for Sharing Benefits, in: Sánchez, Vincente/Juma, Calestous (Hrsg.): Biodiplomacy. Genetic Resources and International Relations, Nairobi, 241-270.

Reid, Walter V./Miller, Kenton R. 1989: Keeping Options Alive: The Scientific Basis for Conserving Biodiversity (World Resources Institute), Washington, D.C.

Rosendal, Kristin 1994: Implications of the US „No" in Rio, in: Sánchez, Vincente/ Juma, Calestous (Hrsg.): Biodiplomacy. Genetic Resources and International Relations, Nairobi, 87-106.

Sánchez, Vincente 1994: The Convention on Biological Diversity: Negotiations and Contents, in: ders./Juma, Calestous (Hrsg.): Biodiplomacy. Genetic Resources and International Relations, Nairobi, 7-18.

Steiger, Reinhard 1995: Entwicklungen des Rechts der natürlichen Lebensgrundlagen, in: Natur und Recht 17, 437-443.

UNEP 1992: Convention on Biological Diversity. Final Act, June 1992, Nairobi.

WBGU (Wissenschaftlicher Beirat Globale Umweltveränderungen) 1996: Welt im Wandel. Wege zur Lösung globaler Umweltprobleme. Jahresgutachten 1995, Berlin.

Wilson, Edward O. 1995: Der Wert der Vielfalt. Die Bedrohung des Artenreichtums und das Überleben des Menschen, München.

12. Das internationale Regime zum Schutz des Klimas

Hermann E. Ott

Die große Komplexität der ineinander verwobenen ökologischen, ökonomischen, gesellschaftlichen und politischen Bestandteile des Problems „globaler Klimawandel" erschwert die wirksame Regulierung durch ein internationales Regime. Dennoch sind in den letzten Jahren die Fundamente eines globalen Umweltregimes gelegt worden, welches auf die Erfahrungen mit früheren – in der Rückschau weniger komplexen – Umweltproblemen aufbauen konnte. Kernbestandteil dieses Regimes ist die 1992 in Rio de Janeiro auf der Konferenz für Umwelt und Entwicklung zur Zeichnung aufgelegte Rahmenkonvention der Vereinten Nationen über Klimaänderungen. Um diesen Kern haben sich eine Reihe von Institutionen, Verfahren und Normen gebildet, mit deren Hilfe und in deren Rahmen das Klimaschutzregime weiterentwickelt werden kann, um ein effektives globales Instrument zur Bekämpfung des Klimawandels zu schaffen. Dieses im folgenden dargestellte Regime befindet sich zur Zeit noch in einem Anfangsstadium und ist in seiner Entwicklung weit entfernt von den an anderer Stelle dargestellten Regimen zum Schutz der Ozonschicht (Breitmeier, in diesem Band) oder zum Schutz des Rheins vor Verschmutzung (Bernauer/Moser, in diesem Band).

1. Die Entstehung des Klimaschutzregimes

1.1 Das Problem: Der globale Klimawandel

Die Erdatmosphäre ist als „gemeinsame Senke" von klimawirksamen Gasen (Vogler 1995: 125) ein Gemeinschaftsgut der Menschheit. Charakteristisch für dieses Gemeinschaftsgut ist der ungehinderte Zugang für alle Staaten (bzw. Menschen) und die dadurch eröffnete Möglichkeit der Übernutzung, sowohl proportional durch einzelne Mitglieder der internationalen Gemeinschaft als auch kumulativ durch die Gesamtheit der Staaten. Obwohl der Luftraum bis zur Grenze des Weltraums zum Territorium eines Staates gehört, gilt dies nicht für die diesen Raum durchströmenden Luftmassen. Internationale Zusammenarbeit zum Schutz dieser gemeinsamen Ressource ist deshalb unumgänglich, das Klimaproblem ist „regimetauglich" (vgl. Oberthür 1993: 22).

Ohne den natürlichen „Treibhauseffekt" durch klimawirksame Gase würde die bodennahe Mitteltemperatur auf der Erde statt der herrschenden ca. +15 ca. −18 °C betragen (Nisbet 1994: 34). Verantwortlich für diesen Effekt sind neben dem Wasserdampf verschiedene Spurengase in der Atmosphäre. Zu den natürlich vorkommenden „Treibhausgasen" (THG), die die langwellige Wärmestrahlung in der Atmosphäre zurückhalten, gehören nicht nur das Kohlendioxid (CO_2), sondern zu geringeren Anteilen auch Methan (CH_4) und Distickstoffoxid (N_2O). Die ebenfalls treibhauswirksamen FCKW sind dagegen ausschließlich menschliche Kunstprodukte, als solche durch das Ozonregime geregelt (vgl. Breitmeier, in diesem Band) und deshalb nicht Gegenstand des Klimaschutzregimes. Seit Beginn der Industrialisierung hat sich die Konzentration der Treibhausgase in der Atmosphäre ständig erhöht, im Falle des Kohlendioxids um etwa 30% von ca. 280 auf gegenwärtig rund 360 Teile pro Milliarde Volumenanteile, im Falle des Methans um fast 150%.[1]

Die erste Warnung vor dem durch menschliche Aktivitäten verursachten „Treibhauseffekt" auf der Erde ist bereits 100 Jahre alt und stammt von dem schwedischen Physiker Svante Arrhenius (1896)[2]. Nach dessen Theorie wurde durch die Verbrennung fossiler Brennstoffe der in Jahrmillionen gebundene Kohlenstoff freigesetzt, wodurch die Konzentration des Kohlendioxids (CO_2) in der Atmosphäre zunahm und sich die Erde erwärmte. Heute kann als sicher gelten, daß die Zunahme der Treibhausgaskonzentrationen in den letzten 100 Jahren global eine Temperatursteigerung von 0,3 bis 0,6 °C bewirkt hat. Dadurch ist der Meeresspiegel um ca. 10 bis 25 cm angestiegen (IPCC 1996). Nach den neuesten Erkenntnissen könnte sich die globale Mitteltemperatur bis zum Ende des nächsten Jahrhunderts um 1 °C bis 3,5 °C erhöhen (beste Schätzung: +2 °C). Diese Steigerung würde zu einer allmählichen Erhöhung des Meeresspiegels um 15 bis 95 cm führen (beste Schätzung: +50 cm) und hätte durch eine Verschiebung der Klimazonen weitreichende Konsequenzen für ökologische Systeme und die Landwirtschaft. Die Gefahr schwerwiegender, abrupter Änderungen des Klimas bei Überschreiten einer bestimmten Schwelle – etwa durch einen plötzlichen Temperatursprung oder eine Unterbrechung der atlantischen Tiefenströme – muß als mögliche Konsequenz in Betracht gezogen werden (IPCC 1996): Nach den Ergebnissen klimahistorischer Untersuchungen ist bei Verlassen der seit ca. 10.000 Jahren herrschenden klimatischen Stabilitätszone mit sehr schnellen Änderungen innerhalb von Jahrzehnten zu rechnen (vgl. Nisbet 1994: 72).

---

1   Zu den wissenschaftlichen Grundlagen des Klimawandels vgl. ausführlich Enquête-Kommission (1995); IPCC (1990; 1996); WBGU (1995).
2   Die grundsätzliche physikalische Mechanik dieses Phänomens war jedoch schon im Jahre 1827 durch Jean Fourier beschrieben worden; vgl. anschaulich Weiner (1995: 33).

Schutz des Klimas

Seit Anfang 1995 sind durch drei Klimarechenzentren in Deutschland, Großbritannien und den USA Klimamodelle entwickelt worden, die vor allem die regional abkühlende Wirkung von Sulphat-Aerosolen, die bei der Verbrennung fossiler Brennstoffe freigesetzt werden, in die Berechnung mit einbeziehen und deshalb eine große Übereinstimmung zwischen vorausgesagter und tatsächlich ermittelter globaler Mitteltemperatur erreichen (WBGU 1995: 107). Aufgrund dieser Fortschritte ist gegen Ende des Jahres 1995 durch das Intergovernmental Panel on Climate Change (IPCC) zum ersten Mal konstatiert worden, daß ein menschlicher Einfluß auf das Klima erkennbar sei (IPCC 1996). Spätestens seit diesem Bericht muß deshalb angenommen werden, daß der Klimawandel mit hoher Wahrscheinlichkeit ein durch die menschliche Zivilisation verursachtes Problem ist.

1.2 Eintritt des Klimawandels in die politische Agenda

Eine Reihe von Faktoren, die in den 80er Jahren zusammentrafen, trugen dazu bei, den globalen Klimawandel auf die nationale und internationale politische Tagesordnung zu setzen, so etwa Fortschritte in der wissenschaftlichen Erforschung des Klimasystems der Erde, das Erscheinen politischer Akteure mit einem starken Interesse an der wissenschaftlichen und politischen Problemlösung, die Sensibilisierung großer Teile der Bevölkerung in den westlichen Industriestaaten für die Verschmutzung der Atmosphäre und eine Serie außergewöhnlicher klimatischer Ereignisse in den späten 80er Jahren.

Die Grundlage für den Kenntnisstand über die Anreicherung von Spurengasen in der Atmosphäre und über klimatische Wechselwirkungen in den 70er und 80er Jahren wurde im Jahr 1957 gelegt, als der International Council of Scientific Unions (ICSU) das Internationale Geophysikalische Jahr durchführte (Weiner 1995: 38, 77, 264). Als Ergebnis dieser weltweiten wissenschaftlichen Kooperation wurde unter anderem beschlossen, den Kohlendioxidgehalt der Atmosphäre kontinuierlich zu messen sowie in Grönland und der Antarktis Eiskernbohrungen durchzuführen. Die atmosphärischen Messungen wurden in einem Labor auf dem Vulkan Mauna Loa auf Hawaii vorgenommen. Dabei bestätigten sich Vermutungen über die steigende Konzentration an Spurengasen: Die CO_2-Konzentration nahm während des ersten Jahrzehnts um einen, danach um eineinhalb Teile pro Million im Jahr zu.

Die Untersuchung von Eisbohrkernen aus Grönland und dem ostantarktischen Vostok erbrachte zudem Erkenntnisse über den Zusammenhang von globaler Temperatur und dem CO_2-Gehalt der Atmosphäre. In den bis zu 160.000 Jahre alten Luftblasen dieses Eises konnte sowohl das Kohlendioxid gemessen als auch über eine Untersuchung der Sauerstoffisotope die mutmaßliche Temperatur errechnet werden. In Verbindung mit verbesserten Computerkapazitäten war es möglich, diese Daten in komplexe Simulationsmodelle einzuspeisen und Kohlendioxid als einen Hauptregler für die Temperatur der Erde zu identifizieren (Weiner 1995: 83). Diese wissenschaftlichen Erkenntnisse wurden durch das United Nations Environment Programme (UNEP) und die World Meteorological Organization (WMO) international thematisiert. Diese Organisationen veranstalteten in Verbindung mit der ICSU 1979 die erste Weltklimakonferenz in Genf und danach eine Reihe von Workshops, 1985 in Villach und 1987 in Bellagio.

Die Ergebnisse dieser Tagungen fanden nicht nur Eingang in den 1987 veröffentlichten Bericht der „Brundtland-Kommission", sondern bildeten auch die Grundlage für eine von der kanadischen Regierung organisierte Konferenz über Klimaveränderungen und globale Sicherheit 1988 in Toronto[3]. Auf dieser Konferenz, die den Eintritt des Klimaproblems in die internationale politische Arena markiert, fanden sich Wissenschaftler, hochrangige Politiker – allerdings nicht in offizieller Funktion – und Vertreter von Umweltgruppen (Non-Governmental Organizations, NGOs) zusammen und formulierten weitreichende Empfehlungen, darunter die als „Toronto-Ziel" bekannte Forderung, die CO_2-Emissionen bis zum Jahre 2005 global um 20% gegenüber 1988 zu senken. Als ein weiteres Ergebnis wurde angeregt, eine Rahmenkonvention zum Schutz der Erdatmosphäre abzuschließen, die durch Protokolle zur Regelung von Einzelaspekten ergänzt werden sollte.

Eine Serie extremer Wetterereignisse vor allem in den USA verlieh 1987 und 1988 dieser Forderung Nachdruck. Von dem NASA-Wissenschaftler James Hansen wurden sie auf einer Anhörung des amerikanischen Kongresses als wahrscheinliche Folge des Treibhauseffekts identifiziert (Weiner 1995: 108-109). Die Befürchtungen vieler Menschen vor katastrophalen Umweltveränderungen wurden durch die in großer Zahl entstandenen Umweltgruppen mit dem Ziel kanalisiert, politischen Druck auf die nationalen Entscheidungsträger auszuüben. Dieser Druck war so stark, daß sich die Konferenz der größten Industriestaaten (G 7) 1989 in Paris ausführlich mit dem globalen Klimawandel beschäftigte.

Als Folge dieser Entwicklungen wurde zunächst eine internationale Bestandsaufnahme der Forschung initiiert. Durch UNEP und die WMO wurde 1988 das Intergovernmental Panel on Climate Change (IPCC) gegründet und durch die Generalversammlung der UN bestätigt. Dieses von den Regierungen berufene Gremium repräsentierte die Mehrzahl der auf diesem Gebiet tätigen Wissenschaftler. Bereits Ende 1990 legte das IPCC der zweiten Weltklimakonferenz einen ersten Bericht vor (IPCC 1990), in dem es die Gefahren eines weiteren Anstiegs der THG-Konzentrationen beschrieb. Außerdem wurde – nicht zuletzt aufbauend auf die im Rahmen des Ozonregimes (Breitmeier, in diesem Band) gemachten Erfahrungen – ein Elementepapier zur Ausgestaltung einer Klimarahmenkonvention vorgelegt (vgl. insgesamt Jäger/Ferguson 1991).

---

3 „The Changing Atmosphere: Implications for Global Security", in: 5 American University Journal of International Law and Policy (1990): 515.

Schutz des Klimas

Wichtigstes Ergebnis dieser Konferenz war die Aufforderung an die internationale Gemeinschaft, mit den Verhandlungen zu einer Klimarahmenkonvention zu beginnen. Infolgedessen etablierte die UN-Generalversammlung einen internationalen Verhandlungsausschuß (Intergovernmental Negotiating Committee, INC), der bis zur Konferenz über Umwelt und Entwicklung 1992 in Rio de Janeiro eine unterschriftsreife Konvention erarbeiten sollte. Zur administrativen Unterstützung der Verhandlungen wurde in Genf ein eigenes Sekretariat eingerichtet, das dem Wirtschafts- und Sozialrat der UN angegliedert war.

1.3 Die Verhandlungen: Akteure und Interessen

Die Verhandlungen zur Klimarahmenkonvention erfolgten unter extremem Zeitdruck, denn bis zum „Erdgipfel", also der Konferenz für Umwelt und Entwicklung in Rio de Janeiro, blieben lediglich 15 Monate Zeit. Die Resolution der Generalversammlung hatte zunächst vier Verhandlungsrunden des INC vorgesehen. Aufgrund des größeren Zeitbedarfs, der sich aus den unerwartet langwierigen Verhandlungen ergab, wurde jedoch eine fünfte Sitzung anberaumt, die 1992 in zwei Teilen stattfand.

Zur Kennzeichnung der Positionen der Hauptakteure in den internationalen Klimaverhandlungen soll eine grobe Unterteilung in „Bremser", „Progressive" und „Unentschiedene" vorgenommen werden (vgl. Rowlands 1995). Zu den Bremsern gehörten die in der OPEC (Organization of Petroleum Exporting Countries) zusammengeschlossenen erdölexportierenden Staaten hauptsächlich des Nahen Ostens, die USA und auch die frühere UdSSR bzw. das heutige Rußland. Die eher progressiven Staaten setzten sich zusammen aus den Staaten der EG (hier insbesondere Dänemark, den Niederlanden und Deutschland) und den in der Alliance of Small Island States (AOSIS) zusammengeschlossenen 36 kleinen, nicht industrialisierten Inselstaaten. Den Unentschiedenen, mit großer Bandbreite an Positionen, war die Gruppe der Entwicklungsländer (die sogenannte „G 77 und China") zuzuordnen.

Innerhalb der industrialisierten Staaten der westlichen Welt, also der OECD, bestand die Hauptkonfliktlinie zwischen den USA und der EG. Trotz der in den USA gegen Ende der 80er Jahre aufgetretenen Wetterextreme zeigte sich die Regierung Bush äußerst hartleibig, soweit es um konkrete Regelungsmaßnahmen zur Reduzierung von THG-Emissionen ging. Neben dem Umstand, daß die USA der weltweit größte Kohleproduzent und zweitgrößte Produzent von Öl und Erdgas waren, spielten für diese Position auch psychologische Faktoren eine wichtige Rolle. Die USA sind historisch geprägt durch die allzeitige Verfügbarkeit von billiger Energie und deshalb „so abhängig von fossilen Brennstoffen wie ein Heroinsüchtiger von der Nadel" (Rayner 1991: 277). Daher werden die ökonomischen Kosten einer Reduzierung von CO_2-Emissionen in den USA sehr viel höher angesetzt als z.B. in

Europa. Diese Wahrnehmung führte zu einer Verhandlungsposition des Abwartens, die auf eine Rahmenkonvention ohne spezifische Reduktionspflichten zielte (Oberthür 1993: 38-40).

Die EG und ihre Mitgliedstaaten forderten von Beginn an konkrete Maßnahmen zur Begrenzung des Klimawandels. Diese Staaten sind, mit der Ausnahme von Großbritannien, Netto-Energieimporteure. Vor allem nach dem Ölpreisschock Mitte der 70er Jahre ist deshalb in Europa ein im Vergleich mit den USA effizienteres Energiesystem etabliert worden. Die Möglichkeiten einer Anpassung an veränderte Verhältnisse wurden folglich positiver und weniger kostenintensiv eingeschätzt (vgl. z.B. Enquête-Kommission 1990). Dennoch gab es auch innerhalb der EG Differenzen, z.B. zwischen den Staaten des europäischen Nordens und des weniger industrialisierten Südens, die jedoch in den internen Beratungen weitgehend beigelegt werden konnten. Die EG plädierte für eine weite Auslegung des Vorsorgeprinzips und für die verbindliche Verpflichtung der Industriestaaten, ihre CO_2-Emissionen ab dem Jahr 2000 auf dem Niveau von 1990 zu stabilisieren, wie es ihrer im Oktober 1990 formulierten Selbstverpflichtung entsprach (dazu Grubb 1995; Bergesen et al. 1994). Die EG-Mitgliedstaaten konnten zunächst die Verhandlungen erfolgreich führen und die USA weitgehend isolieren. Nachdem jedoch klar geworden war, daß sich die EG intern nicht auf eine CO_2-/Energiesteuer als zentrales Element ihrer Klimaschutzpolitik zu einigen vermochte (Oberthür 1993: 56-57), wurde die Forderung nach weitgehenden Reduktionszielen unglaubwürdig.

Japan nahm in diesem Konzert der Industriestaaten trotz der Erwartung von Wettbewerbsvorteilen eine eher zögerliche Haltung ein. Aufgrund der bereits vergleichsweise großen Energieeffizienz der japanischen Wirtschaft wurde angenommen, daß Klimaschutzmaßnahmen in Japan besonders kostenträchtig seien. Die UdSSR bremste die Verhandlungen unter anderem, weil sie sich von klimatischen Veränderungen agrarwirtschaftliche Vorteile versprach. Doch wurden diese Erwägungen überschattet von dem bevorstehenden Auseinanderfallen dieses Staates, begleitet von wirtschaftlichen Umwälzungen und den daraus abgeleiteten Forderungen, eine eigene Kategorie für „Staaten im wirtschaftlichen Wandel" („countries with economies in transition") einzuführen.

Die Verhandlungen zur Klimarahmenkonvention waren – anders als z.B. die Verhandlungen zum Ozonregime, die zunächst hauptsächlich zwischen den Industrieländern stattfanden und in deren Rahmen die Interessen der Entwicklungsländer erst spät in nennenswertem Maße berücksichtigt wurden (vgl. Breitmeier, in diesem Band) – aufgrund der frühen Einbeziehung von Entwicklungsländern durch einen starken Nord-Süd-Gegensatz geprägt. Diese Staaten betonten das Prinzip der „historischen Verantwortung" der Industriestaaten für das Klimaproblem sowie die Vorrangigkeit der wirtschaftlichen Entwicklung vor den Bedürfnissen des Umweltschutzes. Eigene spezifische Verpflichtungen zur Reduktion von Treibhausgasen lehnten sie daher kategorisch ab. Doch auch der Vereinbarung von Verpflichtungen ausschließlich für Industriestaaten standen die Vertreter der Entwicklungsländer eher kritisch gegenüber, da sie befürchteten, daß diese Pflichten später auf sie selbst ausgedehnt würden. Ferner erwarteten die Entwicklungsländer durch eine verringerte Nachfrage nach Rohstoffen und durch Handelsbeschränkungen Nachteile für ihre wirtschaftliche Entwicklung. Da diese Befürchtungen durch die Erfahrung im Rahmen des Ozonregimes genährt wurde, ist insofern eine negative Beispielfunktion festzustellen. Auch wenn sich die Positionen der Entwicklungsländer nicht ohne weiteres auf einen Nenner bringen lassen, war ihre Haltung im Ergebnis geprägt von Mißtrauen gegen eine progressive Klimapolitik und von Forderungen nach einem weitgehenden Finanz- und Technologietransfer.

Zwei Gruppierungen innerhalb der Entwicklungsländer waren besonders aktiv: die Mitglieder der OPEC und die kleinen Inselstaaten. Vor allem die arabischen OPEC-Mitglieder bekämpften unter der Führung von Saudi Arabien und Kuwait die internationale Vereinbarung einer Reduktionsverpflichtung. Da ihre Ökonomien fast vollständig von Öl- und Gasexporten abhingen, befürchteten sie starke Einbrüche ihrer Exporterlöse. Zudem waren diese Staaten durch niedrige Ölpreise, hohe Militärausgaben und die Finanzierung des Golfkrieges von 1990/91 finanziell geschwächt. Die in der AOSIS verbündeten Inselstaaten waren dagegen durch die Auswirkungen eines Klimawandels besonders gefährdet. Diese Gefährdung ergibt sich insbesondere aus der befürchteten Erhöhung des Meeresspiegels mit der Gefahr vollständiger oder teilweiser Überflutung ihrer Territorien, aber auch aus einer zu erwartenden Zunahme verheerender tropischer Stürme. Diese Staaten übernahmen deshalb die Rolle einer „moralischen Instanz" in den Verhandlungen.

Neben den Mitgliedstaaten der UN als Hauptakteuren nahmen an den Verhandlungen weitere Akteure teil, die in unterschiedlichem Maße Einfluß nehmen konnten. Unter den nichtstaatlichen Akteuren müssen insbesondere einige Lobby-Organisationen der Industrie hervorgehoben werden, die direkten Zugang zu den Staatenvertretern der OPEC hatten und diesen mit Hilfe erfahrener Verhandler massive Unterstützung boten[4]. Aber auch den Umweltgruppen (Umwelt-NGOs) gelang es mit Unterstützung der globalen Medien, erheblichen Einfluß auf die Beratungen zu nehmen.

Die schließlich auf der letzten Sitzung des INC im Mai 1992 angenommene „Rahmenkonvention der Vereinten Nationen über Klimaänderungen" (BGBl. 1993 II: 1783) stellt einen Ausgleich zwischen den oben genannten Interessen dar. Sie bleibt damit widersprüchlich und ambivalent. Doch ermöglichte dieser Kompromiß die rechtzeitige Fertigstellung der Konvention.

---

4 Dazu gehören die Global Climate Coalition, ein Zusammenschluß von Kohle-, Öl- und Autoindustrien, und vor allem The Climate Council, eine äußerst aktive Organisation der Kohleindustrie, die von einem New Yorker Rechtsanwalt geführt wird; vgl. Der Spiegel vom 5. April 1995.

Sie wurde auf der Konferenz über Umwelt und Entwicklung im Juni 1992 in Rio de Janeiro zur Zeichnung aufgelegt und durch mehr als 150 Staaten sowie die EG paraphiert.

1.4 Die Regelungen des Klimaschutzregimes

Das Klimaschutzregime folgt dem erfolgreichen Beispiel des Ozonregimes. Die Klimarahmenkonvention ist, angelehnt an das Wiener Übereinkommen zum Schutz der Ozonschicht (vgl. Ott 1996a: 63), als ausfüllungsbedürftige Rahmenkonvention konzipiert, enthält allerdings im Gegensatz zu jenem zusätzlich einige materielle Regelungen. Das in Artikel 2 genannte „letztendliche Ziel"[5] der Konvention besteht darin, „die Stabilisierung der THG-Konzentrationen in der Atmosphäre auf einem Niveau zu erreichen, auf dem eine gefährliche menschliche Störung des Klimasystems verhindert wird". Darüber hinaus werden in Artikel 3 fünf „Prinzipien" aufgeführt. Die bedeutsamsten unter ihnen sind das Vorsorgeprinzip in bezug auf drohende Klimaveränderungen (Art. 3.3) und das Verursacherprinzip, in dessen Zusammenhang die Verantwortung der Industriestaaten festgestellt wird, bei der Bekämpfung des Klimawandels die Führung zu übernehmen (Art. 3.1). Entgegen der Forderung der Entwicklungsländer wurde kein Recht auf nachhaltige Entwicklung verankert, sondern lediglich das Recht, diese zu fördern (Art. 3.4). Der Rechtsstatus dieser Prinzipien ist umstritten (Bodansky 1993: 501; Ott 1996a: 64-65), doch wird ihnen vor allem von den Mitgliedern der AOSIS große Bedeutung beigemessen.

Die in der Konvention festgehaltenen finanziellen Verpflichtungen sind in hohem Maß auf Vorstellungen der EG und der Entwicklungsländer zurückzuführen. Die ehemalige UdSSR und die osteuropäischen Staaten konnten ihre Forderung durchsetzen, keine finanziellen Pflichten zu tragen. Deshalb werden nach einem Listenprinzip drei Kategorien von Vertragsparteien unterschieden: Für die in Anlage II aufgeführten westlichen Industriestaaten (OECD ohne Mexiko, Ungarn und die Tschechische Republik) gelten die Finanzierungspflichten der Konvention. Diese beziehen sich zunächst nur auf die vollen vereinbarten Kosten, die den Entwicklungsländern bei der Erfüllung ihrer Berichtspflichten entstehen; die Finanzierung von Zusatzkosten, die bei der Bekämpfung des Klimawandels und einer eventuell erforderlichen Anpassung an ein verändertes Klima anfallen, müssen dagegen noch ausgehandelt werden (vgl. Art. 4.3 und 4.4). In Anlage I sind ferner alle westlichen Industriestaaten und die Länder des ehemaligen Ostblocks aufgeführt, die besonderen Verpflichtungen hinsichtlich der THG-Emissionen und der anzufertigenden Berichte unterliegen. Die in keiner der Anlagen genannten Staa-

---

5   Die offizielle Übersetzung von „ultimate objective" lautet etwas verunglückt „Endziel". Zum unklaren rechtlichen Status der Klausel vgl. Bodansky (1993:500); Ott (1996a: 64-65).

ten sind der Gruppe der Entwicklungsländer zuzurechnen, denen keine Finanzierungspflichten und keine besondere Berichtspflichten auferlegt werden.

Die Berichtspflichten sind, da verbindliche Reduktionsvereinbarungen fehlen, das zentrale materielle Element der Klimarahmenkonvention. Alle Vertragsparteien sind verpflichtet, Daten über Quellen und Senken von Treibhausgasen zu übermitteln (Art. 12.1). Die in Anlage I aufgeführten Industriestaaten müssen zusätzlich über ihre Politiken und Maßnahmen zur Implementierung der Konvention sowie eine Abschätzung der Wirkungen auf die Emissionen berichten (Art. 12.2). Wie die nationalen Berichte zu evaluieren sind, ist in der Konvention nicht vorgeschrieben, sondern wird – im Einklang mit dem prozeßorientierten Ansatz des Regimes – den Konferenzen der Vertragsparteien zur Entscheidung überlassen (dazu Ott 1996b: 737-739). Durch die Inventarisierung der Quellen und Senken jeder Vertragspartei soll eine verläßliche Grundlage für später zu beschließende Reduktionsmaßnahmen gelegt werden. Ferner können mittels der Informationen über die ergriffenen Politiken und Maßnahmen sowie über die dadurch beeinflußte zukünftige Emissionsentwicklung die bisher freiwillig eingegangenen nationalen Verpflichtungen bewertet und auf ihre Wirksamkeit überprüft werden (dazu IEA 1994).

Die USA und die anderen Bremserstaaten konnten sich bei den Reduktionspflichten weitgehend durchsetzen, die im Laufe der Verhandlungen immer weiter verwässert wurden. Die ursprüngliche Forderung der EG nach einer Stabilisierung der Emissionen auf dem Niveau des Jahres 1990 ab dem Jahr 2000 wurde in ein bloßes „Ziel" (aim) umgewandelt und auf zwei verschiedene Absätze des Artikels 4.2 der Konvention verteilt. Selbst in weitestgehender Interpretation kann dieser Artikel – der nach Sands (1992: 273) die „undurchdringlichste Vertragssprache, die jemals formuliert worden ist", enthält – nicht als rechtlich verbindliche Verpflichtung zur THG-Reduzierung verstanden werden (Sands 1992: 274; Bodansky 1993: 516; Ott 1996a: 68). In gleichem Maße wie die Verpflichtungen der Industriestaaten verminderten sich die Pflichten der Entwicklungsländer. Diese sind in Artikel 4.1 enthalten, der für alle Vertragsparteien und damit auch für die Entwicklungsländer gilt. Da die Verpflichtungen der Industriestaaten in anderen Artikeln weiter spezifiziert werden, wird er gemeinhin als Entwicklungsländer-Paragraph verstanden. Einzig die Vorschrift, THG-Inventare mit Angabe der Quellen und Senken zu erstellen, ist hier relativ konkret; ansonsten beschränken sich diese „allgemeinen Verpflichtungen" ohne Schwerpunktsetzung auf die Erstellung nationaler Klimaschutzprogramme und nachhaltiges Wirtschaften.

Ein innovatives Element der Klimarahmenkonvention stellt das Konzept der „Gemeinsamen Umsetzung" (Joint Implementation) dar, das in Artikel 4.2(a) verankert ist. Danach können die Industriestaaten Klimaschutzmaßnahmen „gemeinsam mit anderen Staaten" durchführen. Die Grundidee dieses kompensatorischen Konzepts ist ökonomischer Natur: Um Klimaschutzmaßnahmen weitestgehend zu verbilligen, sollen die unterschiedlich hohen Kosten für die Reduktion von Treibhausgasen in westlichen Industriestaaten einerseits und in Entwicklungsländern oder Staaten mit Ökonomien im Wandel andererseits ausgenutzt werden. Deshalb soll es den westlichen Industrieländern erlaubt sein, Klimaschutzmaßnahmen mit deren Zustimmung auch in anderen Vertragsstaaten durchzuführen und sich die erzielten Reduktionen auf die eigenen Verpflichtungen anzurechnen. Trotz der theoretischen Eleganz begegnet die Umsetzung dieses Konzepts erheblichen Schwierigkeiten politischer und praktischer Natur, die von der Konvention nicht angesprochen werden und schrittweise durch die Vertragsparteien angegangen werden müssen (vgl. insgesamt Loske/Oberthür 1994; Jepma 1995; Michaelowa 1995).

Wie im Rahmen internationaler Umweltregime häufig der Fall sieht die Klimarahmenkonvention die Einrichtung einer Reihe von Organen vor. Die Konferenz der Vertragsparteien ist gemäß Artikel 7 der Konvention das „höchste Organ" des Regimes. Es vereinigt legislative und exekutive Funktionen, um die Implementierung zu kontrollieren, die Wirksamkeit zu überprüfen und das Regime gegebenenfalls durch die Annahme von Beschlüssen, die Annahme von Protokollen und Änderungen der Konvention weiterzuentwickeln. Das Sekretariat des INC wurde auf der ersten Vertragsstaatenkonferenz zum Sekretariat des Klimaschutzregimes erklärt. Der Sitz wurde im August 1996 von Genf nach Bonn verlegt. Die Aufgaben des Sekretariats bestehen darin, die Tagungen aller Organe vorzubereiten und zu unterstützen, Informationen aufzubereiten und allgemein als Verbindungsstelle zwischen den Vertragsparteien und den Organen der Konvention zu dienen.[6]

Die Klimarahmenkonvention begründet zwei ständige Unterorgane, nämlich das Nebenorgan für wissenschaftliche und technologische Beratung und das Nebenorgan für die Durchführung des Übereinkommens (Art. 9 und 10). Mit der Durchführung des „Finanziellen Mechanismus" für die finanziellen Hilfen an die Entwicklungsländer (Art. 11) wurde übergangsweise die Globale Umweltfazilität (GEF) von Weltbank, UNDP und UNEP, also eine externe Institution betraut. Zum Klimaschutzregime im weiteren Sinne ist auch das gemeinsam von UNEP und der WMO unterhaltene IPCC zu zählen, dessen Rolle als vorrangiges wissenschaftliches Beratungsorgan zunächst durch die explizite Erwähnung in Artikel 21 der Konvention zum Ausdruck kam. Dies wurde durch Beschlüsse auf der ersten und vor allem auf der zweiten Vertragsstaatenkonferenz im Juli 1996 bestätigt.

Mit Hilfe dieser Institutionen – des Plenarorgans, des Sekretariats und der verschiedenen spezialisierten Unterorgane, die entweder auf Dauer oder ad hoc zur Erledigung bestimmter Aufgaben eingerichtet worden sind – und entsprechender Verfahren wird der Vertrag dynamisiert, abgesichert und für die Weiterentwicklung offen gehalten (vgl. Randelzhofer 1991; Ott 1997). Über diese „Institutionalisierung" von Umweltverträgen, also die Einrichtung ständiger Organe, ist in den vergangenen 20 Jahren die Effektivität von Umweltvereinbarungen entscheidend verbessert worden.

---

6   Die Internetseite des Sekretariats hat die Adresse <http://www.unfccc.de>.

Schutz des Klimas

2. Die Entwicklung des Klimaschutzregimes

2.1 Von Rio nach Berlin

Die Klimarahmenkonvention trat am 21. März 1994 in Kraft, 90 Tage nach der fünfzigsten Ratifizierung. Dieses vergleichsweise schnelle Inkrafttreten wurde nicht zuletzt durch die Unbestimmtheit der beschriebenen Verpflichtungen erleichtert. Die Vorbereitungen für die erste Konferenz der Vertragsparteien waren durch das INC auf der Grundlage einer zusammen mit der Rahmenkonvention verabschiedeten Resolution in der Zwischenzeit kontinuierlich weiterverfolgt und durch das INC-Sekretariat koordiniert worden (vgl. Art. 21 der Konvention). Dieses als „prompt start" bekannte Vorgehen (Bodansky 1993: 552) ermöglichte die frühe Lösung von Verfahrensfragen, verfehlte jedoch das von einigen Parteien angestrebte Ziel, bis zur ersten Vertragsstaatenkonferenz eine Einigung über die Weiterentwicklung des Regimes zu erreichen (Oberthür/Ott 1995a: 399-404). Die drei hauptsächlich zur Verfügung stehenden Optionen zur Vereinbarung weitergehender Pflichten – nämlich die Änderung der Konvention, die Annahme eines Protokolls oder ein Beschluß bzw. eine Resolution (Jäger/Loske 1994) – wurden durch das INC nicht ernsthaft erörtert.

Die AOSIS-Mitgliedstaaten legten zwar rechtzeitig sechs Monate vor der Konferenz den Entwurf eines Reduktionsprotokolls vor, in dem die Verpflichtung für Industriestaaten enthalten war, ihre CO_2-Emissionen bis zum Jahr 2005 um 20% gegenüber 1990 zu reduzieren. Ergänzend hatte zudem Deutschland ein sogenanntes „Elementepapier" zur Ausgestaltung eines Klimaprotokolls eingereicht[7]. Doch war das INC offen für alle Staaten, auch für Nichtunterzeichner der Konvention wie die OPEC-Staaten, und viel Zeit wurde für Verfahrensfragen und für nachgeordnete Verhandlungsgegenstände wie z.B. die „Gemeinsame Umsetzung" von Verpflichtungen aufgewendet. Der Tiefpunkt dieser Verhandlungen wurde im Februar 1995 erreicht, als die OPEC-Staaten auf der elften Sitzung des INC in New York die Annahme eines Beschlusses verhindern konnten, demzufolge die gegenwärtigen Verpflichtungen nicht angemessen („not adequate") waren.

Immerhin war es im Windschatten dieser Auseinandersetzungen gelungen, die ersten fünfzehn Nationalberichte von Industriestaaten gemäß Artikel 12.1 einer Überprüfung zu unterziehen. Das Ergebnis der Auswertung durch das Sekretariat ergab, daß die bisher erfolgten Maßnahmen der Implementierung durch die Vertragsparteien nicht das angestrebte Ziel erreichen würden, die Emissionen im Jahre 2000 auf das Niveau von 1990 zurückzuführen. Die

---

[7] Dieses war jedoch durch die Forderung nach Verpflichtungen für Entwicklungsländer für diese inakzeptabel; zu den Bedingungen der deutschen Klimapolitik vgl. Beuermann/Jäger 1996.

Unangemessenheit der bisherigen Verpflichtungen in der Konvention war damit offenbar geworden.

In der ersten Woche der vom 28. März bis 7. April 1995 in Berlin stattfindenden ersten Vertragsstaatenkonferenz (dazu Krägenow 1995; Ehrmann 1995; Oberthür/Ott 1995a; 1995b) setzte sich zunächst die Blockadesituation der vorausgegangenen INC-Sitzung fort. Gegen Ende dieser Woche fand jedoch ein Meinungsumschwung innerhalb der Entwicklungsländer statt, welcher der Konferenz eine überraschende Wendung gab. Angeführt von Indien organisierten sich die Staaten der G 77 und China ohne die OPEC-Staaten als sogenannte „Green Group" und legten ein Verhandlungspapier vor, das auf Grundlage des AOSIS-Protokolls verstärkte Verpflichtungen für die Industriestaaten forderte. Diese Forderung wurde durch einen Positionswechsel verschiedener OECD-Staaten ermöglicht, die explizit auf die Einführung neuer Verpflichtungen für Entwicklungsländer in dieser Verhandlungsrunde verzichteten. Einen weiteren Impuls bekamen die Verhandlungen durch den deutschen Bundeskanzler, der die Ministerkonferenz eröffnete und dabei die kabinettsinterne Position des Umweltministeriums explizit unterstützte.

Auf der Grundlage des Verhandlungspapiers der Entwicklungsländer konnte sodann eine Annäherung dieser Gruppe an die Position der EU erfolgen. Das Ergebnis, dem am Ende auch die USA und Australien zustimmten, war ein Beschluß, Verhandlungen über ein Klimaprotokoll oder ein anderes rechtliches Instrument aufzunehmen (das sogenannte „Berliner Mandat"). Die USA konnten sich hinsichtlich der relativ unklaren Sprache dieses Mandats durchsetzen und erreichten die Einbeziehung einer interpretationsbedürftigen Klausel, derzufolge die Implementierung der bestehenden Verpflichtungen der Entwicklungsländer als Ergebnis des Verhandlungsprozesses „beschleunigt" werden soll. Den Forderungen der EU entsprachen der strenge Zeitplan, der die Vorlage eines Entwurfs rechtzeitig zur Annahme durch die dritte Vertragsstaatenkonferenz vorsah, und die Übertragung der Verhandlungen auf eine eigens dafür eingerichtete Verhandlungsgruppe: die Ad hoc Group on the Berlin Mandate oder kurz AGBM, die die Rolle des von nun an nicht mehr zusammentretenden INC als hauptsächliches Verhandlungsorgan des Regimes übernimmt. Neben spezifischen Begrenzungen und Reduktionen für THG-Emissionen soll die AGBM auch über die Festlegung konkreter Politiken und Maßnahmen zur Bekämpfung des Klimawandels verhandeln.

Abgesehen von diesem Beschluß zur Weiterentwicklung wurde das Klimaschutzregime arbeitsfähig gemacht. So wurden die Aufgaben der Unterorgane spezifiziert und der Finanzielle Mechanismus zur Unterstützung der Entwicklungsländer für weitere vier Jahre vorläufig bei der GEF angesiedelt, was aufgrund der Vorbehalte der Entwicklungsländer gegen die GEF erforderlich war (vgl. Oberthür/Ott 1995a: 406-407; 1995b: 147-148). Darüber hinaus vereinbarten die Vertragsparteien ein Verfahren für die detaillierte Überprüfung der nationalen Berichte (vgl. Ott 1996b), nahmen den Haushalt an und legten Bonn als den Sitz des Sekretariats fest. Sie einigten sich ferner

Schutz des Klimas 213

auf eine Pilotphase zur Erprobung der „Gemeinsamen Umsetzung" bis zum Jahr 1999. Unter dem Begriff „Gemeinsam Umgesetzte Aktivitäten" (Activities Implemented Jointly) können die Parteien Pilotprojekte durchführen, allerdings ohne eine Anrechnung der dabei erzielten Reduktionen auf die Verpflichtungen der Industriestaaten. Eine weitere Arbeitsgruppe wurde eingerichtet, um den Konfliktlösungsmechanismus auszuarbeiten, der in Artikel 13 der Konvention lediglich angedeutet wird (dazu Ott 1996b: 739-744).

Der größte Mangel der ersten Vertragsstaatenkonferenz bestand darin, daß es gegen den Widerstand der OPEC-Staaten nicht gelang, eine Geschäftsordnung für die Sitzungen dieses Organs anzunehmen. In Abwesenheit einer Abstimmungsregel in der Konvention (vgl. Art. 7.3) gilt das Konsensprinzip. Ohne eine Geschäftsordnung könnten die regelungsunwilligen Staaten (z.B. OPEC) selbst die (rechtlich unverbindliche) Annahme eines Klimaprotokolls verhindern, da auch für dessen Annahme keine Mehrheitsregel festgeschrieben ist (vgl. Art. 17).

2.2 Die Entwicklung nach Berlin

Im August 1995 fand die konstituierende Sitzung der AGBM statt, um die Verhandlungen für ein Klimaprotokoll (oder ein anderes rechtliches Instrument) vorzubereiten. Diese und auch die zweite Sitzung im Oktober 1995 waren geprägt von dem Bemühen der Bremserstaaten, substantielle Verhandlungen zu vermeiden. So betonten die USA die Bedeutung einer „Analysephase" vor Verhandlungen und legten lange Listen mit Organisationen vor, deren Forschungsergebnisse berücksichtigt werden müßten. Auf der zweiten Sitzung der AGBM präsentierte die EU die Elemente für die Struktur eines Klimaprotokolls, das spezifische Reduktionspflichten für die Jahre 2005, 2010 und 2020 und drei Anlagen mit bestimmten Politiken und Maßnahmen enthalten sollte. Allerdings wurden für die vorgeschlagenen Reduktionspflichten keine konkreten Zahlenangaben gemacht. Auf der dritten Sitzung im März 1996 legten einzelne Mitgliedstaaten der EG Vorschläge für spezifische Reduktionspflichten vor. Beispielsweise forderte Deutschland eine verbindliche Vorschrift zur Reduzierung der CO_2-Emissionen in Höhe von 10% bis zum Jahr 2005 (auf der Basis 1990) und um 15-20% bis zum Jahr 2010.

Die zweite Konferenz der Vertragsparteien, die im Juli 1996 in Genf zusammen mit den Sitzungen der Nebenorgane stattfand, erzielte keine substantiellen Fortschritte, markierte jedoch einen wichtigen Wendepunkt in den Verhandlungen über ein Klimaprotokoll. Die USA gaben ihren Widerstand gegen rechtlich verbindliche Reduktionsziele auf. Die abschließend durch die Umweltminister angenommene „Genfer Deklaration" geht daher weiter als das Berliner Mandat und fordert die AGBM zu einer beschleunigten Verhandlung rechtlich verbindlicher Verpflichtungen rechtzeitig für die dritte Konferenz der Vertragsparteien auf. Die Annahme dieser Deklaration bedeutete einen Bruch mit bisheriger Praxis: Obwohl Saudi Arabien, Rußland und einige andere ölproduzierende Staaten sich der „Kenntnisnahme" der Genfer Deklaration durch die Konferenz widersetzten, wurde von der Mehrheit der Vertragsparteien ein entsprechender Text für den Bericht über die Tagung gebilligt (vgl. Oberthür 1996). Die rechtliche Bedeutung dieses Vorgehens sollte nicht überbewertet werden, und die Vereinbarung einer Geschäftsordnung ist dadurch keineswegs überflüssig geworden. Doch wurde das Konsensprinzip etwas abgeschwächt, und es scheint in den Bereich des Möglichen zu rücken, daß sich die Mehrheit der Vertragsparteien auch gegen den Willen der OPEC-Staaten auf ein Protokoll einigt.

Die anderen Unterorgane des Regimes nahmen ebenfalls ihre Arbeit auf, allerdings mit unterschiedlichen Fortschritten: Bei den Beratungen über einen Konfliktlösungsmechanismus stellte sich heraus, daß über Notwendigkeit und Design eines solchen Verfahrens weitreichende Meinungsunterschiede bestehen. Es ist noch nicht abzusehen, ob ein multilaterales Beratungsverfahren nach Artikel 13 der Konvention beschlossen wird, doch könnten die Vorarbeiten für einen Mechanismus im Rahmen eines Klimaprotokolls benutzt werden (dazu Ott 1996b). Die Kompetenzen der ständigen Unterorgane für wissenschaftliche und technologische Beratung sowie für die Durchführung der Konvention überlagern sich teilweise. Deshalb wurde auf den bisherigen Sitzungen die Tagesordnung des Organs für die Durchführung der Konvention erheblich gekürzt, während die Sitzungen des Nebenorgans für wissenschaftliche und technologische Beratung mehr Raum einnahmen als geplant. Die Verhandlungen des zuletzt genannten Nebenorgans waren bei der Annahme eines Berichtsformats für Pilotprojekte „gemeinsam umgesetzter Aktivitäten" erfolgreich, scheiterten jedoch bisher in Hinsicht auf die Bildung geeigneter Unterorgane nach dem Modell der „Technology and Economic Assessment Panels" des Montrealer Protokolls (dazu Breitmeier, in diesem Band).

3. Zu den Wirkungen des Klimaschutzregimes

Aufgrund der noch sehr kurzen Geschichte des internationalen Klimaschutzregimes können Aussagen über dessen Wirkung nur vorläufigen Charakter haben. Positiv läßt sich feststellen, daß aufgrund der Koordinierung der relevanten Forschung durch das IPCC das Wissen über die physikalischen Grundlagen des Klimawandels seit 1990 erheblich verbessert worden ist. Durch die nationalen Berichtspflichten sind ferner die Datenerfassung und der Informationsfluß über treibhausgasrelevante Aktivitäten harmonisiert worden, und es wird in wenigen Jahren ein realistisches Bild über den menschlichen Beitrag zum Klimawandel bestehen. Durch die Auswertung der nationalen Berichte ist schließlich deutlich geworden, daß die bisher eingeleiteten

Politiken und Maßnahmen zur Bekämpfung des Klimawandels in fast allen Staaten unzureichend sind.

Diese Feststellung impliziert zugleich, daß die Effektivität des Klimaschutzregimes im Hinblick auf die Verhaltensänderung der Regimeteilnehmer zur Lösung eines Umweltproblems bisher gering gewesen ist. Nur sehr wenige Staaten, z.B. Dänemark, haben die Umsetzung der Klimarahmenkonvention ernsthaft betrieben. So ergeben auch die neuesten CO_2- und Energieprognosen, daß die THG-Emissionen der Industriestaaten in den ersten Jahren des nächsten Jahrtausends weiter erheblich steigen werden (vgl. European Commission 1996; Prognos AG 1996; OECD/IEA 1996). Entwicklungsländer und insbesondere die Schwellenländer Asiens verfolgen ungebremst den energieintensiven Entwicklungspfad der Industriestaaten. Insofern ist der Beschluß der Berliner Vertragsstaatenkonferenz über die „Unangemessenheit" der bestehenden Verpflichtungen in der Konvention gleichzeitig ein Urteil der Vertragsparteien über die mangelhafte Effektivität des Klimaschutzregimes.

Es wird demnach viel auf die nächsten Regelungsschritte im Rahmen des Regimes ankommen. Eine wichtige Unterstützung für die Annahme eines Klimaprotokolls mit konkreten Reduktionsverpflichtungen wäre die Verabschiedung einer Geschäftsordnung, die eine Annahme von Entscheidungen durch eine Mehrheit der Vertragsparteien ermöglicht. In Berlin wurde die vom INC erarbeitete Geschäftsordnung lediglich „angewendet" – mit Ausnahme der Abstimmungsregeln (Oberthür/Ott 1995a: 407-408; 1995b: 148-149). Da bei Fehlen einer besonderen Regel das Konsensprinzip gilt, würde die Annahme eines effektiven Klimaprotokolls aufgrund des Widerstandes der OPEC-Staaten großen Schwierigkeiten begegnen. Ist die Annahme eines Protokolls auf diese Weise nicht möglich, müßte nach anderen Wegen der Vereinbarung von Reduktionspflichten möglicherweise außerhalb des entstehenden Klimaschutzregimes gesucht werden (vgl. Loske/Ott 1995). In dieser Hinsicht hat die Annahme der „Genfer Deklaration" zumindest psychologisch einen Präzedenzfall geschaffen, da die Mehrheit der regelungswilligen Staaten erstmals gegen den Willen einer Minderheit einen Beschluß gefaßt hat.

Eine weitere Voraussetzung eines wirksamen Regimes ist die rechtliche Verbindlichkeit der vereinbarten Reduktionsziele. Die sogenannte „soft-law option", also die Vereinbarung rechtlich nicht verbindlicher Pflichten, hat sich nach den bisherigen Erfahrungen im Rahmen des Klimaschutzregimes als ungenügend erwiesen. Zwar können in der internationalen Umweltpolitik völkerrechtlich „weiche" Vereinbarungen, deren Einhaltung über sozialen und politischen Druck der Vertragspartner erreicht werden soll, zu Beginn eines Regelungsprozesses durchaus erfolgreich eingesetzt werden. Doch ist die Umsetzung konkreter Reduktionsverpflichtungen von Treibhausgasen mit hohen ökonomischen und politischen Widerständen auf nationaler Ebene verbunden. Auch die regierungsinternen Differenzen zwischen verschiedenen Ressorts können mit Hilfe international verbindlicher Verpflichtungen erheblich einfacher überwunden werden. Im übrigen gibt die rechtliche Verbindlichkeit den Vertragsparteien die erforderliche Sicherheit, daß die Partner die geforderten und möglicherweise kostspieligen Maßnahmen ebenfalls ergreifen werden (vgl. Bodansky 1993: 451; Ott 1996a: 73).

4. Schlußbemerkungen

Das Regime zum Schutz des Klimas ist gegenwärtig in seinem Anfangsstadium. In weiten Zügen ist auf die Erfahrungen mit älteren Regimen zurückgegriffen worden, explizite Neuerungen sind bisher kaum vorhanden. Allerdings könnte das in Artikel 4.2(a) der Klimarahmenkonvention etablierte Konzept der Gemeinsamen Umsetzung (Joint Implementation) ein innovatives Instrument darstellen, falls die mit diesem Konzept verbundenen praktischen Probleme gelöst werden. Nach der zweiten Vertragsstaatenkonferenz ist die Wahrscheinlichkeit der Realisierung gestiegen, da die USA die Vereinbarung rechtlich verbindlicher Reduktionsziele von bestimmten Formen der „Flexibilisierung" abhängig gemacht haben. Darunter wird von der US-Regierung nicht nur die Kompensation durch die Gemeinsame Umsetzung verstanden, sondern auch die Erweiterung zu einem System handelbarer Emissionslizenzen (dazu OECD 1992). Dies würde allerdings die Schaffung einer durchsetzungsfähigen Organisation voraussetzen, die über bisherige Institutionalisierungen im Umweltbereich weit hinausgeht.

Allerdings setzt die wirksame Bearbeitung des Klimaproblems voraus, daß in das Klimaschutzregime neben der Umweltkomponente auch in hohem Maße Wirtschaftsaspekte integriert werden. Daher wird im Zuge der Weiterentwicklung des Regimes einige Kreativität aufgewendet werden müssen, um die vielfältigen ökonomischen und politischen Schwierigkeiten zu bewältigen und um die widerstreitenden Interessen der mehr als 150 Vertragsparteien der Klimarahmenkonvention in Einklang zu bringen. Dies betrifft nicht nur die Reduktionsverpflichtungen selbst, sondern vor allem auch die in den vergangenen Jahren immer stärker diskutierte Differenzierung der Verpflichtungen zwischen den Vertragsstaaten und die Einführung flexibilisierender ökonomischer Instrumente (vgl. insgesamt Loske 1996). Erforderlich ist schließlich nicht zuletzt die Erarbeitung eines wirksamen Konfliktlösungs- und Konfliktverhinderungsverfahrens (vgl. Ott 1996b; Werksman 1996). Nach den ersten zwei Konferenzen der Vertragsparteien scheint es, als ob das Klimaschutzregime auf eine verläßliche Grundlage gestellt worden ist. Trotz ungünstiger weltwirtschaftlicher Rahmendaten und trotz massiven Widerstands durch verschiedene Staaten mit einem Interesse am Export fossiler Brennstoffe besteht daher die Chance, daß in diesem Regime noch vor Ende des Jahrzehnts wirksame Maßnahmen ergriffen werden, auch ohne daß bereits schwerwiegende Wirkungen von Klimaänderungen sichtbar werden.

Schutz des Klimas 217

Grundlegende Literatur

Bodansky, Daniel 1993: The United Nations Framework Convention on Climate Change: A Commentary, in: Yale Journal of International Law 18, 451-558.
Mintzer, Irving M./Leonhard, J. Amber (Hrsg.) 1994: Negotiating Climate Change. The Inside Story of the Rio Convention, Cambridge.
Oberthür, Sebastian 1993: Politik im Treibhaus. Die Entstehung des internationalen Klimaschutzregimes, Berlin.
Oberthür, Sebastian/Ott, Hermann 1995a: Stand und Perspektiven der internationalen Klimapolitik, in: Internationale Politik und Gesellschaft 4/1995, 399-415.
Rowlands, Ian H. 1995: The Politics of Global Atmospheric Change, Manchester.

Weiterführende Literatur

Arrhenius, Svante 1896: On the Influence of Carbonic Acid in the Air upon the Temperature of the Ground; in: The London, Edinburgh and Dublin Philosophical Magazine and Journal of Science (April 1896), 237-276.
Bergesen, H./Grubb, M./Hourcade, J./Jäger, J./Lanza, A./Loske, R./Sverdrup, A./Tudini, A. 1994: Implementing the European CO_2-Commitment: A Joint Policy Proposal, London.
Beuermann, Christiane/Jäger, Jill 1996: Climate Change Politics in Germany: How Long Will Any Double Dividend Last?, in: O'Riordan, Timothy/Jäger, Jill (Hrsg.): Politics of Climate Change. A European Perspective, London, 186-227.
Ehrmann, Markus 1995: Ergebnisse des Berliner Klimagipfels, in: Umwelt- und Planungsrecht, 435-439.
Enquête-Kommission 1990: Schutz der Erde. Dritter Bericht der Enquête-Kommission des 11. Dt. Bundestages „Vorsorge zum Schutz der Erdatmosphäre", 2 Bde., Bonn.
Enquête-Kommission 1995: Mehr Zukunft für die Erde. Nachhaltige Energiepolitik für dauerhaften Klimaschutz; Schlußbericht der Enquête-Kommission „Schutz der Erdatmosphäre" des 12. Dt. Bundestages, Bonn.
European Commission 1996: Second Report under the Monitoring Decision, EC-DG-XI, Brussels, March 1996.
Grubb, Michael 1995: Climate Change Policies in Europe: National Plans, EU Policies, and the International Context, in: International Journal of Environment and Pollution 5, 164-179.
IEA (International Energy Agency) 1994: Climate Change Policy Initiatives – 1994 Update. Vol. 1: OECD Countries, Paris.
IPCC (Intergovernmental Panel on Climate Change) 1990: Houghton, J.T. et al. (Hrsg.): Climate Change: The Scientific Assessment, Cambridge.
IPCC 1996: Houghton, J.T. et al. (Hrsg.): Climate Change 1995: The Science of Climate Change, Cambridge.
Jäger, J./Ferguson, H.L. (Hrsg.) 1991: Climate Change: Science, Impacts and Policy. Proceedings of the Second World Climate Conference, Cambridge.
Jäger, Jill/Loske, Reinhard 1994: Handlungsmöglichkeiten zur Fortschreibung und Weiterentwicklung der Verpflichtungen innerhalb der Klimarahmenkonvention (Wuppertal Paper Nr. 23), Wuppertal.
Jepma, Catrinus J. (Hrsg.) 1995: The Feasibility of Joint Implementation, Dordrecht.

Krägenow, Timm 1995: Verhandlungspoker um Klimaschutz: Beobachtungen und Ergebnisse der Vertragsstaaten-Konferenz zur Klimarahmenkonvention in Berlin, Freiburg.
Loske, Reinhard 1996: Klimapolitik. Im Spannungsfeld von Kurzzeitinteressen und Langzeiterfordernissen, Marburg.
Loske, Reinhard/Oberthür, Sebastian 1994: Joint Implementation under the Climate Change Convention, in: International Environmental Affairs 6, 45-58.
Loske, Reinhard/Ott, Hermann 1995: Klimapolitik vor der Berliner Klimakonferenz, in: Geowissenschaften 13, 93-96.
Michaelowa, Axel 1995: Internationale Kompensationsmöglichkeiten zur CO_2-Reduktion unter Berücksichtigung steuerlicher Anreize und ordnungsrechtlicher Maßnahmen (Bundesministerium für Wirtschaft, Studienreihe Nr. 87, März 1995).
Nisbet, Euan G. 1994: Globale Umweltveränderungen. Ursachen, Folgen, Handlungsmöglichkeiten, Klima, Energie, Politik, Berlin.
Oberthür, Sebastian 1996: UNFCCC: The Second Conference of the Parties, in: Environmental Policy and Law 26, 195-201.
Oberthür, Sebastian/Ott, Hermann 1995b: UN/Convention on Climate Change. The First Conference of the Parties, in: Environmental Policy and Law 25, 144-156.
OECD 1992: Climate Change. Designing a Tradeable Permit System, Paris.
OECD/IEA 1996: World Energy Outlook, Paris.
Ott, Hermann 1996a: Völkerrechtliche Aspekte der Klimarahmenkonvention, in: Brauch, Hans Günter (Hrsg.): Klimapolitik. Naturwissenschaftliche Grundlagen, internationale Regimebildung und Konflikte, ökonomische Analysen sowie nationale Problemerkennung und Politikumsetzung, Heidelberg, 61-74.
Ott, Hermann 1996b: Elements of a Supervisory Procedure for the Climate Regime, in: Zeitschrift für ausländisches öffentliches Recht und Völkerrecht 56, 732-749.
Ott, Hermann 1997: Umweltregime im Völkerrecht. Eine Untersuchung zu neuen Formen internationaler institutionalisierter Kooperation am Beispiel der Verträge zum Schutz der Ozonschicht und zur Kontrolle grenzüberschreitender Abfallverbringungen (Dissertation: Freie Universität Berlin), Berlin.
Prognos AG (Hrsg.) 1996: Energiereport II. Die Energiemärkte Deutschlands im zusammenwachsenden Europa – Perspektiven bis zum Jahr 2020, Stuttgart.
Randelzhofer, Albrecht 1991: Auf dem Wege zu einer Weltklimakonvention, in: Franßen, Everhardt/Redeker, Konrad/Schlichter, Otto/Wilke, Dieter (Hrsg.), Bürger-Richter-Staat. Festschrift für Horst Sendler, München, 465-481.
Rayner, Steve 1991: The Greenhouse Effect in the US: the Legacy of Energy Abundance, in: Grubb, Michael et al. (Hrsg.): Energy Policies and the Greenhouse Effect, Vol. II, London, 231-278.
Sands, Philippe 1992: The United Nations Framework Convention on Climate Change, in: Review of European Community and International Law 1, 270-277.
Vogler, John 1995: The Global Commons. A Regime Analysis, Chichester.
WBGU (Wissenschaftlicher Beirat Globale Umweltveränderungen) 1995: Welt im Wandel – Wege zur Lösung globaler Umweltprobleme, Heidelberg.
Weiner, Jonathan 1995: Die Klimakatastrophe. Wie der Treibhauseffekt unser Leben verändern wird, München.
Werksman, Jacob 1996: Designing a Compliance System for the United Nations Framework Convention on Climate Change; in: Cameron, James/Werksman, Jacob/Roderick, Peter (Hrsg.): Improving Compliance with International Environmental Law, London, 84-112.

13. Fazit: Internationale Umweltpolitik durch Verhandlungen und Verträge

Sebastian Oberthür/Thomas Gehring

Internationale Umweltregime stellen neben internationalen Organisationen die wichtigste Form der internationalen Zusammenarbeit zum Schutz der Umwelt dar. Sie sind stets darauf gerichtet, das Verhalten von Akteuren durch die Setzung von Normen in eine umweltverträglichere Richtung zu lenken. In der Regel beruhen sie auf einem völkerrechtlich verbindlichen Übereinkommen. Darüber hinaus umfassen sie jedoch auch einen andauernden Verhandlungsprozeß, der es den beteiligten Akteuren erlaubt, die geschaffenen Normen weiterzuentwickeln, die Normumsetzung zu überwachen und auftretende Konflikte zu bearbeiten. Durch die Verbindung verhaltenslenkender Normen mit einem andauernden Verhandlungsprozeß werden sie zu in sich abgeschlossenen, weitgehend selbständigen Steuerungsinstitutionen, die trotz aller Veränderungen im Detail langfristig Bestand haben und deshalb den Eindruck hoher Stabilität vermitteln. Trotz des gemeinsamen Grundschemas unterscheiden sich internationale Umweltregime in vielfältiger Weise voneinander.

In diesem abschließenden Kapitel sollen die in den vorausgehenden Beiträgen vorgestellten internationalen Umweltregime in bezug auf (1) die beteiligten Akteure, (2) die Interessenstruktur des bearbeiteten Problemfelds sowie die Regimeentstehung, (3) das Regimedesign, (4) die Differenzierung von Pflichten und damit im Zusammenhang stehende Finanzierungsmechanismen, (5) die Querverbindungen zwischen den zunächst isoliert betrachteten Umweltregimen sowie (6) die erzielten Wirkungen miteinander verglichen werden. Die so gewonnenen Aussagen sollten jedoch zunächst lediglich als Anhaltspunkte betrachtet werden, weil die Einzelbeiträge nicht aus einem umfassenden Forschungsprojekt hervorgegangen sind, sondern sich weitgehend auf die Sekundärnutzung bereits bestehenden Wissens im Lichte des im Einleitungskapitel vorgestellten Regimekonzepts beschränken mußten. Unter diesen Umständen waren nicht alle Fragen für alle Regime in gleicher Weise zu beantworten.

1. Die beteiligten Akteure

Wie im Regimekonzept angenommen stellten Staaten in allen Fällen eine Gruppe besonders wichtiger Akteure dar. Sie wurden zu Vertragspartnern der internationalen Übereinkommen, die den untersuchten Regimen zugrunde lagen. Die Regierungen vertraten dabei Positionen, die in der Regel entscheidend durch gesellschaftliche Interessen und Faktoren beeinflußt waren, etwa durch die Partikularinteressen einer betroffenen Industriebranche oder den infolge einer Umweltkatastrophe entstandenen öffentlichen Druck. Doch auch jenseits dieses in den internationalen Beziehungen herkömmlichen, „hierarchischen" Weges der Vermittlung gesellschaftlicher Interessen konnten nichtstaatliche Akteure in vielen Fällen unmittelbaren Einfluß auf den internationalen Entscheidungsprozeß gewinnen. Die Beiträge dieses Bandes beleuchten verschiedene Mechanismen einer solchen Einflußnahme durch Nichtregierungsorganisationen (NGOs) unterschiedlicher Art.

Die internationalen Regime zur Regelung des Öltransports auf See sind entscheidend durch die Einflußnahme der Ölindustrie sowie der Tankerbetreiber geprägt. Im Laufe der 60er Jahre gelang es diesen industriellen Akteuren, die Umsetzung des OILPOL-Übereinkommens von 1962 vollständig zu verhindern, bis der Regelungsansatz nach ihren Vorstellungen umfassend revidiert worden war. Wenig später bestimmten die gleichen Akteure durch den freiwilligen Abschluß von zwei privaten Haftungsabkommen die Regelungen des Ölhaftungsregimes weitgehend selbst. In diesem Fall bestehen private und zwischenstaatliche Abkommen bis heute nebeneinander fort. Damit nimmt das Ölhaftungsregime eine Zwitterstellung ein. Die eigentümliche Mischung aus privater und öffentlicher Regelung begründet einen dauernden Bedarf an intensiver Koordination, der die Schlüsselrolle des kleinen Sekretariats des (zwischenstaatlichen) Ölhaftungsfonds begründet. In diesem Regime haben die Vertragsstaaten – jedenfalls im täglichen Geschäft – die Hauptrolle fast vollständig an nichtstaatliche und internationale Akteure abgegeben.

Der Einfluß von Umweltverbänden tritt demgegenüber in anderen Regimen hervor. Henne weist in ihrem Beitrag über das Biodiversitätsregime darauf hin, daß die Konvention von einer internationalen Naturschutzorganisation, der IUCN, bis hin zur Ausarbeitung eines vollständigen Vertragsentwurfs vorbereitet worden war. Diese Vorarbeiten schufen die Voraussetzungen dafür, daß sich Staatenvertreter mit dem Problem der Erhaltung der biologischen Vielfalt befaßten. Die IUCN spielte ebenfalls eine entscheidende Rolle im Vorbereitungsprozeß des Washingtoner Artenschutzabkommens (CITES) und trägt zusammen mit anderen NGO erheblich zur laufenden Implementationskontrolle im Rahmen dieses Regimes bei. Meinke stellt in ihrem Beitrag über das Baseler Abfallregime den unmittelbaren Einfluß auf den zwischenstaatlichen Verhandlungsprozeß heraus, den der internationale Umweltverband Greenpeace nahm, indem er einer Gruppe interessierter, aber wissenschaftlich und organisatorisch schlecht ausgestatteter schwarzafrikanischer Staaten gezielt Hilfestellung leistete. Auch in den internationalen Klimaverhandlungen sind zahlreiche Umweltverbände aktiv. Allerdings gelang es hier umgekehrt sogenannten „grauen" NGOs, die die amerikanische Energiewirtschaft vertraten, durch Zusammenarbeit mit den arabischen Ölstaaten, den Fortschritt der Verhandlungen im Rahmen des Klimaschutzregimes zu bremsen.

Diese Fälle lassen den Einfluß nichtstaatlicher Akteure auf Prozesse der Bildung und Entwicklung internationaler Umweltregime erkennen. Die Beteiligung derartiger Akteure sprengt das überkommene, „hierarchische" Modell der Interessenvermittlung in den internationalen Beziehungen zwar nicht, ergänzt es aber um eine transnationale Komponente. Die zwischenstaatlichen Verhandlungen stellen nunmehr lediglich einen – von Fall zu Fall unterschiedlich großen – Teil des regimespezifischen Entscheidungsprozesses dar. Es ist zu erwarten, daß die Bedeutung der transnationalen Komponente im Zuge der Professionalisierung der Umweltbewegung, der Ausbreitung und Beschleunigung weltumspannender Kommunikationsmittel und der zunehmenden Öffnung der internationalen Verhandlungsprozesse für gesellschaftliche Akteure weiter zunehmen wird. Auch wenn die Frage der demokratischen Legitimation dieser Akteure offen bleibt, zeigen sich hier möglicherweise Vorboten einer entstehenden „Weltgesellschaft" (vgl. Princen/Finger 1994; Hein 1994; Albert et al. 1996).

2. Interessenkonstellation und Regimeentstehung

Im Rahmen eines internationalen Umweltregimes bearbeiten die beteiligten Akteure nur selten reine Koordinationsprobleme. In der Regel ist die Regulierung mit kostspieligen Anpassungsmaßnahmen verbunden, die Kooperationsbemühungen erschweren. Einige der bearbeiteten Probleme kommen in ihrer Struktur der Bereitstellung kollektiver Güter nahe und zeichnen sich durch teilweise übereinstimmende, teilweise entgegengesetzte Interessen der beteiligten Akteure aus. So kann ein einzelner Staat den Zustand der Ozonschicht, des Weltklimas, regionaler oder globaler Meere auch durch kostspielige einseitige Maßnahmen nur in sehr begrenztem Maße beeinflussen. Derartige Situationen fordern international koordiniertes Handeln geradezu heraus. Die Beiträge von Breitmeier, Ott und List unterstreichen jedoch, daß gemeinsame Umweltpolitik auch in diesen Fällen in der Praxis keineswegs problemlos ist.

Andere Umweltprobleme zeichnen sich durch weitgehend entgegengesetzte Interessen der beteiligten Akteure aus. Obwohl sie damit der schwierigen Oberlieger/Unterlieger-Problematik nahekommen, entziehen auch sie sich nicht unbedingt der gemeinsamen Bearbeitung. Im Bereich des Sauren Regens konnte ein kooperatives Abkommen abgeschlossen werden, nachdem eine ausreichende Zahl von Staaten mit hohen Emissionen erkannt hatte, daß sie nicht nur als Schädiger, sondern auch als Geschädigte beteiligt war. Der Beitrag von Bernauer und Moser unterstreicht, daß die Zusammenarbeit zum Schutz des Rheins sich auf interessenausgleichende Kompensationsregelungen gründet. Im Fall des Baseler Abkommens gelang es den „Unterliegern", den Giftmüll importierenden Staaten der Dritten Welt, mit Unterstützung von Umweltverbänden sehr schnell, den Giftmüll exportierenden Industriestaaten weitreichende Regelungen abzuringen. In diesen Fällen wurden die wenig kooperationsförderlichen Ausgangssituationen während der Regimebildungsprozesse erfolgreich so umgeformt, daß anfängliche Blockaden aufgebrochen werden konnten.

Die untersuchten Regime verdeutlichen, daß Kooperation – unabhängig von der bestehenden Interessenkonstellation – nie „von selbst" entsteht. Sie bedarf stets der aktiven Förderung durch besonders interessierte Akteure, die Themen auf die internationale Tagesordnung setzen und Lösungsansätze ausarbeiten. Akteure, die in dem betreffenden Problemfeld oder in den internationalen Beziehungen insgesamt einflußreich sind, *können* die Rolle derartiger „Politikunternehmer" besonders gut übernehmen, weil sie ihren Initiativen durch ihr politisches Gewicht Nachdruck zu verleihen vermögen. So gingen die Gründung des Öltankerregimes (OILPOL) und des Ölhaftungsregimes auf Initiativen Großbritanniens zurück, das in diesem Bereich eine dominierende Rolle einnahm. Die Vereinigten Staaten initiierten etwa die Verhandlungen über die Londoner Dumping Konvention und spielten bei der Aushandlung des Montrealer Protokolls, des Washingtoner Artenschutzabkommens und des MARPOL-Abkommens eine entscheidende Rolle. Bemerkenswert ist jedoch, daß es in mehreren Fällen auch vergleichsweise schwachen Akteuren gelang, durch eine auf überzeugende Ideen, Sachwissen und die sorgfältige Ausarbeitung von Vorschlägen gegründete aktive Politik Umweltprobleme erfolgreich auf der internationalen Agenda zu plazieren. So initiierten die Niederlande das Rheinschutzregime, die skandinavischen Staaten das Regime über die weiträumige grenzüberschreitende Luftverschmutzung sowie die Regime zum Schutz von Ostsee und Ozonschicht. Das Biodiversitätsregime läßt sich sogar auf die Vorschläge einer Nichtregierungsorganisation zurückführen.

Allerdings führen derartige Initiativen nicht immer zu einer schnellen Regimebildung. So vergingen sowohl im Bereich des Sauren Regens als auch beim Schutz der Ozonschicht mehr als zehn Jahre von der internationalen Thematisierung bis zur Verabschiedung erster substantieller Maßnahmen. Verantwortlich dafür waren nicht allein unüberbrückbare Interessenunterschiede, sondern auch wissenschaftliche Unsicherheit über die Problemursachen, die die Bewertung des Nutzens einschneidender Maßnahmen erschwerte. In solchen Fällen können internationale Regime zunächst auf den Ausbau der wissenschaftlichen Kooperation gerichtet sein, um die wissenschaftlich-technische Übereinstimmung zu verbreitern und dadurch auf die Interessendefinition blockierender Staaten einzuwirken.

Weder die Struktur des bearbeiteten umweltpolitischen Problems noch die Länge der „Geburtswehen" internationaler Umweltregime lassen jedoch unmittelbare Rückschlüsse auf die Entwicklungsdynamik sowie auf den späteren Regelungserfolg zu. Das zeigt nicht zuletzt die rasche Entwicklung des erst nach langen Anstrengungen in einem ursprünglich keineswegs kooperationsfreundlichen Problemfeld errichteten Regimes zur Bekämpfung der weiträumigen grenzüberschreitenden Luftverschmutzung.

3. Institutionelles Design

3.1. Organisatorische Ausgestaltung

Zwei organisatorische Bestandteile, die den Vertragsstaaten eine gemeinsame aktive Gestaltung internationaler Umweltpolitik sowohl bei der Setzung als auch bei der Umsetzung von Normen erlauben, sind den in diesem Band vorgestellten Umweltregimen gemein. Zum einen umfassen alle Regime als oberstes Entscheidungsorgan eine regelmäßig, zumeist jährlich zusammentretende Konferenz der Vertragsstaaten, der oft mehrere ständige oder nach Bedarf eingerichtete Arbeitsgruppen und Ausschüsse zuarbeiten. Zum anderen verfügen sie über ein zumeist kleines Sekretariat, das für eine Reihe von Aufgaben zuständig ist, etwa für die Organisation des Konferenzprozesses, die Erstellung von Arbeitsunterlagen sowie für Empfang und Aufbereitung der von den Mitgliedstaaten übermittelten Informationen und Berichte.

In der konkreten Ausgestaltung dieser organisatorischen Komponente können drei Typen internationaler Regime voneinander unterschieden werden. Einige der untersuchten Umweltregime machen unmittelbar von bestehenden internationalen Organisationen Gebrauch. Sie folgen damit der in der Nachkriegszeit vorherrschenden Vorstellung, das Regieren im internationalen System erfolge am besten im Rahmen großer internationaler Organisationen. So übernimmt die Internationale Seeschiffahrts-Organisation (IMO) nicht nur die Sekretariatsfunktion für das Regime zur Kontrolle der Ölverschmutzung durch Tanker (OILPOL/MARPOL) und für das Ölhaftungsregime, sondern die Regimemitgliedstaaten nutzen die von der Organisation bereitgestellten Kommunikationskanäle auch als ständige Vertragsstaatenkonferenz. Allerdings unterstreicht Kellerhoff in seinem Beitrag, daß das für das Ölhaftungsregime überaus wichtige Fondssekretariat innerhalb der IMO weitgehende Unabhängigkeit gewonnen hat. Dies unterstreicht den Bedarf internationaler Regime an problemfeldspezifischer organisatorischer Unterstützung und läßt die Grenzen des „alten" Organisationsmodells deutlich werden.

Umweltregime eines zweiten Organisationstyps verfügen über eine eigene Vertragsstaatenkonferenz und ein unabhängig von internationalen Organisationen errichtetes Sekretariat. Die Regimeorgane bilden dann selbst kleine problemfeldspezifische Organisationen. So stellen die Helsinki-Kommission zum Schutz der Ostsee und die Internationale Kommission zum Schutz des Rheins die organisatorischen Komponenten der betreffenden Regime dar. Dieses organisatorisch aufwendige Modell ist vor allem in regionalen Problemfeldern mit einer kleinen Zahl teilnehmender Akteure zu beobachten, für die geeignete internationale Organisationen nicht zur Verfügung stehen.

Die meisten der hier vorgestellten Regime folgen einem dritten Modell. Sie übertragen die Sekretariatsfunktion einer bestehenden internationalen Organisation und verfügen dennoch über eine selbständige Vertragsstaatenkonferenz. So werden die Sekretariatsaufgaben für das Londoner Dumping-Regime von der IMO und für das Regime über weiträumige grenzüberschreitende Luftverschmutzung von der UN-Wirtschaftskommission für Europa (ECE) übernommen. Das Washingtoner Artenschutzabkommen sowie die Regime zum Schutz der Ozonschicht, zur Kontrolle des Giftmüllexports und zum Schutz und zur Nutzung der biologischen Vielfalt stützen sich auf UNEP. Das Sekretariat des Klimaschutzregimes ist der UNO selbst zugeordnet, hat aber aufgrund seiner Größe und herausragenden Stellung bereits heute eine besondere Qualität. Obwohl Regime dieses Typs eine bestehende internationale Organisation nutzen, bleibt das politische Leitorgan der Sekretariate unabhängig. Neuere internationale Umweltregime folgen meistens diesem dritten Modell.

3.2 Kodifizierung und Flexibilisierung der Regimenormen

Die aus den Verhandlungen hervorgegangenen Normen internationaler Umweltregime müssen kodifiziert und für bindend erklärt werden, damit sie verhaltenswirksam werden können. Alle hier untersuchten Regime stützen sich auf mindestens einen völkerrechtlich verbindlichen zwischenstaatlichen Vertrag („Konvention"). Die formale Rechtsverbindlichkeit solcher Verträge sowie die zu ihrer Inkraftsetzung notwendigen innerstaatlichen Ratifikationsprozesse gewährleisten ein Mindestmaß an innergesellschaftlicher Unterstützung. Trotz der mit dem internationalen Recht zusammenhängenden Schwierigkeiten – insbesondere der bisweilen erheblichen Verzögerungen bis zum Inkrafttreten – greifen kooperationswillige Staaten damit durchweg auf das klassische Instrument des Völkervertragsrechts zurück.

In der Behandlung von Normänderungen lassen sich jedoch verschiedene Mechanismen unterscheiden. Im Rahmen einiger Regime wird auch hier der Weg des klassischen Völkervertragsrechts beschritten. So hat sich das Öltankerregime lange Zeit in Form einer ganzen Serie von Verträgen und Vertragsänderungen entwickelt, die jeweils der Ratifikation bedurften. Auch im

Ölhaftungsregime bedürfen Modifikationen – abgesehen von gelegentlichen Anpassungen der Haftungsobergrenzen – ratifikationspflichtiger Änderungen der zugrundeliegenden Verträge. Andere Regime kombinieren eine Rahmenkonvention mit formal eigenständigen – und damit ratifikationspflichtigen – Protokollen. Dies gilt für das Rheinschutzregime, das Regime über weiträumige grenzüberschreitende Luftverschmutzung und das Ozonschutzregime. Auch die beiden im Aufbau befindlichen Regime zum Schutz des Klimas und der Biodiversität sollen durch Protokolle ergänzt werden. Die Normänderung durch den Abschluß neuer Abkommen oder die reguläre Änderung bestehender Verträge ist allerdings aufgrund der Länge des komplizierten Ratifikationsprozesses überaus schwerfällig und zeitraubend. Normänderungen treten stets erst mit mehreren Jahren Verzögerung in Kraft und gelten dann nur für solche Mitgliedstaaten, die ihnen ausdrücklich zugestimmt haben.

Vor allem Umweltregime, die seit den frühen 70er Jahren errichtet worden sind, verfügen über Mechanismen, die eine erhöhte Flexibilität erlauben. So stützt sich der Regelungsmechanismus des Ostseeschutzregimes vorwiegend auf Resolutionen mit Empfehlungscharakter („soft law"). Flexibilität wird hier mit einer geringeren formalen Bindungswirkung erkauft. In anderen Fällen sind materielle Regeln in Anlagen festgeschrieben, die einem vereinfachten und weniger langwierigen Änderungsverfahren unterliegen und damit größere Flexibilität bieten. Solche Anlagen finden sich etwa beim Washingtoner Artenschutzabkommen (CITES) und der Londoner Dumping-Konvention in der Form von Listen, in denen geschützte Tier- und Pflanzenarten bzw. geregelte Stoffe aufgeführt sind. Im Falle des MARPOL-Abkommens sind sogar alle wesentlichen Ausrüstungs- und Betriebsstandards in Anlagen festgehalten. Der Inhalt dieser Anlagen kann jeweils rechtsverbindlich durch die Vertragsstaatenkonferenz geändert werden. Entsprechende Beschlüsse werden für alle Regimemitglieder ohne nationale Ratifikation bindend, die nicht ausdrücklich widersprechen. Durch dieses sogenannte „Opting-out-Verfahren" entsteht innerhalb kurzer Zeit verbindliches Völkerrecht unter Umgehung des sonst üblichen Ratifikationsverfahrens. Es kommt einer bedingten Ermächtigung zur verbindlichen internationalen Rechtsetzung gleich und findet deshalb weniger bei innovativen Entscheidungen Anwendung als bei solchen, die bereits bekannten Mustern folgen. Beide Mechanismen, der Rückgriff auf Empfehlungen und das Opting-out-Verfahren, stehen bei den ab Ende der 70er Jahre errichteten Regimen jedoch nicht mehr im Vordergrund.

In modernen Umweltregimen sind neue Flexibilisierungsmechanismen entstanden. Im Rahmen des Ozonschutzregimes werden von der Vertragsstaatenkonferenz des Montrealer Protokolls beschlossene „Anpassungen" der Reduktionsverpflichtungen nunmehr ohne die Möglichkeit des Opting out für alle Mitgliedstaaten gleichermaßen verbindlich. Damit entsteht im Bereich internationaler Umweltregime eine Art supranationaler Rechtsetzung, die allerdings auf einen eng begrenzten Sachbereich beschränkt ist. Des weiteren greifen die Vertragsstaaten, etwa im Ozonschutzregime und im Baseler Giftmüllexportregime, in zunehmendem Maße zum Mittel der „Entscheidungen", um die Vertragsbestimmungen authentisch und verbindlich auszulegen. Ansatzweise ist in derartigen Fällen sowie auch beim Washingtoner Artenschutzabkommen die Entwicklung einer regimespezifischen „Dogmatik" zu beobachten. Gelegentlich nutzen die Mitgliedstaaten das Mittel der Entscheidungen darüber hinaus, um sehr weitreichende Beschlüsse mit unmittelbarer Wirkung treffen zu können. Die Vertragsstaaten des Ozonschutzregimes führten auf diese Weise einen millionenschweren Hilfsfonds ein, und die Mitglieder des Baseler Regimes verabschiedeten ein Totalverbot für Giftmüllexporte in Nicht-OECD-Länder. Beschlüsse von derartiger Reichweite werden in der Regel im Laufe der Zeit in Vertragsrecht überführt, denn der Völkerrechtsstatus derartiger Beschlüsse ist nicht ganz eindeutig. Innerhalb des Regimes erlangen „Entscheidungen" jedoch ein hohes Maß an Verbindlichkeit für alle beteiligten Akteure. Damit könnte sich in der Normsetzung durch kollektive „Entscheidungen" eine gewisse Aufweichung der hergebrachten Kategorien des Völkerrechts andeuten.

Kellerhoff weist in seinem Beitrag auf die besondere Bedeutung von Sekundärentscheidungen für die Entwicklung des Ölhaftungsregimes hin. Weil die Zahlung von Ersatzleistungen in jedem Einzelfall der expliziten Anerkennung eines Schadens bedarf, werden die vertraglich festgelegten Normen ständig interpretiert und weiterentwickelt. Dieser fortlaufende Entscheidungsprozeß, in dessen Zentrum das Sekretariat des Haftungsfonds steht, trägt zur Bildung einer regimespezifischen Dogmatik bei, die zur „Eigenleistung des Regimes" wird. Im Rahmen des Washingtoner Artenschutzabkommens hat sich schließlich die Praxis herausgebildet, im Wege der Empfehlungen wirksame (Handels-)Sanktionen gegen Staaten zu verhängen, die sich nicht an die getroffenen Vereinbarungen halten oder das Regime als Nichtmitglieder unterlaufen.

Insgesamt werden somit einerseits wichtige Entscheidungen weiterhin durchweg in Form des herkömmlichen – und ratifizierungspflichtigen – Völkervertragsrechts kodifiziert. Andererseits entstehen unterschiedliche flexible Entscheidungsmechanismen, die eine rasche Anpassung der Vertragsbestandteile an neue Erfordernisse sowie die Verabschiedung unmittelbar gültiger Beschlüsse ermöglichen und damit neue Handlungsspielräume schaffen (vgl. WBGU 1996: 161-163; 181-183; Ott 1997).

3.3 Regelungsansätze

Einige Regime streben Gesamtlösungen des zu bearbeitenden Umweltproblems an. Dies setzt voraus, daß die beteiligten Akteure sich auf ein Regelungspaket einigen, das alle zur Bearbeitung des zugrundeliegenden Problems notwendigen Bestimmungen enthält. Jede der einander ablösenden Regelungen des OILPOL/MARPOL-Regimes stellt einen umfassenden Lösungsversuch für das Problem der routinemäßigen Ölverschmutzung durch Tanker dar. Abgesehen von gelegentlichen Anpassungen der Haftungsobergrenzen errichtet auch das Ölhaftungsregime einen auf Dauer angelegten Entschädigungsmechanismus. Schließlich war das Baseler Giftmüllexportregime nicht auf Veränderung hin angelegt, sondern errichtete zunächst ein international überwachtes Genehmigungsverfahren zur Bekämpfung des illegalen Müllhandels, das später durch ein Exportverbot ersetzt wurde. Obwohl Regime dieses Typs auf Stabilität hin angelegt sind, schließen sie also rasche Veränderungen nicht aus. Die Veränderungen erfolgen jedoch durch einander jeweils ersetzende Gesamtregelungen.

Umweltregime eines zweiten Typs legen einen Kontrollansatz auf Dauer fest und kombinieren ihn mit flexibleren Bestandteilen, die die Anwendungsbereiche der Kontroll- und Verbotsregelungen erst konkretisieren. Regime dieses Typs setzen voraus, daß der Kontrollmechanismus selbst bereits bei Regimeerrichtung detailliert festgelegt werden kann. Darüber hinaus sind sie durchaus entwicklungsfähig. Sowohl CITES als auch das Londoner Dumping-Regime folgen diesem Modell und haben sich in der Vergangenheit fast ausschließlich durch die kontinuierliche Ausweitung der in den Anhängen festgelegten Spezifikationen entwickelt.[1]

Regime einer dritten Gruppe gehen von Teillösungen aus und sind ausdrücklich auf allmähliche Veränderung hin angelegt. Sie erlauben eine schrittweise Herangehensweise, etwa wenn das gesamte Ausmaß des Umweltproblems und die zu seiner vollständigen Bearbeitung notwendigen Maßnahmen noch gar nicht absehbar oder umfassende Regelungen politisch nicht durchsetzbar sind. Vom Abschluß eines Übereinkommens, das in vielen Fällen noch gar nicht auf eine Verbesserung der Umweltsituation selbst, sondern lediglich auf die Schaffung der Voraussetzungen für zukünftige Kooperation abzielt, schreiten die Akteure später über den Abschluß ergänzender Abkommen zur allmählichen Lösung des bearbeiteten Problems voran. Geradezu prototypisch für diesen Ansatz sind das Regime über weiträumige grenzüberschreitende Luftverschmutzung und das Ozonschutzregime. Unter den älteren in diesem Band untersuchten Umweltregimen folgen ihm auch das Rheinschutz- und (in abgewandelter Form) das Ostseeschutzregime. Die beiden im Aufbau befindlichen Regime zum Schutz des Weltklimas und zur Erhaltung der biologischen Vielfalt beruhen ebenfalls auf dem Teillösungsansatz. Der auf Entwicklung ausgerichtete Ansatz dieser Regime erschwert ihre Beurteilung, denn das erreichte Regelungsniveau und die Wirkungen können dynamisch weiterentwickelt werden. Für die Steuerungswirkung des Regimes insgesamt ist die Beschleunigung des Entwicklungsprozesses damit ebenso

---

1 Erst die im November 1996 verabschiedete Folgeübereinkommen zur Londoner Dumping-Konvention verändert den Regelungsansatz dieses Regimes selbst. War bislang auf dem Gebiet der Müllversenkung im Meer alles erlaubt, was nicht ausdrücklich verboten war, so gilt künftig der Grundsatz, daß alles verboten ist, was nicht ausdrücklich erlaubt wird.

wichtig wie die unmittelbare Einflußnahme auf umweltschädigendes Verhalten zu einem gegebenen Zeitpunkt (vgl. auch Oberthür 1997: Kap. 6.5).

Obwohl die Wahl des Regelungsansatzes im Einzelfall stark durch das zu bearbeitende Umweltproblem sowie die in dem betreffenden Problemfeld vorherrschende Interessenkonstellation beeinflußt wird, läßt sich bei „jüngeren" Umweltregimen ein Trend hin zum Teillösungsansatz feststellen, der auf die steigende Komplexität und Dynamik moderner Umweltprobleme zurückgeführt werden kann.

4. Differenzierte Pflichten und Finanzierungsmechanismen

Parallel zur Flexibilisierung internationaler Umweltregime zeichnet sich ein Trend zur Differenzierung der Verpflichtungen und zur gezielten Förderung der Umweltschutzkapazitäten bestimmter Länder ab, der durch die sehr unterschiedlichen Ausgangsbedingungen, Möglichkeiten und Interessen der kooperierenden Staaten getragen wird. So sind die Regime zum Schutz der Ostsee und über weiträumige grenzüberschreitende Luftverschmutzung durch ein deutliches Ost-West-Gefälle, die meisten anderen Regime durch ein starkes Nord-Süd-Gefälle und das Rheinschutzregime durch den Interessengegensatz zwischen Ober- und Unterliegern geprägt. Da Staaten in der Regel nicht zur Teilnahme an internationalen Umweltregimen gezwungen werden können, würde das Niveau internationaler Kooperation zum Schutz der Umwelt ohne derartige Maßnahmen von den am wenigsten interessierten oder handlungsfähigen „Schlußlichtern" bestimmt werden.

Insbesondere in modernen Umweltregimen sind die Pflichten der Partner stark differenziert. Das im Rahmen des Ozonschutzregimes abgeschlossene Montrealer Protokoll sah für Entwicklungsländer von Anfang an eine im Vergleich zu den Industrieländern um zehn Jahre verlängerte Übergangsfrist zur Umsetzung der Reduktionsvorschriften vor. Waren im Regime über weiträumige grenzüberschreitende Luftverschmutzung zunächst zwei Protokolle mit für alle Zeichnerstaaten gleichermaßen verbindlichen Pflichten vereinbart worden, so sieht das 1991 abgeschlossene Protokoll über flüchtige Kohlenwasserstoffe erstmals Ausnahmeregelungen für einige Staatengruppen vor. Das zweite Schwefelprotokoll enthält dem Konzept der kritischen Belastung entsprechend sogar für jedes Mitgliedsland gesonderte Reduktionsverpflichtungen. Beim Klimaschutzregime bestehen schon heute unterschiedliche Pflichten für die OECD-Staaten, die osteuropäischen „Länder im Übergang" und die Entwicklungsländer. Ein erstes Protokoll, dessen Abschluß für 1997 vorgesehen ist, wird voraussichtlich Kontrollmaßnahmen zunächst lediglich für die ersten beiden Staatengruppen verbindlich festschreiben – und möglicherweise auch innerhalb dieses Kreises weiter differenzieren.

Eine steigende Zahl internationaler Umweltregime verfügt weiterhin über Vorkehrungen zur gezielten Hebung der Handlungsfähigkeit von Ländern mit niedriger Eingriffskapazität (vgl. Sand 1996). Über die übliche Unterstützung durch Datenaustausch, Wissenstransfer über Expertenseminare u.ä. hinaus besitzen mehrere Umweltregime Mechanismen zum Finanztransfer, um den kapazitätsarmen Ländern die Umsetzung von Schutzmaßnahmen zu ermöglichen oder zu erleichtern. So umfaßt das Ozonschutzregime seit 1990 einen durch Beiträge der Industriestaaten finanzierten Fonds, der die den Entwicklungsländern entstehenden, durch den Verzicht auf ozonzerstörende Stoffe verursachten Mehrkosten übernimmt. Ergänzend dazu und in Abstimmung mit den Regimeorganen fördert die mit der Weltbank verbundene allgemeine Umweltfazilität GEF seit dem Zerfall der Sowjetunion den Verzicht auf ozonzerstörende Stoffe in Osteuropa. Auch die beiden 1992 in Rio gegründeten Regime zum Schutz des Weltklimas und zur Erhaltung der biologischen Vielfalt umfassen eigene Finanztransferkomponenten, die auf besondere „Fenster" innerhalb der GEF zurückgreifen. Nach der politischen Wende in Osteuropa haben sich schließlich die Mitgliedstaaten des Ostseeschutzregimes auf einen Mechanismus zum Finanztransfer geeinigt, durch den besonders dringliche Maßnahmen in den osteuropäischen Mitgliedstaaten unterstützt werden sollen (vgl. auch Keohane/Levy 1996; Biermann 1996).

Im Konzept der „Gemeinsamen Umsetzung" (Joint Implementation), das derzeit im Rahmen des Klimaschutzregimes heftig diskutiert wird, verbinden sich schließlich Aspekte der Differenzierung der Vertragspflichten mit solchen des Finanztransfers. Danach sollen OECD-Staaten ihre Reduktionspflichten teilweise kostengünstig durch die Finanzierung zusätzlicher Maßnahmen zur Emissionsminderung in Entwicklungsländern und in Osteuropa erfüllen können. Die Erkenntnis, daß das Erzielen einer bestimmten Umweltentlastung an verschiedenen Stellen unterschiedliche Kosten verursacht, ist allerdings keineswegs neu. Bereits in den 70er Jahren einigten sich die Rheinanliegerstaaten darauf, die Salzeinleitung in den Fluß an einer besonders kostengünstig zu beeinflussenden Stelle überproportional stark zu reduzieren und die entstehenden Kosten untereinander aufzuteilen.

Trotz des sich abzeichnenden Trends bestehen viele andere internationale Umweltregime ohne differenzierte Verpflichtungen und ohne Mechanismen zum Finanztransfer. OILPOL/MARPOL und das Ölhaftungsregime sind stark durch das Interesse der weltweit operierenden beteiligten Industrien an einheitlichen Vorschriften geprägt, während die Kontrollmöglichkeiten der Hafenstaaten als Instrument zur Durchsetzung der Vorschriften ausreichen. Im Rahmen der Londoner Dumping-Konvention sowie des Baseler Übereinkommens wurde bislang auf besondere Förderungsmaßnahmen für Entwicklungsländer verzichtet, weil diese Abkommen in erster Linie den Industrieländem Verpflichtungen auferlegten.² Schließlich sind positive Anreizmaßnahmen für den Erfolg des Washingtoner Artenschutzabkommens nicht erfolgsbestimmend, weil der wirtschaftliche Hauptanreiz für Entwicklungsländer hier im Zugang zu einem lukrativen Absatzmarkt für Naturprodukte liegt. Die Vereinbarung von Finanzierungsmechanismen und differenzierten Pflichten ist demnach nicht zuletzt aufgrund des damit verbundenen besonderen Aufwandes auf Situationen beschränkt, in denen die Mitarbeit wichtiger Länder anders nicht erreichbar ist.

5. Gegenseitige Beeinflussung internationaler Umweltregime

Internationale Umweltregime werden gewöhnlich als voneinander unabhängige und deshalb weitgehend selbständige Steuerungsinstitutionen angesehen und analysiert. Diese – auch in dem vorliegenden Band gewählte – Perspektive ist zunächst dadurch gerechtfertigt, daß Umweltregime von ihren Mitgliedern auf die gemeinsame Bearbeitung jeweils einer Umweltproblematik ausgerichtet werden. Deshalb können sich selbst Regime zur Regelung vermeintlich sehr ähnlicher Probleme erheblich voneinander unterscheiden. Es darf jedoch nicht übersehen werden, daß Umweltregime in einem Zusammenhang stehen und sich gegenseitig beeinflussen können. Ein in einem Problemfeld erfolgreiches Regimedesign wird oft in andere Regime übernommen. Dies gilt für das in den frühen 70er Jahren vielfach verwandte „Opting-out-Verfahren" ebenso wie für den seitdem zu beobachtenden Trend hin zum Modell „Konvention + Protokolle" und zu größerer Flexibilität. Gegenwärtig wird ein im Ozonregime entstandener Mechanismus zur Implementationskontrolle und zur gemeinsamen Bearbeitung von Vertragsverletzungsfällen (Chayes et al. 1995; Marauhn 1996) in eine Reihe von Umweltregimen, darunter das Luftreinhalteregime und das Giftmüllexportregime, eingeführt. Konkret weisen Breitmeier und Ott auf den Modellcharakter des erfolgreichen Ozonschutzregimes für das Klimaschutzregime hin. Es gibt also deutliche Anzeichen für einen problemfeldübergreifenden kollektiven Lernprozeß.

Die Verbreitung bestimmter Regelungen über Regimegrenzen hinweg ist jedoch nicht auf das institutionelle Design beschränkt. So unterstreicht König in ihrem Beitrag über die Londoner Dumping-Konvention die Präzedenzwirkung des auf den Schutz der Nordsee und des Nordostatlantik gerichteten Os-

---

2 Nach dem 1996 verabschiedeten Nachfolgeabkommen zur Londoner Konvention sollen sich die Industrieländer jedoch künftig im Rahmen bilateraler und multilateraler Vereinbarungen verstärkt am Aufbau der notwendigen Handlungskapazitäten in Entwicklungs- und Schwellenländern beteiligen.

lo-Dumping-Regimes. Die auf regionaler Ebene errungenen Fortschritte wurden so globalisiert. Meinke legt in ihrem Beitrag über das Baseler Giftmüllexportregime dar, wie dieser Mechanismus von interessierten Akteuren gezielt genutzt werden kann, um die Entwicklung eines internationalen Regimes voranzutreiben. Hier erließen die mit den Regelungen des Baseler Übereinkommens unzufriedenen afrikanischen Staaten zunächst ein regional koordiniertes Importverbot für gefährliche Abfälle. Andere Gruppen von weniger entwickelten Ländern folgten diesem Beispiel und verabschiedeten regionale Importverbote oder initiierten Verhandlungen darüber, während die Industrieländer die OECD nutzten, um Ausnahmeregelungen für recyclierbare Abfälle festzulegen. Die so auf regionaler Ebene geschaffenen „Fakten" beeinflußten die Entwicklung des Baseler Regimes: Zunächst wurde auf der Grundlage der Unterscheidung zwischen recyclierbaren und zur Beseitigung bestimmten Abfällen der Export letzterer verboten, bevor die weniger entwickelten Staaten ein allgemeines, auch recyclierbare Abfälle umfassendes Exportverbot durchsetzten. Internationale Umweltregime existieren folglich trotz ihrer institutionellen Abgeschlossenheit und eigenständigen Entwicklung nicht isoliert voneinander. Vielmehr lassen sich die beteiligten Akteure vielfach durch Vorgänge jenseits der Regimegrenzen beeinflussen.

In einigen Fällen geraten Regime, in deren Rahmen unterschiedliche Problemfelder bearbeitet werden, darüber hinaus miteinander in Konflikt. So weist Sand auf die Konkurrenzsituation zwischen dem Washingtoner Artenschutzabkommen und verschiedenen Ressourcenregimen hin. Im Bereich des Schutzes der biologischen Vielfalt bestehen Spannungen zwischen der Biodiversitätskonvention und verschiedenen Rechtsetzungsprojekten, die in anderen Foren verfolgt werden. Außerdem treten zunehmend Konflikte zwischen dem Welthandelsregime (GATT/WTO), das auf die Förderung des Freihandels zielt, und Umweltregimen auf, die Handelsbeschränkungen errichten. Dies gilt für das Washingtoner Artenschutzabkommen ebenso wie für die Baseler Konvention und das Regime zum Schutz der Ozonschicht (vgl. allgemein Moltke 1996; Charnovitz 1996). Derartige, durch Kompetenzüberschneidungen verursachte Konflikte zwischen internationalen Regimen werden mit zunehmender Regelungsdichte im internationalen System häufiger.

6. Wirkungen

Abgesehen von dem ohnehin bestehenden Problem der sozialwissenschaftlichen Nachweisbarkeit von Ursache-Wirkungs-Beziehungen widmet sich die Regimeforschung den Wirkungsfragen überhaupt erst seit wenigen Jahren intensiv. Die Beantwortung der Frage, ob – und inwiefern – internationale Umweltregime tatsächlich „Wirkungen" entfalten, indem sie zur Lösung der in ihrem Rahmen bearbeiteten Umweltprobleme beitragen, ist deshalb mit besonderen Schwierigkeiten behaftet. Allerdings sind fehlende Informationen über die Wirkungen eines Regimes nicht mit dessen Wirkungslosigkeit gleichzusetzen, sondern weisen zunächst nur auf den bestehenden Forschungsbedarf hin.

In den meisten der hier untersuchten Problemfelder hat sich die Umweltsituation nach Errichtung der jeweiligen Regime verbessert. Allgemein gilt der Zusammenhang, daß die beobachtete Verbesserung der Umweltsituation um so ausgeprägter ausfiel, je länger ein Regime bestand. Eine Sonderstellung nehmen lediglich drei Regime ein. Von den beiden im Aufbau befindlichen Regimen zum Schutz des Klimas und zur Erhaltung der biologischen Vielfalt sind im derzeitigen Entwicklungsstadium noch kaum Wirkungen auf die zugrundeliegenden Probleme zu erwarten. Die Regelungen des Ölhaftungsregimes sind dagegen gar nicht unmittelbar auf die Vermeidung von Tankerhavarien gerichtet, sondern zunächst auf den Lastenausgleich zwischen Verursachern und Geschädigten.

Damit ist aufgrund der Existenz vielfältiger anderer Kräfte („exogener Faktoren"), die ebenfalls eine Verbesserung der Umweltsituation fördern können, jedoch noch nicht festgestellt, inwiefern die zumeist beobachteten Umweltverbesserungen direkt oder indirekt auf den Einfluß des jeweiligen Regimes zurückzuführen sind. Bernauer und Moser kommen etwa zu dem Ergebnis, daß die verringerte Verschmutzung des Rheins durch Salz und Chemikalien weniger eine Auswirkung des Rheinschutzregimes selbst als eine Folge des wirtschaftlichen Strukturwandels und einseitiger Maßnahmen sei. Dagegen können die im Rahmen der Bekämpfung der routinemäßigen Ölverschmutzung des Meeres durch Tanker erzielten Fortschritte zum großen Teil auf die Wirkungen des Regimes selbst zurückgeführt werden. Auch die Fortschritte beim Schutz der Ozonschicht sind zu einem erheblichen Anteil dem internationalen Regime zuzuschreiben. In anderen Fällen müssen trotz vorhandener Forschungsanstrengungen die Aussagen über die relative Gewichtung von Regime und exogenen Faktoren nach dem gegenwärtigen Erkenntnisstand vage bleiben. So variiert der ursächliche Einfluß des Regimes über weiträumige grenzüberschreitende Luftverschmutzung auf die bis heute erzielten Emissionsminderungen ebenso von Land zu Land wie der Beitrag von CITES zum Artenschutz.

Zwei Beiträge zeigen dagegen deutlich, wie durch internationale Regime ausgelöste – oder nur erwartete – Verhaltenswirkungen Rückwirkungen auf die Akteursinteressen haben können, die einen sich selbst verstärkenden Prozeß auslösen. Im Bereich der routinemäßigen Ölverschmutzung durch Tanker veränderten die durch das MARPOL-Übereinkommen eingeführten Ausrüstungsstandards die Interessenlage der Tankerbetreiber derart, daß diese Standards ohne weitere Konflikte aufrechterhalten werden konnten, obwohl ihre Einführung heftig umstritten gewesen war. Die im Rahmen des Regimes zum Schutz der Ozonschicht abgeschlossenen begrenzten Maßnahmen des ursprünglichen Montrealer Protokolls öffneten einen Markt für Ersatzstoffe und -verfahren und schufen damit die Voraussetzungen für den technischen Innovationsschub, der den vollständigen Verzicht auf ozonschichtgefährdende Stoffe ermöglichte. Internationale Umweltregime können also auf ihre eigenen Entwicklungsbedingungen zurückwirken (vgl. auch Oberthür 1997).

Neben diesem über Umweltverhaltenswirkungen und daraus folgende Rückwirkungen verlaufenden Wirkmechanismus fördern internationale Umweltregime jedoch auch die Bedingungen ihrer eigenen Entwicklung, indem sie Lernprozesse unterschiedlicher Art auslösen. So heben List für das Ostseeschutzregime sowie Bernauer und Moser für das Rheinschutzregime hervor, daß durch die Koordination von Meßstationen und -verfahren wichtige Beiträge zur Bearbeitung der jeweiligen Umweltprobleme geleistet wurden. Auch im Rahmen des Regimes über weiträumige grenzüberschreitende Luftverschmutzung, der Regime zum Schutz der Ozonschicht und des Weltklimas sowie des Biodiversitätsregimes werden gemeinsame wissenschaftliche Grundlagen gelegt und auf diese Weise die Voraussetzungen für den nachfolgenden Abschluß verhaltenslenkender Maßnahmen geschaffen.

Trotz der bestehenden Forschungslücken und der teilweise schwachen Datenbasis läßt sich also hinsichtlich der Regimewirkungen eine vorsichtig positive Bilanz ziehen. Die Umweltsituation bessert sich in regimegeregelten Problemfeldern durchweg. In vielen Fällen läßt sich eine unmittelbare Wirkung nachweisen, in anderen begründet vermuten. Dagegen sind in keinem Fall nennenswerte kontraproduktive Wirkungen zu beobachten. Ob der so wahrscheinliche Umweltschutzbeitrag internationaler Regime allerdings für eine „Rettung" der Umwelt ausreicht, muß hier aber offen bleiben.

7. Fazit

Internationale Umweltregime sind ein prägendes Element der internationalen Umweltpolitik. In ihrem Rahmen verhandeln die beteiligten Akteure über Verhaltensnormen, und diese Normen werden in der Regel in völkerrechtlichen oder völkerrechtsähnlichen Instrumenten kodifiziert. Insofern erfolgt die zielgerichtete Gestaltung der internationalen Umweltpolitik im Rahmen internationaler Regime durch Verhandlungen und Verträge.

Die in diesem Rahmen tätigen staatlichen und nichtstaatlichen Akteure bedienen sich des institutionellen Instruments internationaler Umweltregime auf vielfältige Weise. Umweltregime werden in ihrer institutionellen Ausgestaltung stets auf eine spezifische, gemeinsam zu bearbeitende Problemsituation zugeschnitten und der in dem betreffenden Problemfeld vorherrschenden Interessenkonstellation angepaßt. Deshalb präsentieren sie sich dem Beobachter als so vielschichtiges, facettenreiches und flexibles Phänomen.

Bei aller Unterschiedlichkeit im Detail unterstreichen jedoch zwei gemeinsame Aspekte der in diesem Band untersuchten Regime die Chancen und Möglichkeiten, die internationale Umweltregime für die aktive Gestaltung von Umweltpolitik jenseits des Nationalstaates bieten. In allen Fällen, in denen ein Regime bereits länger bestand, ist es nach einer teilweise schwierigen und langwierigen Aufbauphase zu einer dynamischen Weiterentwicklung gekommen, in deren Verlauf teilweise weit über die anfänglichen Kompromisse hinausreichende Regelungen vereinbart wurden. Wenn eine Gruppe von Staaten – unter Beteiligung anderer Akteure – also erst einmal ein Umweltregime errichtet, geraten durch Partikularinteressen bestimmte Rückzugslinien und daraus hervorgehende faule Kompromisse rasch unter Druck.

Darüber hinaus kann davon ausgegangen werden, daß sich die Umweltsituation in den durch ein ausgebautes Umweltregime geregelten Problemfeldern im Laufe der Zeit verbessert hat, auch wenn dies nicht unbedingt dem unmittelbaren Einfluß des jeweiligen Regime zuzuschreiben ist. Daraus kann geschlossen werden, daß ein Umweltproblem, das durch die Bearbeitung im Rahmen eines Regimes dauerhaft auf der internationalen Agenda verankert ist, im Laufe der Zeit mit hoher Wahrscheinlichkeit einer Lösung näher gebracht wird. Auf diesen Zusammenhang gründet sich die Zuversicht, daß die Errichtung neuer Umweltregime, etwa der in diesem Band behandelten Regime zum Schutz des Weltklimas und zur Erhaltung der biologischen Vielfalt, trotz der anfänglich bestehenden erheblichen Interessenunterschiede schließlich zur Verbesserung der Umweltsituation auch in diesen Bereichen führen wird.

Literaturverzeichnis

Albert, Matthias/Brock, Lothar/Schmidt, Hilmar/Weller, Christoph/Wolf, Klaus Dieter 1996: Weltgesellschaft: Identifizierung eines „Phantoms", in: Politische Vierteljahresschrift 37, 5-26.

Biermann, Frank 1996: Financing Environmental Policies in the South. An Analysis of the Multilateral Ozone Fund and the Concept of „Full Incremental Costs" (WZB-paper F II 96-406), Berlin.

Charnovitz, Steve 1996: Multilateral Environmental Agreements and Trade Rules, in: Environmental Policy and Law 26, 163-169.

Chayes, Antonia Handler/Chayes, Abram/Mitchell, Ronald B. 1995: Active Compliance Management in Environmental Treaties, in: Lang, Winfried (Hrsg.): Sustainable Development and International Law, London, 75-89.

Hein, Wolfgang (Hrsg.) 1994: Umbruch in der Weltgesellschaft, Hamburg.

Keohane, Robert O./Levy, Marc A. (Hrsg.) 1996: Institutions for Environmental Aid. Promises and Pitfalls, Cambridge, Mass.

Marauhn, Thilo 1996: Towards a Procedural Law of Compliance Control in International Environmental Relations, in: Zeitschrift für ausländisches öffentliches Recht und Völkerrecht 56, 696-731.

Moltke, Konrad von 1996: International Environmental Management, Trade Regimes and Sustainability (International Institute for Sustainable Development), Winnipeg.
Oberthür, Sebastian 1997: Umweltschutz durch internationale Regime. Interessen, Verhandlungsprozesse, Wirkungen, Opladen.
Ott, Hermann 1997: Umweltregime im Völkerrecht. Eine Untersuchung zu neuen Formen internationaler institutionalisierter Kooperation am Beispiel der Verträge zum Schutz der Ozonschicht und zur Kontrolle grenzüberschreitender Abfallverbringungen (Dissertation: Freie Universität Berlin), Berlin.
Princen, Thomas/Finger, Matthias (Hrsg.) 1994: Environmental NGOs in World Politics. Linking the Local and the Global, London.
Sand, Peter H. 1996: Institution-Building to Assist Compliance with International Environmental Law: Perspectives, in: Zeitschrift für ausländisches öffentliches Recht und Völkerrecht 56, 774-795.
WBGU (Wissenschaftlicher Beirat Globale Umweltveränderungen) 1996: Welt im Wandel. Wege zur Lösung globaler Umweltprobleme, Jahresgutachten 1995, Berlin.

Abkürzungsverzeichnis

AGBM	Ad Hoc Group on the Berlin Mandate
AKP	Afrika, Karibik, Pazifik
AOSIS	Alliance of Small Island States
BGBl.	Bundesgesetzblatt
BRT	Bruttoregistertonnen
BSEP	Baltic Sea Environment Proceedings
CBT	Clean Ballast Tanks
CLC	Civil Liability Convention
CMI	Comité Maritime International
CO_2	Kohlendioxid
COW	Crude Oil Washing
CRISTAL	Contract Regarding an Interim Supplement to Tanker Liability for Oil Pollution
ECU	European Currency Unit
ECE	(United Nations) Economic Commission for Europe
EG	Europäische Gemeinschaft(en)
EMEP	European Monitoring and Evaluation Programme
EU	Europäische Union
FAO	Food and Agriculture Organization of the United Nations
FC	Fund Convention
FCKW	Fluorchlorkohlenwasserstoffe
GATT	General Agreement on Tariffs and Trade
GEF	Global Environment Facility
GESAMP	Group of Experts on the Scientific Aspects of Marine Pollution
HELCOM	Kommission zum Schutz der Meeresumwelt der Ostsee
H-FCKW	teilhalogenierte Fluorchlorkohlenwasserstoffe
IAEA	International Atomic Energy Agency
ICES	International Council for the Exploration of the Sea
ICSU	International Council of Scientific Unions
IEA	International Energy Agency
IIASA	International Institute for Applied Systems Analysis

IKSR	Internationale Kommission zum Schutz des Rheins vor Verunreinigung
ILM	International Legal Materials
IMCO	Intergovernmental Maritime Consultative Organization
IMO	International Maritime Organization
INC	Intergovernmental Negotiating Committee
IPCC	Intergovernmental Panel on Climate Change
ITOPF	International Tanker Owners Pollution Federation
IUCN	International Union for the Conservation of Nature and Natural Resources
IWGMP	Intergovernmental Working Group on Marine Pollution
KSZE	Konferenz für Sicherheit und Zusammenarbeit in Europa
LOT	Load on Top
MARPOL	Internationales Übereinkommen von 1973 zur Verhütung der Meeresverschmutzung durch Schiffe
MdPA	Mines de Potasse d'Alsace
MEPC	Maritime Environment Protection Committee
MSC	Maritime Safety Committee
NGO	Non-governmental Organization
NO_X	Stickstoffoxide
NRO	Nichtregierungsorganisation(en)
OAU	Organization of African Unity
OECD	Organization for Economic Cooperation and Development
OILPOL	Internationales Übereinkommen zur Verhütung der Verschmutzung der See durch Öl
OPEC	Organization of Petroleum Exporting Countries
P&I-Club	Protection and Indemnity Club
ppm	parts per million
SBT	Segregated Ballast Tanks
SO_2	Schwefeldioxid
tdw	tons dead weight
THG	Treibhausgas(e)
TOVALOP	Tanker Owners Voluntary Agreement Concerning Liability For Oil Pollution
TRAFFIC	Trade Records Analysis of Flora and Fauna in Commerce
UN	United Nations
UNDP	United Nations Development Programme
UNEP	United Nations Environment Programme
UNESCO	United Nations Educational, Scientific and Cultural Organization
UNIDO	United Nations Industrial Development Organization
VOC	Volatile Organic Compounds
WA	Washingtoner Artenschutzabkommen
WMO	World Meteorological Organization
WTO	World Trade Organization
WWF	World Wide Fund for Nature

Autorinnen und Autoren

Thomas Bernauer, lic. phil., Dr. phil., Professor für Internationale Beziehungen an der Eidgenössischen Technischen Hochschule (ETH) Zürich.

Helmut Breitmeier, M.A., Dr. rer. soc., wissenschaftlicher Mitarbeiter am Institut für Politikwissenschaft der Technischen Hochschule Darmstadt.

Thomas Gehring, Dipl. Pol., Dr. phil., wissenschaftlicher Mitarbeiter am Fachbereich Politische Wissenschaft der Freien Universität Berlin.

Gudrun Henne, Ass. jur., wissenschaftliche Mitarbeiterin am Fachbereich Rechtswissenschaft der Freien Universität Berlin.

Jens Kellerhoff, Ass. jur., wissenschaftlicher Mitarbeiter am Fachbereich Rechtswissenschaft der Freien Universität Berlin.

Doris König, Dr. jur., wissenschaftliche Assistentin am Walther-Schücking-Institut für Internationales Recht an der Christian-Albrechts-Universität Kiel.

Martin List, Dipl. Pol., Dr. rer. soc., wissenschaftlicher Assistent am Lehrstuhl für Internationale Politik/Vergleichende Politikwissenschaft der FernUniversität Hagen.

Britta Meinke, Dipl. Pol., Doktorandin im Graduiertenkolleg „Das neue Europa. Nationale und internationale Dimensionen institutionellen Wandels", Freie Universität Berlin.

Peter Moser, lic. phil, wissenschaftlicher Mitarbeiter an der Forschungsstelle für Internationale Beziehungen der Eidgenössischen Technischen Hochschule (ETH) Zürich.

Sebastian Oberthür, Dipl. Pol., Dr. phil., wissenschaftlicher Mitarbeiter der Gesellschaft für Internationale und Europäische Umweltforschung Ecologic, Berlin.

Hermann E. Ott, Ass. Jur., wissenschaftlicher Mitarbeiter am Wuppertal Institut für Klima, Umwelt, Energie.

Peter H. Sand, Dr. jur., Lehrbeauftragter für transnationales Umweltrecht am Institut für Internationales Recht der Universität München, von 1978 bis 1981 Generalsekretär des Washingtoner Artenschutzabkommens (CITES).

MIX
Papier aus verantwortungsvollen Quellen
Paper from responsible sources
FSC® C105338

If you have any concerns about our products,
you can contact us on
ProductSafety@springernature.com

In case Publisher is established outside the EU,
the EU authorized representative is:
**Springer Nature Customer Service Center GmbH
Europaplatz 3, 69115 Heidelberg, Germany**

Printed by Libri Plureos GmbH
in Hamburg, Germany